JN158486

# ベタープログラマ

## 優れたプログラマになるための38の考え方とテクニック

Pete Goodliffe　著

柴田 芳樹　訳

# Becoming a Better Programmer

*Pete Goodliffe*

Beijing • Cambridge • Farnham • Köln • Sebastopol • Tokyo

# 本書への推薦の言葉

この本は、ソフトウェアビジネスでのキャリアから導かれた経験に溢れ、経験から得られた知恵を伝えています。一つの話題から構成される各章は、さまざま視点から取り組まれている共通のテーマを読みやすいものにしています。あなたが、優れたソフトウェアエンジニアになることを目指しているのであれば、この本はあなたのための本です。指導している若手開発者と一緒にこの本を活用していきます。

——Andrew Burrows
リード開発者

ピート・グッドリフは、コンピュータプログラミングの広範囲な話題を取り上げ、明確で、説得力があり、惹き付ける語り口で説明しています。彼は、明らかだが、気づきにくい事柄を話す才能に恵まれています。優れたプログラマになることを目指しているプログラマは、この本を読むべきです。

——Greg Law
Undo Software共同設立者兼CEO

ピート・グッドリフは、理論と実践をうまく融合させています。物事を決まった方法で行わなければならいところでは、彼は容赦ありません。灰色の領域では、彼はさまざまな視点を明瞭に説明しています。彼が述べることを検討して適用すれば、恩恵が得られますし、向上します。つまり、あなたは優れたプログラマになれます。この本は、ユーモアと共に現実世界の経験のエッセンスで満ちており、優れた知恵を提供しています。

——Dr. Andrew Bennett
BEng/PhD/MIET/MIEEE

この本は、プログラミングの芸術と科学へのあなたの情熱に火を付けます。優れたソフトウェアは最高の成果を作り出す優れた人々から生まれることを、ピートは理解しています。彼は、多くの例を示しながら、優れたコーディングの実践、優れた態度、優れた人間関係を通して優れたソフトウェアを作り出す方法を示しています。読むのが楽しい本です。

——Lisa Crispin

『実践アジャイルテスト テスターとアジャイルチームのための実践ガイド』の共著者

ピートは、プログラマとして、メンターとして多くの経験を積んでいます。この本で彼は、実際にプログラマとしての仕事に注意を払ったように、経験を分類して詳しく述べることに同じ注意を払っています。プログラミングは、「プログラマである」ということの一部にすぎません。プログラミングをよく分かっている人物によって書かれたこの本は、ソフトウェア開発の新人、古参、あるいはメンターにとって、プログラミングをうまく行うための助言に満ちています。あなたが遭遇する多くのハードルに対するマニュアルであり、ハードルを安全にかつ効果的に飛び越える方法についての本です。

——Steve Love

『C Vu』マガジン編集者

たいていの場合、プログラマは、平均的なプログラマと、ロックスター開発者か忍者開発者に分かれます。ロックスター開発者がいるところでは、壊れたクラスや分かりにくい制御フローからなる壊れ果てたコードベースが存在します。忍者開発者がいるところでは、真夜中に現れる摩訶不思議なバグやビルドの問題が存在します。平均的なプログラマがいるところでは、平均分布が存在します。長期的には、現状の快適さに安住しているのではなく、常に成長していることが重要です。プログラマを二つのグループに分けるとしたら、優れたプログラマになる人達とならない人達がいます。あなたは最初のグループを気にかけています。この本は、優れたプログラマになる人達のための本です。

——Kevlin Henney

コンサルタント、講演者、『プログラマが知るべき97のこと』の著者

この本は、ほんとうに退屈。表紙の魚には納得しないわ。

——Alice Goodliffe

12歳

深く愛している私の妻Bryony

そして、私達のすてきな三人の娘達へ捧げる

詩編150

# はじめに

あなたは、コードを気にかけています。プログラミングに情熱的です。素晴らしいソフトウェアを念入りに作るのが好きな性格の開発者です。そして、ソフトウェア開発を**もっとうまく**行うためにこの本を手に取ったのです。それは優れた判断です。

この本は、あなたに役立つでしょう。

この本の狙いは、あなたが表紙に書かれているタイトルのようなプログラマになることです。つまり、あなたが優れたプログラマになるのに役立つことです。しかし、本当のところ、優れたプログラマになるとは何を意味しているのでしょうか。

プログラマとしてのキャリアを歩み始めると、優れたコーダーになるためには構文を理解して基本的な設計を習得するだけではなく、その他にも多くの事柄が必要であると気づきます。優れたプログラマ、つまり美しいコードを作り出し他の人達と効率的に働く生産性の高い人々は、多くの事柄を知っています。学習の継続、能力を向上させる活動、態度、取り組み方、イデオム、技法といった方法が存在します。役立つ社交術、そして、獲得すべき多くの成文化されていない知識が存在します。

そして、構文と設計を学ぶ必要があります。

この本は、優れたプログラマになるのに役立つ有益な技法と、プログラミングの芸術と技能への取り組み方をまとめたものです。

この本は、網羅的な専門書ではありません。ソフトウェアの分野は広いです。日々新たな分野が注目を集め、常に学ぶべきことがあります。この本の各章は、プロのプログラマとしての15年以上の私の活動の成果にすぎません。私はたくさんのコードを見てきましたし、多くの間違いを犯しました。自分が専門家だというつもりはありません。多くのことを経験したにすぎません。私の間違いから学び、私が経験したことから着想を得られるのであれば、あなた自身のソフトウェア開発のキャリアの助けとなるでしょう。

## 取り扱う内容

この本で取り扱う話題は、ソフトウェア開発者の人生全体に影響します。

- ソフトウェアのモジュールを設計する方法に加えて、コードの一行一行の書き方に影響するコードレベルの事柄。
- よりよく働くために役立つ実践的な技法。
- 有能になり十分に基礎を固めるために役立つ、取り入れるべき効果的な態度と取り組み方の解説。
- ソフトウェア開発組織の中で活躍するのに役立つ手続き的で組織的な秘訣と助言。

この本には、特定の言語や産業に対する偏りはありません。

## 対象とする読者

あなたです！

あなたが業界の専門家、経験を積んだ開発者、初心者の開発者、趣味のプログラマのいずれであっても、この本はあなたに役立ちます。

すべてのプログラマのスキル向上に役立つことを目指しています。おおげさに聞こえるかもしれませんが、常に何かを学ぶことができますし、どれだけ経験を積んだプログラマであっても、向上の余地は必ずあります。各章は、あなたのスキルを精査して、向上するための実践的な手段を考える機会になるはずです。

この本を活用するための唯一の前提条件は、あなたが優れたプログラマになるのを望んでいることです。

## この本の構成

この本は独立した章で構成されており、各章は一つの話題を扱っています。最初から最後まで順に章を読むことができます。しかし、自由に好きな順序で章を読んでも構いません。あなたに最も関係すると思われる章から読んでください。

各章は、五つの部に分かれています。

**第Ⅰ部 you.write(code)**

プログラマが心地よく感じるコードのレベルから始めます。この部は、コードの書き方の重要な技法を明らかにし、最善のコードの書き方を示します。そして、コードの書き方、コードの読み方、コードの設計、頑強なコードを書くための仕組みを扱います。

**第Ⅱ部 練習することで完璧になる**

コードのレベルから少し離れて、この部は優れたプログラマになるために役立つ重要なプログラミングの実践を考えます。コーディングに対する健全な態度と取り組み方、そして優れたコードを作り出すのに役立つ技法を学びます。

**第Ⅲ部 個人的なこと**

この部では、個人的なプログラミング人生を卓越したものとするための深掘りを行います。肉体的な健全さを改善することはもちろんのこと、効果的に学び、倫理的な振る舞いを考慮し、面白い挑戦を見つけ、停滞を避けるための方法を考察します。

**第Ⅳ部 成し遂げる**

この部では、物事を成し遂げるための実用的な手段について話します。つまり、脱線したり遅延したりせずに期限までにコードを完成させる方法です。

**第Ⅴ部 人々の営み**

ソフトウェア開発は社会活動です。この部では、ソフトウェア開発組織内の他の人達とうまくやっていくやり方を示します。

読む順序よりも重要なことは、どのようにテーマに取り組むかです。能力を向上させるためには、読んだ内容を実際に適用しなければなりません。各章は、そのために役立つように構成されています。

各章では、議論すべき話題が飾りのない明瞭な言葉で説明されています。笑うところや、悲しくなるところや、疑問に思うところもあるでしょう。各章の終わりには次の節が含まれています。

**質問**

あなたが考えて答えるべき一連の質問です。元のテーマが扱っている範囲を超えて深く考えて、その話題があなたの今の経験にどのように織り込まれているかを考えてもらうためにあります。

**参照**

この本の関連する章へのリンクであり、それらの章がどのようにまとまっているかを説明しています。

**やってみる**

最後に、各章は一つの挑戦で完結しています。それは、あなたの能力の向上をめざし、コーディングにその章の主題を適用してほしい課題です。

各章を通して重要な要点があります。それらは次のように強調されているので見逃すことはないでしょう。

**要点▶** これは要点です。留意してください。

## メンターへの注意

この本は仲間のプログラマを指導するために役立つ道具として使えるように作られています。一対一あるいはグループによる勉強会で使うことができます。

各節を隅から隅まで一緒に目を通すことは、好ましい取り組み方ではありません。その代わりに、各自が章を読んで、それから内容を話し合うために集まってください。「質問」は議論のきっかけとしての役割を果たすので、そこから始めるのがよいです。

## お問い合わせ

本書に関するご意見、ご質問等は、オライリー・ジャパンまでお寄せください。連絡先は以下のとおりです。

株式会社オライリー・ジャパン
電子メール　japan@oreilly.co.jp

この本のWebページには、正誤表やコード例などの追加情報が掲載されています。次のURLを参照してください。

`http://shop.oreilly.com/product/0636920033929.do`（原書）
`https://www.oreilly.co.jp/books/9784873118208`（和書）

この本に関する技術的な質問や意見は、次の宛先に電子メール（英文）を送ってください。

bookquestions@oreilly.com

オライリーに関するその他の情報については、次のWebサイトを参照してください。

`https://www.oreilly.co.jp`
`https://www.oreilly.com/`（英語）

## 謝辞

一冊の本を書くことは、驚くほど大仕事です。人生の多くの時間を占有し、途中で他の人達を大きく巻き込む仕事です。この本のテーマの初期の原稿から、(電子的かもしれませんが) 書棚に収められた完全な本になるまでに、貢献してくれた多くの人達がいます。

私のすてきな妻であるBryonyは、根気よく私をサポートして (我慢して) くれました。君を愛しているし、感謝しています。AliceとAmeliaは多くの嬉しい気晴らしを提供してくれました。二人は人生を楽しいものにしてくれています。

この本の内容の中には、過去数年にわたって私が書いた記事からのものが含まれています。ACCUのC Vuマガジンの尊敬すべき編集者であるSteve Loveは、記事の多くに対して貴重なフィードバックをしてくれました。彼の励ましと思慮深い意見にはいつも感謝しています。(ACCUを知らない人がいるかもしれませんが、それはコードを気にかけるプログラマ向けの素晴らしい組織です。)

多くの友人と同僚達が貴重な示唆、フィードバック、批評を提供してくれました。特記すべきなのは、私のAkaiファミリーであるDave English、Will Augar、Łukasz Kozakiewicz、Geoff Smithです。Lisa CrispinとJon MooreはQAの観点から見識を提供してくれ、Greg Lawはバグに関する事実を私に教えてくれ、Seb RoseとChris Oldwoodは適切なタイミングで貴重なレビューを提供してくれました。

技術レビューアであるKevlin Henney、Richard Warburton、Jim Brikmanは貴重なフィードバックを提供してくれ、文章を整えることを助けてくれました。

編集者と制作の天才達からなる素晴らしいオライリーのチームはこの本に精力的に取り組んでくれました。彼らの熟練した注意力に感謝しています。特に、Mike LoukidesとBrian MacDonaldによる初期の活動がテーマを整理するのに役立ちました。

Lorna Ridleyは、この本がつまらないものにならないように、すべての漫画を描いてくれました。

# 目次

# 1章 コードを気にかける

深く愛せば、勇気が生まれる。
——老子

優れたプログラマが優れたコードを書くという事実を知るために、シャーロック・ホームズは必要ありません。劣ったプログラマは優れたコードを書きません。劣ったプログラマは、他の人達がきれいにしなければならないひどいコードを書きます。あなたは優れたコードを書きたいのです。そうですよね。優れたプログラマになりたいのです。

優れたコードはどこからか突然現れたりしません。優れたコードは惑星が一直線に並んだ時に運良く発生するものでもありません。優れたコードを手に入れるには、優れたコードを書くことに努めなければなりません。一生懸命にです。そして、優れたコードを実際に**気にかけている**場合にだけ、優れたコードが得られるのです。

**要点▶** 優れたコードを書くために、優れたコードを気にかけていなければなりません。優れたプログラマになるために、時間と努力を投資しなければなりません。

優れたプログラミングは、技術的な能力だけから生まれるのではありません。難解で素晴らしいアルゴリズムを生み出すことができて、使っている言語の仕様を暗記しているにもかかわらず、醜いコードを書く知的なプログラマを私は見てきました。そのコードは、読むのが苦痛であり、使うのが苦痛であり、そして修正するのが苦痛でした。一方で、簡潔なコードを心がけ、取り組むのが楽しくすっきりとした表現力の高いプログラムを書く謙虚なプログラマも見てきました。ソフトウェア開発組織での数年間の経験に基づいて、私は、並のプログラマと優秀なプログラマの間の本当の差は心構えであるという結論に行き着きました。優れたプログラミングは、玄人(くろうと)として取り組み、実世界の制約とソフトウェア開発組織の圧力の中で最善のソフトウェアを書きたいと思うことにかかっています。

**どんなに優れた意図があっても、それを表に出さなければコードは混沌へと突き進んでいきます。**優秀なプログラマであるためには、優れた意図を持たなければなりませんし、実際にコードを**気にかけ**なければなりません。肯定的な見方を伸ばし、健全な心構えを身につけなければなりません。優れたコードは匠の職人が注意深く作り出します。だらしないプログラマが軽率に作るものではありませんし、自称コーディング導師が神秘的に作るものでもありません。

あなたは、優れたコードを書きたいのです。優れたプログラマになりたいのです。したがって、コードを気にかけています。それは、あなたがしかるべき行動を取るということです。たとえば、次の通りです。

- どのような状況においても、動作するように**思えるだけ**のコーディングを行うことを拒否する。明らかに正しく（そしてそれが正しいことをテストが示す）素晴らしいコードを念入りに作ることに努める。
- 意図が明らかになっている（他のプログラマが容易に理解できる）コード、すなわち**保守可能**なコード（あなた、もしくは他のプログラマが将来容易に修正できるコード）で**正しい**コード（プログラムが動作するように思えるのではなく、問題を**解決した**と判断できるようにあらゆる処理を行っているコード）を書く。
- 他のプログラマとうまくやっていく。一人で働くプログラマはほとんどおらず、会社内やオープンソースプロジェクトでプログラマ達のチームとして働くものである。他のプログラマを尊敬し、彼らが読めるコードを作成する。自分が賢いと思われるよりは、チームができる限り最善のソフトウェアを書くことを望む。
- コードの一部に触れたときには、触れる前よりもコードがよくなるように常に努める（構造が改善されたり、テストが改善されたり、そして理解しやすくなっていたりすること）。
- コードとプログラミングを気にかけているので、新たな言語、イデオム、そして技法を常に学ぶ。しかし、適切な時にだけそれらを適用する。

あなたは、コードを**気にかけて**いるのでこの本を読んでいます。この本はあなたの注意を引いています。それはあなたの情熱です。あなたは物事をうまく行うのが好きでしょう。この本を読み続けてください。そうすれば、コードへの関心を実践的な行動へ変える方法を学ぶことができます。

行動する際には、プログラミングを楽しむことを忘れないでください。難しい問題を解決するための鋭いコードを楽しんでください。自慢できるソフトウェアを生み出してください。

> **要点▶** コードに対する情緒的な反応は悪いことではありません。あなたの優れた成果を自慢に思ったり、ひどいコードにうんざりするのは健全なことです。

## 質問

1. コードを**気にかけて**いますか。あなたの成果で気にかけていることをどのように証明しますか。
2. プログラマとして向上したいですか。どの領域に最も取り組む必要があると考えていますか。
3. コードを気にかけていないのであれば、なぜこの本を読んでいるのですか。
4. 「**優れたプログラマが優れたコードを書きます。ひどいプログラマは優れたコードを書きません**」という表現は的確ですか。優れたプログラマがひどいコードを書くことは可能ですか。それは、どのようにしてですか。

## 参照

- **14章 ソフトウェア開発とは**：私達が気にかけているものは何でしょうか。
- **34章 人々の力**：優れたコードを扱うことを気にかけています。優れた人々と働くことにも気にかけるべきです。

> **やってみる**
> プログラミングのスキルを向上させることを、今すぐ誓ってください。この本で読む内容に取り組み、質問に答え、「やってみる」の挑戦をすべて試みると決心してください。

# 第I部

# you.write(code)

この第I部は、開発現場におけるコードとの日々の格闘を扱います。

プログラマが楽しめるコードレベルの詳細を見ていきます。コードの一行一行の書き方、コードの改善方法、既存のコードを調査する方法です。予期しないことへの対策にも触れます。エラー処理、頑強なコードを書く方法、バグを追跡する方法などです。そして最後に全体を見ます。ソフトウェアシステムの設計について検討し、その設計における技術的で現実的な影響について考えます。

# 2章
# 見かけのよい状態を維持する

見かけは当てにならない。
——イソップ

取り散らかしたコードを扱うのは誰も好きではありません。誰も、雑で一貫していないフォーマットの泥沼でもがいたり、難解な名前と格闘したりしたくはありません。楽しくありませんし、生産的でもありません。それはプログラマにとっての苦行です。

私達はコードを気にかけています。そして、当然ながらコードの美しさを気にかけてもいます。コードの美しさが、コードにどれだけ容易に取り組めるかの最も直接的な決定要素です。プログラミングに関するほとんどの本が、表現に関する章を含んでいます。この本もそうです。

プログラマはコードの表現を気にかけているので、最後には口論になってしまいます。そのために、聖戦が勃発しています。どのエディタが最善か[†1]。タブか空白か。中括弧の位置。一行当たりの文字数。大文字か小文字か。私には自分の好みがあります。あなたも好みを持っています。

ゴドウィンの法則では、インターネット上のあらゆる議論は長引けば長引くほど、最後にはヒトラーやナチスを引き合いに出す議論になることが多いと述べられています。（ここで明かす）私、グッドリフの法則は、コードのレイアウトに関するすべての議論は白熱すればするほど、ほぼ実りのない議論になるというものです。

優れたプログラマは優れたコードの表現を気にかけます。しかし、彼らはこの種のささいな口論にこだわりません。大人として振る舞いましょう。

**要点▶** コードのレイアウトについて争うのを止めてください。自分のコードの表現に対して健全な態度を取るようにしてください。

†1　vimが最善です。それがすべてです。

レイアウトの細かな点だけに注目している例は、権威的で機能していないコードレビューです。コードの一部が示されたときに、表現上の無数の欠点を取り上げることです（おおざっぱに表面的に読むだけであれば、取り上げるのはレイアウトだけになります）。そして、有益なコメントを多く行ったような気になります。中括弧の位置が誤っていれば読み間違えて、設計の欠陥は見落とされます。実際、レビューされるコードの量が多く、速く行われるほど、この見落としは多くなります。

## 表現は強力

コードのフォーマットは重要です。しかし、コードのフォーマットはしばしば問題になります。優れたコードのフォーマットは、きれいだと感じるフォーマットではありません。コードのレイアウトは、私達の芸術的な趣味を磨くために行うのではありません。（あなたは、コードを芸術的に評価する評論家の声に耳を傾けられますか。たとえば、「ダーーーリン、そのネストしたswitch文の括弧はラファエル前派的で素晴らしいわ」、あるいは「このメソッドの言外の意味が鋭くて素晴らしいわ」です。私にはできません。）

優れたコードは明解です。首尾一貫しています。レイアウトはほとんど気になりません。優れた表現は、注意を引いたり気を散らしたりしません。優れた表現は、コードの意図を明らかにするためだけに役立つのです。プログラマがコードを効果的に扱うのに役立ちます。コードを保守するために必要な労力を減らします。

> **要点▶** 優れたコードの表現は、コードの意図を明らかにします。それは芸術的な努力ではありません。

優れた表現の技法は美しさのためにではなく、コード内の誤りを避けるために重要です。例として次のCのコードを考えてみてください。

```
bool ok = thisCouldGoWrong();
if (!ok)
    fprintf(stderr, "Error: exiting...\n");
    exit(0);
```

ここでは作者が何を意図していたかは分かります。`exit(0)`はテストが失敗したときだけ呼び出されるという意図です。しかし、表現は本当の振る舞いを隠蔽しています。つまり、コードは常に**終了**します。選択されたレイアウトによりコードが誤りとなっています[†2]。

†2　これは紙面を埋めるための机上の例ではありません。この種の誤りから重要なバグが実際に生まれています。Appleの2014年の不名誉なSSL/TLS実装における*goto fail*セキュリティ脆弱性は、まさにこの種のレイアウトの誤りにより引き起こされていました。

レイアウトと同様に名前も大きな影響を及ぼします。ひどい名前付けは、単に気が散るだけではなく、危険を及ぼすことすらあります。次のどれがひどい名前でしょうか。

```
bool numberOfGreenWidgets;
string name;
void turnGreen();
```

numberOfGreenWidgetsは変数です。カウンタは明らかにブーリアン型で表現されるものではありません。つまり、正しくありません。どれがひどい名前かという質問は、実はずるいものです。なぜなら、これらのすべてはひどい名前だからです。文字列型の変数は実際には名前（name）を保持しているのではなく、色の名前を保持しています。それは、turnGreen()関数で設定されます。したがって、その変数名（name）は誤解を招きます。そして、turnGreenは次のように実装されていました。

```
void turnGreen()
{
    name = "yellow";
}
```

これらの三つの名前は、どれも嘘をついているのです。

この例は人為的なものです。しかし、注意が少し不足した保守作業により、コードはすぐにこのような状態になります。このようなコードを扱うときには何が起きるでしょうか。バグです。多数のバグです。

**要点▶** コードの誤りを作り出さないようにするには、優れた表現を必要とします。きれいなASCIIアートを作成することではありません。

首尾一貫しないレイアウトやごちゃまぜの名前付けを見かけることは、コードの品質が高くないという確かな兆候です。作成者達がレイアウトに注意を払っていなければ、おそらく他の重要な品質（優れた設計、完全なテストなど）にも注意を払っていないでしょう。

## それはコミュニケーションに関すること

二人の読者に向けて、私達はコードを書きます。最初の読者はコンパイラ（あるいは言語のランタイム）です。コンパイラは古いコードの残骸でも喜んで正確に読み込みますし、コンパイラが知っている唯一の方法でコードを実行可能なプログラムに変えます。コンパイラは与えたコードの品質や表現されているスタイルを判断せずに冷静に変換を行います。あらゆる種類のコードを「読む」というよりは、単なる変換処理です。

もう一方の重要な読者は、**プログラマ**です。私達はコンピュータが実行するコードを書くと同時に、人が**読む**コードを書いています。つまり、次のような読者です。

- 今まさにコードを書いているあなた自身です。コードは水晶のように澄みきっていなければなりません。コードが澄みきっていれば、実装の間違いは起きません。
- 数週間（あるいは数ヶ月）後に、リリースのためにソフトウェアを準備しているあなた自身です。
- あなたのコードに成果物を統合しなければならないチーム内の他のメンバーです。
- 数年後に古いリリースのバグを調査している保守プログラマ（あなたの可能性もありますし、他のプログラマかもしれません）。

読むのが困難なコードを扱うのは難しいのです。それが、澄みきって、心地よく、理解を助けてくれる表現を求めて努力する理由なのです。

**要点▶**　誰のためにコードを書いているのかを忘れないでください。他の人達のためです。

きれいに見えていてもその意図を曖昧にしているコードを見てきました。コードはきれいに見えても、保守が困難になることがあります。その例は、「コメントボックス」です。プログラマによっては、次のようなきれいなASCIIアートのボックスでバナーコメントを示すことを好みます。

```
/**************************************************
 * This is a pretty comment.                      *
 * Note that there are asterisks on the           *
 * righthand side of the box. Wow; it looks neat. *
 * Hope I never have to fix this tiypo.           *
 **************************************************/
```

これはきれいですが、保守が容易ではありません。コメントの文章を変更する場合、コメントのマーカの右のアスタリスクを手作業で整えなければなりません。正直なところ、これはサディスト的な表現スタイルであり、そのスタイルを選択した人は同僚の時間と正気を軽視しています（あるいは、コメントの編集を面倒にすることで、誰も文章を変更しないようにしたいと望んでいるかもしれません）。

## レイアウト

明晰なスタイルを書きたいと願うのであれば、まずは思考を明晰にさせること。

——ヨハン・フォン・ゲーテ

コードのレイアウトの代表的な関心事は、インデント、演算子の両側での空白の使用、大文字化、中括弧の位置（K&Rのスタイル、オールマン、ホワイトスミスなど）です。そして、タブであるべきか空白であるべきかという長年のインデント論争があります。これらの個々の項目に対しては、自分で決められるレイアウトがあり、個々の選択はそれを推奨する妥当な理由を持っています。レイアウトの選択がコードの構造を強化し、コードの意図を示すのに役立つのであれば、その選択はよいものです。

コードを少し見れば、形と構造がすぐに分かるべきです。中括弧の位置を議論するのではなく、もっと重要なレイアウト上の考慮すべき事柄があります。次の節からそれについて探求していきます。

## きちんとした構造

散文を書くようにコードを書いてください。

章、段落、文に分解し、同じようなものをまとめます。異なるものは分離してください。関数は章に似ているのです。各章内には、数個の独特で関連した部分のコードがあるでしょう。それらの部分の間に空白行を挿入することで段落に分解してください。自然な「段落」区切りがなければ空白行を挿入しないでください。この技法はコードの流れと構造を強調するのに役立ちます。

たとえば、次の通りです。

```
void exampleFunction(int param)
{
    // 入力に関連したものをまとめる
    param = sanitiseParamValue(param);
    doSomethingWithParam(param);

    // 別の「段落」に他の処理を書く
    updateInternalInvariants();
    notifyOthersOfChange();
}
```

コードが現れる順序は重要です。読者のことを考えてください。最も重要な情報を最後ではなく最初に書きます。APIが実用的な順序で読めるようにしてください。クラス定義の先頭に読者が気にするものを書いてください。すなわち、すべてのpublicの情報はprivateの情報の前に書きます。オブジェクトの生成は、オブジェクトの使用の前に書きます。

このグループ分けは、次のようにクラス宣言で表現されます。

```
class Example
{
public:
    Example();                    // 生存管理が最初
    ~Example();

    void doMostImportantThing(); // 新たな「段落」の開始
    void doSomethingRelated();   // 個々の行は文のようなもの

    void somethingDifferent();   // これは別の段落
    void aRelatedThing();

private:
    int privateStuffComesLast;
};
```

短いコードのまとまりとして書くようにしてください。五つの「段落」を持つ関数を書かないでください。その関数を、きちんと選ばれた名前を持つ五つの関数に分けてください。

## 一貫性

レイアウトのスタイルに凝ることは避けてください。一つのスタイルを選び、それを一貫して使ってください。イデオム的なスタイルが最善です。つまり、使っている言語に最も適したスタイルを使ってください。標準ライブラリのスタイルに従ってください。

チームの残りのメンバーと同じレイアウト規約を使ってコードを書いてください。自分のスタイルがきれいだとか優れていると思うからといって、自分独自のスタイルを使わないでください。プロジェクトに一貫性がないのであれば、**コーディング標準**（*coding standard*）あるいは**スタイルガイド**（*style guide*）を採用してください。コーディング標準は、厳格で長い文書である必要はありません。チームがまとまるために、同意を得た数個のレイアウト原則があれば十分です。このような状況では、コーディング標準は強制されるのではなく、チームのメンバーで合意されなければなりません。

プロジェクトのレイアウト規約に従っていないファイルを取り扱う場合、（プロジェクトのレイアウト規約ではなく）そのファイル内のレイアウト規約に従ってください。

チーム全体のIDEやソースコードエディタが同じ設定になるようにしてください。タブストップの大きさを同じにしてください。中括弧の位置とコメントのレイアウトの選択肢が同じになるように設定してください。行の終端の改行コードが一致するようにしてください。これは、異なる開発環境が同時に使われる複数のプラットフォームに対応したプロジェクトでは重要です。あなたがこのような事柄に注意を払わなければ、ソースコードは自然と壊れて首尾一貫性がなくなります。つまり、ひどいコードを作り出します。

### 戦いの記：空白の戦い

私は、プログラマが表現に注意を払わないプロジェクトに参加したことがあります。コードは、取り散らかり、首尾一貫しておらず不快でした。私はコーディング規約を導入することを申し出ました。

すべての開発者がそれはよい考えだと同意してくれました。そして、名前付け、レイアウト、ディレクトリ階層に対する規約に同意することは構わないということでした。コードはきちんとし始めました。

しかし、私達が容易に合意に達しなかった点が一つありました。それはタブか空白かということでした。ほとんどの人が四個の空白のインデントを好んでいました。一人だけがタブが優れていると断言しました。彼は主張し、不平を訴え、彼のコーディングスタイルを変えることを拒否しました（彼はおそらく今もそう主張しているでしょう）。

私達はすでにかなりの改善を行ったため、不必要に不和をもたらす議論を避けるために、この問題を棚上げにしました。私達全員が空白を使いました。彼だけがタブを使いました。

すると、コードはフラストレーションをもたらし、扱うのが困難になるという結果になりました。編集も驚くほど首尾一貫していませんでした。カーソルは時々、一度に一個の空白を移動したり、飛び回ったりすることもありました。適切なタブストップを設定すればツールによってはコードを適切に表示しました。しかし、他のツール（たとえば、私達のバージョンコントロールのビューアとオンラインのコードレビューシステム）は調整できず、ガタガタで見かけがひどいコードを表示しました。

## 名前

「わしが言葉を使うときは」ハンプティ・ダンプティは軽蔑した調子で言いました。
「言葉はわしが意味させようとしたものを意味する——それ以上でも以下でもない。」
——ルイス・キャロル[†3]

多くのものに名前が付けられます。変数、関数とメソッド、型（例：列挙、クラス）、名前空間、そしてパッケージです。ファイル、プロジェクト、プログラムなどの大きなものも同じく重要です。公開API（例：ライブラリのインタフェースやウェブサービスのAPI）は、名前を選択するものとしてはおそらく最も重要なものです。なぜなら、「リリースされた」公開APIは、ほとんどの場合、石に刻まれたのと同じであり、変更するのが困難だからです。

名前はオブジェクトの身元を伝えます。すなわち、名前はものを記述し、その振る舞いと意図された使い方を示します。間違った名前を持つ変数は、**ひどい**混乱をもたらします。優れた名前は、説明的で、正しく、慣用的です。

何であるかを**正確に**分かっている場合にだけ、あるものに名前を付けられます。そのものをはっきりと説明できない、あるいはどのようなことに使われるのかを分かっていないのであれば、それにきちんとした名前は付けられません。

### 冗長性を避ける

名前付けを行う場合、冗長にならないように文脈を利用してください。次を考えてみてください。

†3　訳注：河合祥一郎 訳『鏡の国のアリス』より。

```
class WidgetList {
    public int numberOfWidgets() { ... }
};
```

numberOfWidgetsメソッドの名前は不必要に長く、単語*Widget*を繰り返しています。これはコードを読むのを難しく、くどいものにします。このメソッドはリストの大きさを返すので、単にsize()と名付けることができます。この場合、取り囲んでいるクラスの文脈がサイズの意味をはっきりと決めているので、混乱を招くことはありません。

冗長な言葉を避けてください。

私は、DataObjectと名付けられたクラスを持つプロジェクトでかつて働いたことがあります。それは、困惑させる冗長な名前付けの代表例です。

## 明瞭である

簡潔性よりも明瞭性を選んでください。名前は、キー入力の操作を省くために短くする必要はありません。タイプするよりも高い頻度で、変数の名前は**読まれ**ます。しかし、一文字の変数名がよい場合があります。短いループのカウンタ変数として、一文字の変数は明瞭に読めます。つまり、文脈が重要なのです。

名前は暗号的である必要はありません。暗号的な名前の典型はハンガリアン記法(*Hungarian Notation*)です。その記法は役立ちません。

奇をてらった頭字語や言葉遊びは役立ちません。

## 慣用的である

慣用的な名前を選んでください。大文字で始めるか小文字で始めるかに関しては、言語で最もよく使われている慣習に従ってください。慣用的な名前や慣習は、もっともな理由がある場合にしか破れません。慣用的な名前や慣習は、たとえば次の通りです。

- Cでは、マクロにはたいてい大文字の名前を付けます。
- 大文字で始まる名前は型(例:クラス)を表すことが多く、大文字で始まらない名前はメソッドと変数に使われます。これは広く受け入れられたイデオムなので、それを破るとコードが紛らわしくなります。

## 正確である

名前は正確であるようにしてください。型がウィジェットの配列のように振る舞う場合に、その型をWidgetSetと名付けないでください。不正確な名前によって、読み手はその型の振る舞い、あるいは特性に関して誤った想定をすることがあります。

## 身なりを整える

私達は、下手にフォーマットされたコードをいつも目にします。そのようなコードの扱いには注意してください。

そのようなコードの「整頓」を行わなければならないのであれば、機能的な変更と表現の変更を同時に行わないでください。表現の変更を別のステップとしてソースコントロールにチェックインしてください。**それから**、コードの振る舞いを変更してください。二つのことを混在させたコミットは混乱をもたらします。レイアウトの変更が、機能の誤りを覆い隠すかもしれません。

> **要点▶** 表現と振る舞いを同時に変更しないでください。それぞれがバージョンコントロールで別々に管理された変更になるようにしてください。

一つのレイアウトを選んで、一生そのレイアウトに固執しなければならないと思わないでください。レイアウトの選択がコードの扱い方にどのように影響するのかといった情報を継続的に蓄積してください。経験を積むごとに、あなたの表現のスタイルを修正してください。

私は今までのキャリアを通して、首尾一貫したレイアウトでかつ修正が簡単にできるように、自分のコーディングのスタイルを移行させてきました。

プロジェクトにおいて、自動化されたレイアウトツールをソースツリーに対して実行したり、コミット前のフックとして追加したりすることを検討します。ツールを調査する価値はありますが、ほとんどのツールは使う価値がありません。そのようなレイアウトツールは（無理からぬことですが）極度に単純化されがちであり、実世界のコードの構造の微妙な部分を扱うことができないからです。

## 結論

コードの表現に関して論争するのはやめてください。たとえあなたの好みのレイアウトスタイルではなくても、プロジェクトでの共通の規約を使ってください。

しかし、何が優れたレイアウトスタイルを構成するかに関する根拠のある意見を持ってください。他のコードを読むことから継続的に学んで多くの経験を積んでください。

自分のコードのレイアウトで、一貫性と明瞭性に努めてください。

### 質問

1. 会社のコーディング標準に合致するように過去のコードのレイアウトを変更すべきでしょうか。あるいは、作成者の独自のスタイルのままにしておくのがよいでしょうか。どちらであっても、その理由は何ですか。

2. コードを再フォーマットするツールはどれだけ価値がありますか。その価値は、使っている言語にどれだけ依存していますか。
3. 優れたコードの表現と優れたコードの設計のどちらが重要ですか。
4. あなたの現在のプロジェクトのコードはどれだけ首尾一貫していますか。それをどのようにして改善できますか。
5. タブですか、空白ですか。理由は何ですか。それは重要なことですか。
6. 言語のレイアウトと名前付けの慣習に従うことは重要ですか。あるいは、標準ライブラリとあなたのアプリケーションを区別できるように、異なる「独自のスタイル」を採用するのがよいですか。
7. 色付けされた構文強調のコードエディタを使うことは、色がコードの構造を表すのに役立つので、表現に対する要件が少なくなることを意味しますか。

## 参照

- **36章 遠慮なく話す**：コードを書いてそれを提示することは、コミュニケーションそのものです。この章ではプログラマがコードと書き言葉、そして口頭でどのようにコミュニケーションを行うかについて論じています。
- **5章 コードベースの過去の幽霊**：あなたのプログラミングのスタイルが時間の経過と共にどのように発展していくかについてを扱います。コードの表現スタイルは、あなたが経験を積むにつれて変化していくものです。

### やってみる

あなたのレイアウトの好みをもう一度考えてみてください。あなたの好みは、イデオム的で、形式張ることなく、明瞭で首尾一貫していますか。どのように改善できますか。表現に関してチームのメンバーと意見が異なっていますか。それらの差異をどのように解決できますか。

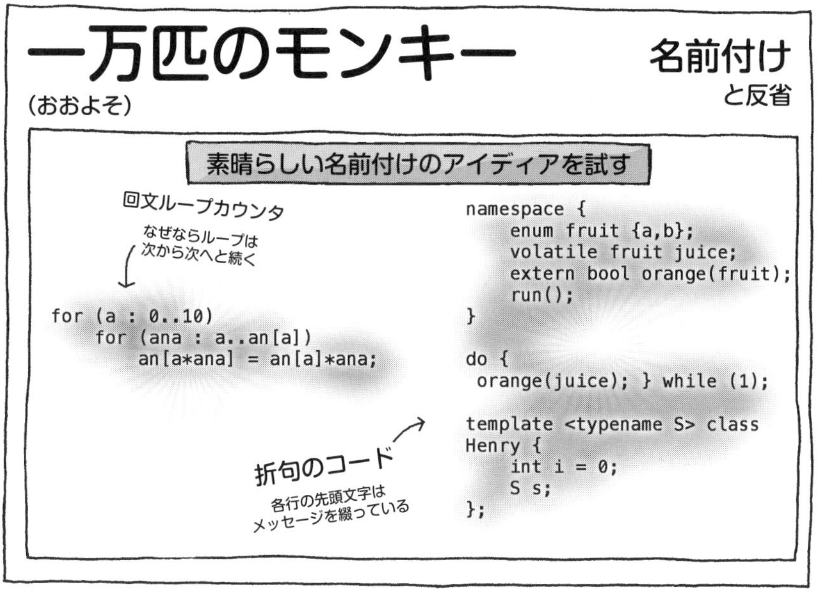

一万匹のモンキー

(おおよそ)

名前付け

と反省

素晴らしい名前付けのアイディアを試す

回文ループカウンタ

なぜならループは
次から次へと続く

```
for (a : 0..10)
    for (ana : a..an[a])
        an[a*ana] = an[a]*ana;
```

折句のコード

各行の先頭文字は
メッセージを綴っている

```
namespace {
    enum fruit {a,b};
    volatile fruit juice;
    extern bool orange(fruit);
    run();
}

do {
 orange(juice); } while (1);

template <typename S> class
Henry {
    int i = 0;
    S s;
};
```

# 3章
# 少ないコードを書く

最短の時間を有効に用いれば、それだけで全てについて事足ります。

——ジュール・ヴェルヌ

『八十日間世界一周』[†1]

今日、膨大なコードが存在することは、残念ながら事実です。

私の車のエンジンがコンピュータにより制御されているという事実を受け入れることができます。電子レンジには食べ物を調理しているソフトウェアが存在するのは明らかです。遺伝子組み換えのきゅうりの中に埋め込みのマイクロコントローラがあったとしても驚かないでしょう。それは大いに結構です。なぜなら、私が悩むことではないからです。私が心配するのは、そこにある**不必要な**コードです。

放置されている不必要なコードが多すぎます。不必要なコードの行はストレージの貴重なバイトを消費し、リビジョンコントロールの履歴を不明瞭にし、頑固に開発を邪魔し、そして貴重なコードの空間を使い尽くして、周りの優れたコードを取り囲んで押し込めます。

不必要なコードが、なぜたくさんあるのでしょうか。

自分のことを話すのが好きな人達がいます。あなたも、そのような人達に逢ったことがあるでしょう。彼らは、パーティであなたが捕まりたくない人達です。「何やかや、何やかや、何やかや（*Yada yada yada*）」。彼らは自分のコードが好きです。自分のコードが大好きなので大量に書きます。`{ yada ->yada.yada(); }`

もしかすると彼らは、一日に何千行のコードが書かれたかで進捗を判断する心得違いのマネージャの下で働いているプログラマかもしれません。

たくさんのコードを書くことは、多くのソフトウェアを書いたことを意味**しません**。実際、コードによってはソフトウェアに否定的な影響を与えることがあります。邪魔して、障害を引き起こし、ユーザ体験の質を低下させます。

†1　訳注：田辺 貞之助 訳『八十日間世界一周』より。

**要点▶** 少ないコードは、多くのソフトウェアに**なります**。

私が行った最高の改善活動は、コードを削除することでした。懐かしく覚えていますが、ある時、あるぶざまなシステムから数千行のコードを削除して、10数行のコードで置き換えました。素晴らしくすっきりした満足感を得ました。時には、あなたも挑戦してみることをお勧めします。

## なぜ気にかけるのか

不必要なコードは、単なる迷惑にとどまらずなぜ**悪い**のでしょうか。
不必要なコードが、なぜすべての諸悪の根源であるかについては多くの理由があります。

- 新たな一行のコードを書くことは、小さな生命体の誕生のようなものです。そのコードを使う製品がリリースされる前に、そのコードはソフトウェア社会に役立つ有益な一員へと愛情を込めて育てられる必要があります。
  ソフトウェアシステムの生涯に渡って、そのコードの行は保守を必要とします。コードの個々の行には少しの保守コストがかかります。コードを多く書けば書くほど、その保守コストは高くなります。一行のコードが長く存在すればするほど、その保守コストは高くなります。私達が破産する前に、不必要なコードが適切なタイミングで死を迎える必要があるのは明らかです。
- コードが大量にあるということは、読んで理解する必要がある量が多いということです。つまり、プログラムを理解することが困難になります。また不必要なコードは関数の目的を不明瞭にします。あるいは、似たようなコード内の些細だけれど重要な差異を隠蔽します。
- コードが多いほど、修正を行う作業が多くなります。つまり、プログラムを修正するのが困難になります。
- コードはバグを隠します。コードが多いほど、バグの隠れる場所が多くなります。
- 複製されたコードは悪質です。複製されたコードの一か所でバグを修正しても、他の複製されたコードに同じ小さなバグがまだ存在する可能性があります。

不必要なコードは極悪非道です。さまざまな変装をしています。未使用のコンポーネント、到達しないコード、意味のないコメント、不必要なくどさなどです。それらを詳細に見ていきます。

## たるんだロジック

意味のないコードとしてよく見かけるのは、条件文および同義語的なロジック構造を不必要に使ってるものです。たるんだロジックは、たるんだ心の表れです。あるいは、少なくともロジック構造の理解が貧弱であることの表れです。

```
if (expression)
    return true;
else
    return false;
```

これは、もっと単純かつ直接的に次のように書くことができます。

```
return expression;
```

簡潔なだけではなく読みやすいですし、理解しやすいです。読み手である人間を手助けしている英語の文のように見えます。コンパイラは読みやすさを少しも気にしません。

同様に、次は冗長な式です。

```
if (something == true)
{
    // ...
}
```

これは、次の方が読みやすいです。

```
if (something)
```

ここまでの例は単純です。実世界では、凝った構文を見かけます。単純なことを複雑にしてしまうプログラマの能力を甘くみないでください。実世界のコードは、次のようなものであふれています。

```
bool should_we_pick_bananas()
{
    if (gorilla_is_hungry())
    {
        if (bananas_are_ripe())
        {
            return true;
        }
        else
        {
            return false;
        }
    }
    else
    {
        return false;
    }
}
```

これは、すっきりと一行にできます。

```
return gorilla_is_hungry() && bananas_are_ripe();
```

無駄を削ぎ、物事を明瞭かつ簡潔に述べてください。式の評価順序を知り活用することは、条件式での多くの不必要なロジックを省くことにつながります。たとえば、

```
if ( a
     || (!a && b) )
{
    // 何と複雑な式！
}
```

これは、単純に次のように書くことができます。

```
if (a || b)
{
    // よくなっていませんか？
    // 何も問題ないですよね？
}
```

**要点▶**　コードを明瞭かつ簡潔に表現してください。不必要に長いコードは避けてください。

## リファクタリング

用語「リファクタ」は、1990年代にプログラマの語彙に加わりました。リファクタはソフトウェアの特定の種類の修正を意味しており、Martin Fowlerの『*Refactoring: Improving the Design of Existing Code*』[†2]で普及しました。

私の経験では、その用語はしばしば誤用されています。

書籍『Refactoring』では、既存のコードが示す振る舞いを変更すること**なく**そのコードの構造に対して行われる変更（すなわち、**リファクタリング**）を厳密に説明しています。よく忘れられているのはその最初の部分です。リファクタリングは、振る舞いを維持したままソースコードを変更する**場合にだけ**リファクタリングなのです。プログラムが応答する方法を変更する「改善」は（どんなに些細な改善であっても）、リファクタリングではありません。それは改善です。UIを整える「調整」はリファクタリングではなく、調整です。

コードの可読性を向上させ、内部構造を改善し、コードを保守しやすくし、後から行う機能拡張に対してコードを準備しておくためにリファクタリングします。

コードに順番に適用できる一連のリファクタリングの手法があります。多くの言語のIDEは、それらの手法を自動的に行う機能を提供しています。提供されているコードの変換には、機能をよりよいロジックの部品に分解する**クラスの抽出**（*Extract Class*）と**メソッドの抽**

---

†2　Martin Fowler、*Refactoring: Improving the Design of Existing Code*（Boston: Addison-Wesley, 1999）。翻訳は、『新装版 リファクタリング―既存のコードを安全に改善する』（オーム社、2014年）です。

**出** (*Extract Method*)、そして、**メソッドの名前変更** (*Rename Method*) と、メソッドを正しい位置に移動させるのに役立つ**プルアップ/プルダウン** (*Pull Up/Pull Down*) があります。

適切なリファクタリングは修練を必要としますが、問題となるコードを網羅している優れた単体テストが一式あればリファクタリングは容易です。単体テストは、どのような変更でも振る舞いを変えていないことを証明するのに役立ちます。

## 複製

不必要なコードの複製は悪です。**カット&ペースト** (*cut-and-paste*) プログラミングを通して、この犯罪が行われています。ものぐさなプログラマは、繰り返されたコード部分を共通の関数へとリファクタリングするのではなく、ある場所から別の場所へエディタで物理的にコピーします。コードがペーストされて小さな変更だけが行われたときには、その罪はもっと重くなります。

コードを複製すると、繰り返された構造を隠し、既存のバグもすべて複製されます。コードの一つを修正したとしても、別の日にあなたに噛みつく準備をしている同じバグが列をなしているでしょう。複製されたコード部分を単一の関数へリファクタリングしてください。少しだけ異なる似たコード部分があれば、その差異を設定パラメータとして受け取る関数にしてください。

**要点▶** コードをコピーしないでください。共通の関数にしてください。差異を表すためにパラメータを使ってください。

これは、**DRY** (*Don't Repeat Yourself!*) (繰り返しを避けること) として広く知られています。私達は、不必要な重複のない「DRY」なコードを目指しています。しかし、似たコードを共通の関数へまとめることは、似たコード部分の間に強い結び付きをもたらすことに注意してください。それらのコード部分は共有されたインタフェースに依存してしまいます。つまり、そのインタフェースを変更すると、両方のコード部分を調整しなければなりません。多くの場合、これは適切です。しかし、常に望む結果とは限らず、長期的には重複よりも問題を多く引き起こすかもしれません。したがって、責任を持ってコードにDRYを行ってください。

コードの複製のすべてが故意であったり、ものぐさなプログラマの落ち度であったりはしません。存在していることを知らない誰かが車輪を再発明することによって、複製は偶然に発生します。あるいは、受け入れ可能なサードパーティのライブラリがすでに存在するときに、新たな関数を作成することでも起こります。これはよくないです。なぜなら、既存のライブラリの方が正しくて、すでにデバッグされている可能性が高いからです。共通のライブラリを使うことで、労力を節約でき、誤りが入ることもありません。

細かなコードのレベルで行われる複製もあります。たとえば、次の通りです。

```
if (foo) do something();
if (foo) do_something_else()
if (foo) do_more();
```

これらの三つの文は、単一のif文でまとめることができます。複数のループはたいてい単一のループにできます。たとえば、次のコードを見てください。

```
for (int a = 0; a < MAX; ++a)
{
    // 何かを行う
}
// 温かいバタートーストを作る
for (int a = 0; a < MAX; ++a)
{
    // 他の何かを行う
}
```

おそらく次のようにまとめられます。

```
for (int a = 0; a < MAX; ++a)
{
    // 何かを行う
    // 他の何かを行う
}
// 温かいバタートーストを作る
```

これが可能になるのは、温かいバタートーストを作ることがどちらのループにも依存していない場合です。これは読んで理解することが容易なだけではなく、効率よく実行もされます。なぜなら、一つのループだけを実行すればよいからです。次の冗長な複製された条件判定についても考えてみてください。

```
if (foo)
{
    if (foo && some_other_reason)
    {
        // fooに対する二回目の検査は冗長
    }
}
```

あなたは故意にこのようには書かないでしょう。しかし、少しの保守作業の後に、このようないい加減なコードになることがあります。

**要点▶** 複製を見つけたら、取り除いてください。

最近、私は二つの処理ループで構成されているデバイスドライバをデバッグしていました。調べてみると、それらのループはほとんど同じでしたが、処理するデータの型に少しの差異がありました。その差異があるという事実はすぐには明らかになりませんでした。なぜなら、それぞれのループは（理解しにくいCのコードによる）300行の長さだったのです。それは複雑で理解するのが困難でした。それぞれのループには異なる複数のバグ修正が行われており、結果としてコードは訳が分からなくて予想不可能でした。二つのループを単一のループへまとめるという努力により、問題空間がすぐに半分になりました。その結果、私は障害を見つけて修正するために一カ所に集中できました。

## 死んでいるコード

コードの手入れを怠れば、あなたのコードは腐ります。そして、死ぬこともあります。死んでいるコードは実行されず、そのコードへは到達できません。そのコードには生命がありません。そのコードを生き返えらせるか、消し去ってください。

次のコード例はどちらも、少し見ただけでは分からない死んでいるコード部分を含んでいます。

```
if (size == 0)
{
    // ... 20行のほら話 ...
    for (int n = 0; n < size; ++n)
    {
        // このコードは実行されない
    }
    // ... さらに20行のふざけ ...
}
```

そして、

```
void loop(char *str)
{
    size_t length = strlen(str);
    if (length == 0) return;
    for (size_t n = 0; n < length; n++)
    {
        if (str[n] == '\0')
        {
        // このコードは実行されない
        }
    }
    if (length) return;
    // このコードも実行されない
}
```

死んでいるコードには次の兆候もあります。

- 呼び出されない関数

- 書き込まれるけれど、読み出されない変数
- 内部メソッドに渡された使われないパラメータ
- 使われない列挙、構造体、クラス、あるいはインタフェース

## コメント

悲しいことに、世界はコードに対するひどいコメントで満ちています。エディタでコードを開けば、ひどいコメントを目にせずに長い時間を過ごすことはできません。多くの企業のコーディング標準は数万行の愚かなコメントを含むことを要求している腐敗の山であり、状況を悪くしています。

優れたコードは、コードを支援するため、あるいはコードがどのように動作するかを説明するために多くのコメントを必要としません。変数、関数、クラスの名前を注意深く選び、優れた構造により、コードは明瞭になるべきです。その明瞭になっている情報をコメントに複製することは、不必要です。そして、他の形式の複製と同様に、それは危険でもあります。なぜなら、コメントを修正せずにコードを変更するのは容易に行えてしまうからです。

冗長なコメントは、次のように無駄にバイトを消費している古典的な例から、

```
++i; // iを一つ増やす
```

コード内のアルゴリズムを説明している、微妙なコード例にまで及びます。

```
// すべての項目をループして、合計する
int total = 0;
for (int n = 0; n < MAX; n++)
{
    total += items[n];
}
```

コードで表現されたアルゴリズムで、このレベルの説明が適切であるとされるほど複雑なものはほとんどありません。（しかし、まれにそのような場合もあります。その違いを学んでください。）もし、アルゴリズムがコメントを必要としているなら、新たなきちんと名前付けされた関数へとロジックを抽出した方がよいです。

**要点▶** すべてのコメントがコードに価値を付加していることを確かめてください。コード自身は「何を」と「どのようにして」を述べています。コメントは「なぜ」を説明すべきです。ただし、「なぜ」が明らかではない場合にだけです。

ごちゃごちゃしたコードベースを調べていて、「古い」コードがコメントアウトによって取り除かれているのを見かけることもよくあります。そのようなことはしないでください。それは、すべて取り除く

だけの勇気がなかったか、何を行っているのかをきちんと理解せずに、後でコードを戻す必要があるかもしれないと考えた誰かがいたことを示しています。コメントアウトされたコードをすべて取り除いてください。取り除いた後でも、ソースコントロールシステムからその部分を常に取得できます。

**要点▶** コメントアウトすることでコードを削除しないでください。それは、読み手を混乱させて、邪魔になるだけです。

コードが**かつて**行っていたことを述べるコメントを書かないでください。それは、もはや関係ありません。コードブロックやスコープの終わりにコメントを書かないでください[†3]。コードの構造はそれを明らかにしています。そして、必要のないASCIIアートを書かないでください。

## くどさ

多くのコードが無駄にくどいです。くどさの範囲（冗長ではないものから、冗長なものまで）の中の最も単純なものは次のようなコードです。

```
bool is_valid(const char *str)
{
    if (str)
        return strcmp(str, "VALID") == 0;
    else
        return false;
}
```

これは、冗長で、意図を理解するのが困難です。次のように容易に書き直すことができます。

```
bool is_valid(const char *str)
{
    return str && strcmp(str, "VALID") == 0;
}
```

使っている言語が三項演算子を提供しているなら、三項演算子を使ってください。そうすれば、コードの乱雑さを減らすのに役立ちます。次のような醜いコードは、

```
public String getPath(URL url) {
    if (url == null) {
        return null;
```

†3 訳注：次のようなコメントを指します。

```
void thisIsABlock()
{
    ...
} // thisIsABlockの終わり
```

```
        }
        else {
            return url.getPath();
        }
    }
```

次のように三項演算子で置き換えることができます。

```
public String getPath(URL url) {
    return url == null ? null : url.getPath();
}
```

Cスタイルの宣言（すべての変数がブロックの先頭で宣言されて、変数の多くが後で使われる）は、今日では時代遅れです（あなたが過去のものとなった古いバージョンのコンパイラを使うのを今もって強いられていなければです）。世界はどんどん進化しており、コードも進化すべきです。次のように書くことは避けてください。

```
int a;
// ... 20行のCのコード ...

a = foo();
// "a"は何型？
```

コードを理解する労力を減らし、未初期化の変数によるエラーの可能性を減らすために、変数の宣言と定義を一緒に移動させてください。一方で、変数が無意味なこともあります。たとえば、次の通りです。

```
bool a;
int b;
a = fn1();
b = fn2();
if (a)
    foo(10, b);
else
    foo(5, b);
```

これは、次のように簡単にできます。

```
foo(fn1() ? 10 : 5, fn2());
```

## 悪い設計

もちろん、不必要なコードは低レベルなコードの誤りや悪い保守の産物というだけではありません。それは、高レベルの設計の欠陥によっても引き起こされます。

悪い設計は、コンポーネント間に多数の不必要な通信経路を導入することがあります。明らかな理由もなくデータをマーシャルする余分なコードがたくさんあることがあります。データが通信経路を先へと流れると、途中でデータが壊れる可能性は高くなります。

時間の経過と共に、コンポーネントのコードは冗長になったり、元の使われ方とは異なったものに変化し、使われないコードを多く残すことがあります。それが発生したときには、古いコードをすべてきれいに捨て去ることを恐れないでください。必要なことをすべて行う単純なコンポーネントで古いコンポーネントを置き換えてください。

設計を行うときには、プログラミングの課題を解決する既成のライブラリがすでに存在するかを考えるべきです。それらのライブラリを使うことで、不必要なコード全体を書く必要性がなくなります。おまけに、広く使われているライブラリは頑強で、拡張性が高く、使いこなされている可能性が高いです。

## 空白

私は、空白（すなわちスペース、タブ、改行）を攻撃するつもりはありません。空白はよいものです。詩を読むときの適切な間のように、空白の理にかなった使い方はコードを形作るのに役立ちます。

空白を使うことが、誤解を招いたり、不必要なことはありません。しかし、よいものを過剰に使いすぎることはあります。関数と関数の間の20個の改行はおそらく多すぎます。

ロジック構造をグループ化するための丸括弧についても考えてみてください。丸括弧は、演算子の優先順位を無効にする必要がないときでも、ロジックを明瞭にするのに役立つことがあります。一方で、丸括弧が不要で邪魔なこともあります。

## では、何をしたらよいのか

このような粗末な作りのコードを積み上げることは、意図して行われるものではありません。面倒なコード、複製されたコード、意味のないコードをわざと書こうとする人はいません。（しかし、素晴らしいコードを書くために時間を投資せず、継続的に恥ずべきことを行っているものぐさなプログラマはいます。）多くの人々によって長い期間保守され、拡張され、使われ、デバッグされたレガシーコードに、今まで述べたようなコードの問題が生じます。

では、私達はそれに対して何をしたらよいでしょうか。私達はコードに対して責任を持たなければなりません。不必要なコードは書かないでください。そして、「レガシー」コードを扱うときでも、問題の兆候に注意を払ってください。

豚は不潔な豚小屋で暮らします。プログラマはそうする必要はありません。きれいにしてください。コードに取り組む際には、目にする不必要なコードをすべて取り除いてください。

これには、Robert C. Martinの助言に従い、コーディングの世界での「ボーイスカウトルール」を用いましょう。つまり、「キャンプ場を、来た時よりもきれいにして帰ること」[†4]です。

> **要点▶**　毎日、コードを以前よりも少しだけよくしましょう。見つけた冗長な部分と重複している部分を取り除いてください。

そして、次の規則を気に留めてください。それは、「機能的」な変更と「整頓」の変更を分けることです。そうすることで、何が行われたかがソースコントロールシステムで明白になります。機能的な変更と混在している余計な構造的な変更は、追跡するのが困難です。そして、もしバグがあれば、それが新たな機能によるのか、構造的な改善に起因するのかを調べるのはもっと困難です。

## 結論

ソフトウェアの機能性は、コードの行数やシステム内のコンポーネントの数とは相関しません。コードの多くの行数は、必ずしも多くのソフトウェアを意味しません。

したがって、コードを必要としないのであれば書かないでください。少ないコードを書いて、代わりにもっと面白いものを見つけてください。

### 質問

1. あなたは、簡潔な論理式を自然に書いていますか。あなたの簡潔な式は、簡潔すぎて理解できなくなっていませんか。
2. C言語の系統の**三項演算子**（たとえば、`condition ? true_value : false_value`）は、式を読みやすくしていますか、それとも読みにくくしていますか。その理由は何ですか。
3. カット＆ペーストのコーディングを避けるべきです。共通の関数へとまとめないことが正当化されるには、コードはどの程度異なっているべきですか。
4. 死んでいるコードを見つけて取り除くことは、どうしたらできますか。
5. コーディング標準によっては、すべての関数は特別にフォーマットされたコードコメントでドキュメント化されることを要求しています。そうすることは有益ですか。あるいは、価値のない余分なコメントを書くという不必要な負荷ですか。

### 参照

- **4章 取り除くことでコードを改善する**：冗長で、死んでいるコードを特定して、取り除くための

---

†4　Robert C. Martin, *Clean Code: A Handbook of Agile Software Craftsmanship* (Upper Saddle River, NJ: Prentice Hall, 2008)。日本語訳：『Clean Code―アジャイルソフトウェア達人の技』（アスキー・メディアワークス、2009年）

技法を説明しています。

**やってみる**

これからの数日間、冗長で重複したコード、あるいは長ったらしいコード部分を特定するために批判的な視点で自分のコードを見てください。その不必要なコードを取り除くように取り組んでください。

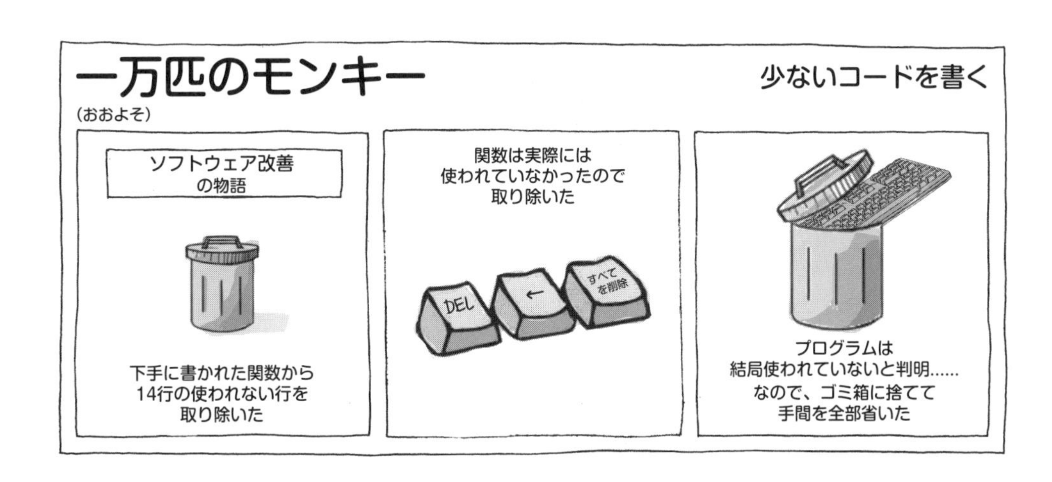

# 4章
# 取り除くことでコードを改善する

私達が美しいと考えるものとは、単純なもの、余計なものを持たないもの。
その終わりが正確に述べられているものである。
——ラルフ・ワルド・エマーソン

**過ぎたるは及ばざるがごとし**。それは、ありがちな格言ですが、当たっていることもあります。コードを書くために私が思い出す最もわくわくした改善は、コードの大部分を**取り除く**ことでした。この話をさせてください。それは気持ちよいものです。

### 戦いの記：コードは必要ない

アジャイルソフトウェア開発チームとして、私達は神聖なエクストリームプログラミングの教義に従っており、代表的な教義には**YAGNI**があります。*You Aren't Gonna Need It*（それが必要になることはない）です。つまり、将来のバージョンで必要になると考えるコードであっても、不必要なコードを書かないという忠告です。それが必要なければ、今は書かないでください。必要になるまで待ってください。

これは賢明な助言に思われます。そして、私達はみなそれを受け入れてきました。

しかし、私達は何度か間違いました。私はあるとき、製品のある処理が単純ですぐに終わるべきにもかかわらず、実行に時間がかかりすぎるのに気づきました。それは、処理が過剰に実装され、必要とされていない機能があり、後の拡張のためにあちこちにフックがありました。これらはどれも使われてはいませんでしたが、その時点では賢明な追加のように思われていたのです。

それで、私はコードを単純にし、製品の性能を改善し、そしてコードベースから問題を引き起こしている「機能」すべてを単に取り除くことで、全体的にコードのエントロピーのレベルを下げました。その作業中に何も壊していないことを、単体テストが教えてくれたことは役立ちました。これは、単純で満足のいく経験でした。

**要点▶**　新たなコードを追加することでシステムを改善できます。コードを取り除くことでもシステムを改善できます。

## 悪習の放置

そもそもなぜ、すべての不必要なコードは書かれたのでしょうか。なぜ一人のプログラマが余分なコードを書く必要があると思い、そのコードはどのようにしてレビューやペアレビューをすり抜けたのでしょうか。

その理由は、プログラマによる個人的な悪習の放置です。たとえば、次のようなものです。

- 余分なコードは楽しく、プログラマはそれを書きたかった。（ヒント：価値を追加するという理由でコードを書いてください。あなたを楽しませてくれるとか、それを書いてみるのを楽しむといった理由で書かないでください。）
- 誰かが将来必要とされる機能だと考えて、まだ検討されている最中に、今それを書くと決めた。（ヒント：これはYAGNIではありません。今まさに必要としないのであれば、今書かないでください。）
- それは小さなものにすぎなかった。つまり、大きな「余分な」機能ではなかった。顧客がそれを必要とするかを知るために顧客の所に行くよりは、今それを実装する方が簡単だった。（ヒント：書くのは常に長い時間がかかり、余分なコードを保守するのにも長い時間がかかります。そして、顧客は実際にはむしろ話しやすかったりします。少しの余分なコードは時間の経過と共に、保守を必要とする大きな処理の塊になっていきます。）
- プログラマが余分な要件を考え出したが、その要件が求める余分な機能を正当化する理由が文書として残されていない。その要件は実際にはなかった。（ヒント：プログラマがシステム要件を決めるのではありません。顧客が決めます。）

これで、私達はきちんと理解されたリーン開発プロセス、優秀な開発者、そしてこの種のことを避けるために準備されたチェックリストを持つようにしました。しかし、それでも不必要で余分なコードが入り込んでいました。驚きますよね。

## 悪いことではなく、避けられないこと

不必要な機能の追加を避けたとしても、それでもソフトウェア開発中にコードの死んでいる部分は自然に発生します。避けられない偶然の原因から発生するのです。代表的な原因は、次の通りです。

- アプリケーションのユーザインタフェースから機能が削除されたが、バックエンドのサポートのコードが残っている場合です。そのコードは再び呼び出されることはありません。直ちにコードは壊死(えし)します。これは「将来必要になるかもしれないし、そのままにしていても何も問題にならない」という理由でたいてい取り除かれません。
- 使われないデータ型やクラスは、プロジェクトに残ったままになりがちです。プロジェクトの別の部分に取り組んでいるときに、あるクラスへの最後の参照を取り除いていると判断するのは簡単ではありません。クラスの**ある部分**が使われないようにすることもあります。たとえば、メンバー変数が使われなくなるようなメソッドの修正です。
- 製品の古い機能はめったに取り除かれません。ユーザがそれらの機能をもはや必要としておらず、再び使われることがなくても、製品の機能を取り除くのはよい行為とは見なされません。したがって、再び使われることがない機能に対する製品テストのコストを永久に負います。
- コードが生存している間の保守により、関数のある部分が実行されなくなります。ループは、その前に追加されたコードにより条件が否定されたり、条件のコードブロックには入っていかなかったりして、実行されないかもしれません。コードベースが古くなればなるほど、このような実行されないコードを多く見かけるようになります。Cのプリプロセッサは、実行できないスパゲッティのコードを書くための優れた仕組みとして使われます。
- ウィザードが生成したUIのコードは、使われないコードを多く挿入します。開発者がコントロールを偶然にダブルクリックしたら、ウィザードはバックエンドのコードを追加しますが、プログラマはその実装を使いません。これらの自動生成されたコードを取り除くのは、それらのコードを単純に無視して存在しないかのように装うよりも多くの労力が必要です。
- 多くの関数の戻り値は使われません。関数のエラーコードを無視するのは非難されるべきであると私達はみんな知っており、無視するようなことは**しない**ですよね。しかし、多くの関数は**何かを行う**ために書かれており、誰かが役立つと思う**かもしれない**結果を返します。あるいは、返さないかもしれません。それはエラーコードではなく、単に広く受け入れられていることにすぎません。誰も使わないのであれば、戻り値を計算するための余分な努力を行い、戻り値のためにテストを書くのはなぜでしょうか。
- 大量の「デバッグ」コードは壊死しています。多くのサポートコードは、初期実装が完了してしまえば不必要です。それは、裏にある美しいアーキテクチャを覆い隠す目障りなものです。使われていない診断の表示と不変条件の検査、フック挿入点のテストなどの再び使われないものを目にすることはよくあります。それらはコードをごちゃごちゃにして、保守を困難にします。

## 何が問題か

これらは問題なのでしょうか。死んでいるコードは避けられないことなので受け入れるべきであり、プロジェクトがまだ機能しているのであれば、気にしなくてよいのではないでしょうか。不必要なコードのコストについて考えてみましょう。

- 他のコードと同様に不必要なコードは長い目で見れば保守を必要とします。それは、時間とお金がかかります。
- 余分なコードはプロジェクトを学習することを困難にし、余分な理解と調査を必要とします。
- 使われるかどうか分からない百万個のメソッドを持つクラス群は理解できません。しかも、注意深いプログラミングではなく、いい加減な利用を促進するだけです。
- 最高速のコンピュータと最高のコンパイラのツールチェーンを購入したとしても、死んでいるコードはビルドを遅らせて、あなたの生産性を下げるでしょう。
- ゾンビのコードに邪魔されて、プログラムをリファクタリングしたり、単純化したり、最適化したりするのが困難になります。

死んでいるコードはあなたを殺したりはしませんが、あなたの人生を困難にします。

**要点▶** どこであろうと可能な限り死んでいるコードを取り除いてください。死んでいるコードは邪魔ですし、あなたの活動を遅らせます。

## 死者をよみがえらせる

どのようにして死んでいるコードを見つけますか。

最善の方法は、コードベースに取り組んでいる時に注意を払うことです。自分の活動に責任を持ってください。そして、作業をした後は常にきれいにしてください。定期的にコードをレビューすることで、死んでいるコードが目立つようになります。

使われていないコード部分を本気で根絶したいのであれば、問題箇所を正確に示す優れたコードカバレッジのツールがあります[†1]。静的に型付けされる言語では、優れたIDEは使われていないコードを自動的に強調します。多くのIDEが、公開APIに対して関数が呼び出されることがあるかどうかを示す「参照を見つける」機能を持っています。

死んでいる機能を特定するために、製品に計測機能を埋め込んで、顧客が実際に使っている機能に関する情報を収集できます。これは、単に使われていないコードを特定するだけでなく、様々なビジネス決定を行うのにも有益です。

†1　あなたはすでに持っているかもしれません。コンパイラが提供する警告のオプションを調べてみてください。

## 外科的除去

死んでいるコードを取り除くことには何も害がありません。それは捨て去ることではなく、古い機能が再び必要だと気づいたときには、バージョンコントロールシステムから容易に取り出すことができます。

> **要点▶** 将来必要になる**かもしれない**コードを取り除くのは安全です。バージョンコントロールからいつでも復旧できます。

しかし、この単純な（かつ真実の）見方に対する反論があります。新たなメンバーが、そもそもかつて存在したことを知らなければ、バージョンコントロールに取り除かれたコードがあることをどのようにして知るのでしょうか。どうしたら、彼らが独自の（バグがあったり不完全であったりする）バージョンを書くことを止めさせられるでしょうか。しかし同様に、そのコード部分がすでに他の場所に存在することに彼らが気づかなければ、どのようにして彼らが独自のバージョンを書くことを止めさせられるでしょうか。

今までの章と同様に、死んでいるコードを取り除くのを一つのチェックインとして行うことを忘れないでください。取り除くことと機能の追加を、バージョンコントロールの一つのチェックインに混在させないでください。他の開発作業と「年末の大掃除」作業を常に分けてください。そうすることで、バージョン履歴が明確になり、取り除いたコードを復活させるのが容易にもなります。

> **要点▶** コードをきれいにすることは、機能的な変更とは別のコミットで常に行うべきです。

## 結論

死んでいるコードは、最善のコードベースであっても発生します。プロジェクトが大きければ大きいほど、多くの死んでいるコードを持ちます。それは、失敗の兆候ではありません。しかし、死んでいるコードを見つけた時にそれに対して何もしないことは失敗の兆候です。使われていないコードを見つけたり、実行できないコードのパスを見つけたりしたなら、その不必要なコードを取り除いてください。

新たなコードを書く場合、仕様を徐々に増やさないでください。自分が面白いと考えるけれど誰も求めていない「小さな」機能を追加しないでください。それらの機能が必要なら、後で追加するのは簡単です。よい考えだと思えたとしても、追加しないでください。

## 質問

1. プログラムで実行されない「死んでいるコード」をどのようにして特定できますか。
2. 現在要求されていない（しかし、将来必要になるかもしれない）コードを一時的に取り除くのであれば、ソースツリー内でコメントアウトしておく（したがってまだ見える）べきですか。それともすべてを削除（リビジョンの履歴に保存される）すべきですか。それはなぜですか。
3. 古い（使われていない）機能を取り除くことが、常に行うべき正しいことですか。コードの一部を取り除くことに本質的なリスクはありませんか。使われていない機能を取り除く適切な時期をどのようにして決めますか。
4. あなたの現在のプロジェクトのコードベースの何パーセントが不必要だと考えますか。あなたのチームの文化では、開発者が好むものや有用だと考えるものを追加しますか。

## 参照

- **3章　少ないコードを書く**：細かなレベルで複製を取り除くことについて述べています。つまり、不必要なコードの行を削除することについてです。
- **7章　汚物の中で転げ回る**：何を取り除く必要があるかを特定できるように、問題が多いコードを調べる方法を述べます。
- **12章　複雑さに対処する**：死んでいるコードを取り除くことで、ソフトウェアの複雑さが減ります。
- **20章　効果的なバージョンコントロール**：死んでいるコードを取り除くことは、それを永遠に失うことではありません。間違ったらバージョンコントロールから取り出すことができます。

### やってみる

今取り組んでいるファイル内で、死んでいて不必要なコードを探してください。そしてそれを取り除いてください。

一万匹のモンキー
(おおよそ)
品質管理
きみはQAに来て
ちょうど一週間だ
きみは我々の顔をつぶすような
バグをたくさん発見している
だからきみはクビだ
結果：バグの数が減少

## 一万匹のモンキー
（おおよそ）

# 5章
# コードベースの過去の幽霊

私は過去、現在、未来の教えの中に生きます。
この三人の幽霊さま方は、私の心の中で私をはげましてくださいます。
お三方から教えいただきましたことに閉め出しなど喰わせません。
——チャールズ・ディケンズ
『クリスマス・キャロル』[†1]

過ぎ去った古きよき時代は、かつてのままではありません。あなたの古いコードも同じです。活動的なグレムリン[†2]とタイピングの悪魔が過去のコードに何を潜ませているかなんて誰が分かるでしょうか。それを書いたときには完璧だと思いました。しかし、自分の古いコードを批判的な視点で見れば、あらゆる種類のコードの問題が自ずと明らかになります。

プログラマは、人間として前進しようと努めます。私達は、新たな興奮する技法を学んだり、新たな挑戦へ向き合ったり、興味深い問題を解決したりすることが好きです。それは自然なことです。短期間で転職していってしまうこととプログラミング契約期間の平均的な長さを考慮すれば、長い期間、同じコードベースを扱い続けるソフトウェア開発者はごくわずかです。

そのことが、私達が生み出すコードに対してどのように影響するのでしょうか。私達の仕事にどのような種類の態度を育むのでしょうか。ひときわ優れたプログラマ達を決定付けるのは、実際のコードそのものではなく、彼らが書くコードとコードの書き方に対する彼らの態度だというのが私の主張です。

平均的なプログラマ達は、**自身のコード**を長い期間に渡って保守することはありません。自分達のごみの中で悪戦苦闘するよりは、新たな職場に移って**誰か他の人の**ごみの中で悪戦苦闘する方を選びます。私達は興味が変わる際に、可愛がってきた「ペットプロジェクト」を途中で捨てていくのです。

他人のできの悪いコードについて不平をいうのは楽しいでしょう。しかし、私達は自分のコードがどれだけ悪いかを簡単に忘れます。そして、あなたは**意図的に**悪いコードを書くのではありません。

---

†1 訳注：村岡花子 訳『クリスマス・キャロル』より。
†2 訳注：想像上の小悪魔。

自分の古いコードを再び見ることは啓発的な経験になります。それは、めったに会わない年老いた遠くの親類を訪ねるようなものです。すぐに、思ったほど彼らを知らないことに気づきます。彼らの変な癖やいらだたしいことについて忘れています。そして、最後に会って以来、彼らが変わったことに驚きます（おそらく、悪く変わったと感じるでしょう）。

> **要点▶**　あなたの古いコードを見返すことで、あなたのコーディングのスキルの向上（あるいは逆）を知ることができます。

自分が作った古いコードを見返すと、さまざまな理由からぞっとすることがあります。

## 表現

インデントによるコードのレイアウトに関して、多くの言語は自由な解釈を許しています。言語によっては事実上の表現スタイルを持っているものがありますが、それでも広範囲なレイアウトの問題が存在しており、時間の経過と共にあなたもそのレイアウトの問題に気づくかもしれません。どのスタイルに従うかは、現在のプロジェクトの規約、もしくは何年もの実験を経たあなたの経験に依存します。

たとえば、C++プログラマの異なるグループは、異なる表現方式に従っています。プログラマによっては、次のように標準ライブラリの方式に従っています。

```
struct standard_style_cpp
{
    int variable_name;
    bool method_name();
};
```

プログラマによっては、Java風が好みです。

```
struct JavaStyleCpp
{
    int variableName;
    bool methodName();
};
```

そして、プログラマによっては、C#のモデルに従っています。

```
struct CSharpStyleCpp
{
    int variableName;
    bool MethodName();
};
```

単純な違いですが、コードに深い影響を与えます。

別のC++の例は、メンバーの初期化リストのレイアウトです。私のチームが次の一般的な方式から、

```
Foo::Foo(int param)
: member_one(1),
  member_two(param),
  member_three(42)
{
}
```

次行の先頭にカンマの区切りを置く次のようなスタイルへ移行しました。

```
Foo::Foo(int param)
: member_one(1)
, member_two(param)
, member_three(42)
{
}
```

私達は、後者のスタイルは多くの利点を持つことに気づきました（たとえば、プリプロセッサのマクロやコメントを通して、途中を部分的に「コメントアウト」するのが容易です）。この前置カンマの方式は、素晴らしく首尾一貫した形を提供し、多くのレイアウトで採用できます（たとえば、メンバー、列挙、基底クラスなどのさまざまな種類のリストです）。欠点もあり、最も指摘される問題の一つは、それが以前のレイアウトスタイルと比べて「普通」ではないことです。IDEのデフォルトの自動レイアウトも、この方式に抵抗します。

今まで働いてきた会社の影響で、長い年月の間に私自身の表現スタイルも大きく変化してきました。

あるスタイルがあなたのコードベースで首尾一貫して使われている限り、そのスタイルが何であるかは些細な問題であり、恥ずかしく思うことではありません。それぞれのコーディングスタイルは、一旦慣れてしまえば、大きな差異を生み出すことはほとんどありません。しかし、一つのプロジェクトにおける首尾一貫していないコーディングスタイルは、すべての人の動きを遅くします。

## 技術の進歩

ほとんどの言語は、速やかに固有のライブラリを開発してきています。長年に渡って、Javaのライブラリは数百個の役立つクラスから、Javaが配置される対象に依存したさまざまな歪みを持つ、過剰なクラスへと成長しました。C#は言語の改訂を経るごとに、その標準ライブラリも成長しました。言語が成長するに従って、その言語のライブラリは多くの機能を持つようになります。

そして、これらのライブラリが成長するにしたがって、その古い部分は推奨されなくなります。

このような発展（言語の一生における初期には急速です）は、あいにく、あなたのコードを時代遅れにします。あなたのコードを初めて読む人は、あなたが言語やライブラリの新たな機能を理解していなかったと思うかもしれません。コードが書かれた時点ではそれらの機能が単に存在しなかっただけな

のにです。

たとえば、C#がジェネリックスを追加したときに、あなたはそれまで次のようなコードを書いてきたでしょう。

```
ArrayList list = new ArrayList(); // 型付けなし
list.Add("Foo");
list.Add(3); // おっと！
```

これは、バグを本質的に抱えています。そして、次のように書き換えられます。

```
List<string> list = new List<string>();
list.Add("Foo");
list.Add(3); // コンパイルエラー - 見事
```

驚くほどそっくりなクラス名を持つ類似のJavaの例があります。

技術の進歩は、あなたのコードよりも速く進みます。あなたの古いコードではとりわけそうです。

（比較的に保守的な）C++のライブラリでさえ、新たな改訂ごとに大きくなってきています。C++11の言語機能とライブラリのサポートは、多くの古いC++のコードを時代遅れに見せてしまいます。言語がサポートするスレッドモデルの導入は、サードパーティのスレッドライブラリ（たいていは問題のあるAPIで実装されている）をもはや必要ないものにしています。ラムダの導入は、多くの冗長な手で書かれたコードの必要性を取り除いています。範囲に基づく`for`は、多くの構文的にこまごまとしたものを取り除くので、コード全体を見やすくします。これらの方法を一旦使い始めたら、使っていない古いコードへ戻るのは逆行するように感じます。

## イデオム

個々の言語は言語構文とライブラリ機構の特有の集まりを持っており、利用するための特定の「ベストプラクティス」を持っています。それらは経験を積んだユーザが採用しているイデオムです。つまり、時間の経過と共に研ぎすまされ、好ましくなった使い方です。

イデオムは重要です。経験を積んだプログラマがコードを読む時に期待するものです。つまり、細かなレベルでコードを心配せずに全体的なコード設計に集中させてくれる見慣れた形なのです。イデオムは、よくある誤りやバグを避けるためのパターンを形式化しています。

古いコードを見直してどれだけイデオム的ではないかを知るのは、おそらく最も気まずいことです。使っている言語に対して一般に認められているイデオムを今の方が多く知っているのであれば、古くイデオム的ではないコードは間違いに見えます。

何年も前に私は、（その当時は）C++の素晴らしい新世界へ（ゆっくりと）移っていっているCプログラマのチームと働きました。新たなコードベースへ彼らが最初に追加したものの一つは、次の`max`ヘルパーマクロでした。

```
#define max(a,b) ((a)>(b)) ? (a) : (b))
// これらの丸括弧のすべてがなぜ必要か分かっていますか？

void example()
{
    int a = 3, b = 10;
    int c = max(a, b);
}
```

やがて、誰かがその初期のコードを再検討しました。C++についてもっとよく知った後だったので、どれほどひどいかに気づきました。そして、次に示すイデオム的なC++で書き直して、微妙な潜在バグを修正しました。

```
template <typename T>
inline T max(const T &a, const T &b)
{
    // 見て！丸括弧は必要ないよ！
    return a > b ? a : b;
}

void better_example()
{
    int a = 3, b = 10;

    // これはマクロを使うと失敗します
    // なぜなら++aが二回評価されるからです
    int c = max(++a, b);
}
```

元のバージョンは、「車輪の再発明」という別の問題も抱えていました。最善の解決方法は、ずっと存在していた組み込みのstd::max関数を使うだけです。それは後から考えれば明らかです。

```
// どんなmax関数も宣言しないこと

void even_better_example()
{
    int a = 3, b = 10;
    int c = std::max(a,b);
}
```

これは後になって振り返ってみたら、恥ずかしく思うことでした。しかし、その当時は正しいイデオムについて何も知らなかったのです。

これは単純な例ですが、言語が新たな機能（たとえば、ラムダ）を得る際には、今日書いているイデオム的なコードによっては、以前の世代のコードとは異なるように見えるかもしれません。

## 設計の決定

私は**本当に**それをPerlで書いたのだろうか。何を考えていたんだ。私は**本当に**そのような極度に単純化されたソートアルゴリズムを使ったのだろうか。私は、組み込みのライブラリ関数を単に使うだけでよいのに、本当にそのコードをすべて手で書いたのだろうか。私は**本当に**これらのクラスを不必要に結び付けたのだろうか。適切なAPIを私は**本当に**考え付かなかったのだろうか。私は**本当に**資源管理をクライアントのコードに任せたのだろうか。今なら、私はコードに潜んでいる多くのバグとリークが分かる！

あなたは学ぶにつれて、コード中のあなたの設計を形式化する優れた方法があることに気づきます。それが「経験の声」です。あなたは多少の間違いを行い、さまざまなコードを読み、才能のあるコーダーと一緒に働き、そして、設計のスキルが向上したことを知ります。

## バグ

あなたを古いコードベースへ引き戻す理由は、おそらくバグです。時々、新鮮な目で戻ってくることで、当時は見逃していた明らかな問題を発見します。ある種のバグ（よくあるイデオムを使えば、たいてい避けられるバグ）に噛みつかれた後は、あなたは古いコードでの潜在的なバグが自然と分かるようになります。それがプログラマの**第六感**（*sixth sense*）です。

## 結論

どんなに後悔しても、人がいったん失った機会は二度と取り戻せないのだ。
——チャールズ・ディケンズ
『クリスマス・キャロル』[†3]

あなたの古いコードを見返すことは、自分自身に対するコードレビューのようなものです。それは価値がある訓練です。古いコードを素早く見て回るべきです。自分がかつて書いたプログラムの書き方が好きですか。それ以降、どれだけのことを学んできましたか。

この種の事柄は実際に**重要**なのでしょうか。もし、古いコードが完璧ではないけれど、動作しているのであれば、その古いコードに対して何かすべきでしょうか。コードに戻って、コードを「正しく修正」すべきでしょうか。おそらく、すべきではありません。「壊れていなければ、修正しない」ということです。コードは、その周りの世界が変化しなければ腐りません。ビットとバイトの品質は低下しないので、その意味は変わらないままでしょう。時折、コンパイラや言語のアップグレードあるいはライブ

†3　訳注：村岡花子 訳『クリスマス・キャロル』より。

ラリの更新により、古いコードが**動かなくなる**かもしれません。あるいは、おそらくどこか他のコードの変更があなたの仮定を無効にするでしょう。しかし完璧でなかったとしても、普通、コードは忠実に動き続けるでしょう。

時代がどのように変化してきたか、プログラミングの世界がどのように前進してきたか、そして、あなたの個人的スキルが時間の経過と共にどのように向上したかを認識することは重要です。今では「適切」だと思えない古いコードを見つけるのはよいことです。それは、あなたが学んで向上したことを示しています。おそらく、今はそのコードを修正する機会は持てないでしょうが、過去に歩んできた場所を知ることは、あなたのコーディングのキャリアでこれから進む場所を形成するのに役立ちます。

過去のクリスマスの幽霊（*Ghost of Christmas Past*）[†4]のように、古いコードを見る機会が得られるのであれば、古いコードから学べる興味深い警告的な教訓を学べます。

## 質問

1. あなたの古いコードは、今日の世界ではどのように改善されますか。もし、古いコードがあまりひどいとは思えないのであれば、それはあなたが何か新しいことを最近学んでいないということはないですか。
2. どのくらいの期間、あなたの主要な言語で仕事をしてきましたか。その期間に、その言語の標準ライブラリもしくは組み込みライブラリの改訂は何回行われましたか。あなたが書くコードのスタイルを改善してきた言語の機能として、どのようなものが導入されてきましたか。
3. 今日、あなたが当たり前に使っている一般的なイデオムを考えてみてください。それらは、エラーを避けるためにどのように役立っていますか。

## 参照

- **2章 見かけのよい状態を維持する**：コードのレイアウトについて述べています。
- **18章 変わらないものはない**：コードは現状にとどまっていません。コードに対するあなたの理解も同様です。
- **13章 二つのシステムの物語**：古いコードを見返す別の例です。誤りから学ぶことと、成功を認識することに関してです。

> **やってみる**
>
> あなたの古いコードにざっと目を通してください。自分がかつて書いたプログラムの書き方が好きですか。それ以降、あなたはどれだけのことを学んできましたか。

---

†4　訳注：『クリスマス・キャロル』に登場する幽霊。

一万匹のモンキー
(おおよそ)
過去
の幽霊達
オットー・フォン・ビスマルク
痛っ！
金槌で足を叩くのは
二度目だ！
THE DAILY BLAH
1st April 1976
HAMMER
DISASTER!
The entire barefoot DIY convention was admiited to hospital after a freak mass hammer-foot related accident.
A convention spokesman said "frankly, I think they
常人は、
自分の過ちから学ぶ。
賢人は、
他人の過ちから学ぶ。

# 一万匹のモンキー
（おおよそ）

# 6章
# 航路を航行する

分析法による困難な物事の調査は、常に合成法よりも先であるべきである。
——サー・アイザック・ニュートン

新たなメンバーが私の開発チームに参加しました。私達のプロジェクトは巨大ではありませんでしたが、比較的大きく、多くの異なる領域を含んでいました。開発できるようになる前に、彼が学ぶべきことが多くありました。彼は、どのようにしてコードまでの航路を描くことができたでしょうか。スタートラインから、どのようにして速やかに生産的になることができたでしょうか。

これはよくある状況であり、時折、私達全員が直面する状況です。このような状況に直面することがないのであれば、あなたはさらに多くのコードを見る必要がありますし、もっと頻繁に新たなプロジェクトへ移る必要があります。（一つのチームと一緒に一つのコードベースで永久に働くことによるマンネリ化を避けるのが重要です。）

大きな既存のコードベースは入っていくのが困難です。あなたは、速やかに次のことをしなければなりません。

- コードをどこから見始めるかを知る
- コードの各部分が何を行っているかと、どのように達成しているかを知る
- コードの品質を評価する
- システムの周囲を調べる方法を知る
- あなたの変更がうまく合うように、コーディングのイデオムを理解する
- 各機能が実装されていそうな場所（および、それによって引き起こされるバグ）を知る
- コードとそれに従属する重要な部分（たとえば、テストやドキュメンテーション）の関係を理解する

最初の変更が恥ずかしいものになったり、既存の機能を偶然に複製していたり、どこか他の場所の何かが機能しなくなるのを避けたいので、あなたはこれらを素早く学ぶ必要があります。

## 私の友人からの小さな助け

私の新たな同僚は、この学習プロセスにおいて素晴らしく、幸先のよいスタートを切りました。コードをすでに知っていて、コードに関する数え切れない小さな質問に答えられ、既存の機能がどこにあるかを指摘できる人達がいるオフィスに、彼は加わりました。この種の助けは貴重です。

あなたがすでにコードに精通した人のそばで働くのであれば、そのことを活用してください。質問することを恐れないでください。できれば、ペアプログラミングをしたり、あなたの変更をレビューしてもらったりする機会を生かしてください。

> **要点▶** コードへの最善の航路は、すでにコードを知っている誰かに導いてもらうことです。助けを求めることを恐れないでください。

そばにいる人に頼ることができなくても、悩まないでください。助けてくれる人々は遠くにいます。役立つ情報や助けてくれる人々を含むオンラインの情報やメーリングリストを探してください。人気のあるオープンソースプロジェクトの周辺には、たいてい健全なコミュニティがあります。

助けを求める際のコツは、常に礼儀正しくあることと、感謝することです。分別のある適切な質問をしてください。「私の宿題をやってもらえますか」では、よい返事は得られません。お返しに、常に他の人達を助けるようにしてください。

良識を持ってください。最初に自分の質問に対する答えをインターネットで検索してください。自分で容易に検索できるようなつまらない質問をしないことが、ごく普通の礼儀です。あなたが基本的な質問を続けて人々の貴重な時間を浪費させたなら、誰もあなたを好きにはならないでしょう。オオカミだと叫んで、必要な時に助けを得られなかった少年のように、一連のうんざりさせる愚かな質問をすることで、必要とする時にもっと手間のかかる助けを受けられなくなってしまいます。

## 手がかりを探す

助けなしでソフトウェアシステムの黒い深みを探し回っているのであれば、コードの周辺へ注意を向ける必要があります。

次のことを調べてみてください。指標になるはずです。

**ソースの取得の容易さ**

ソースを取得するのはどれだけ簡単ですか。

あなたの開発マシンの任意のディレクトリに、バージョンコントロールからの一回のチェックアウトでリポジトリをインストールできますか。あるいは、複数の別々のリポジトリをチェックアウトして、コンピュータの特定の場所にインストールしなければなりませんか。

ハードコードされたファイルパスは悪です。それらは、コードのさまざまなバージョンを簡単にビルドできなくしてしまいます。

> **要点▶** 健全なプログラムは、コードベース全体を得るために単一のチェックアウトを必要とし、そのコードはあなたのビルドマシンの**どの**ディレクトリにでも配置できます。複数のチェックアウト手順が必要であったり、場所がハードコードされたコードに依存したりしないでください。

ソースコード自身の取得が容易であることと同様に、コードの健全性に関する**情報**の取得が容易かを考えてみてください。コードのすべての部分がきちんとビルドされることを継続して保証している**CI**（**継続的インテグレーション**：*continuous integration*）がありますか。自動化されたテストの結果をすべて見られるようになっていますか。

#### コードのビルドの容易さ

ビルドは骨が折れることがあります。コードをビルドするのが困難であれば、コードを取り扱うことは、たいてい困難です。

インストールしなければならない一般的ではないツールにビルドが依存していませんか。（それらのツールは最新ですか。）

一からコードをビルドするのは容易ですか。コード自身に適切で簡単なドキュメンテーションがありますか。コードは、ソースコントロールから取り出してそのままビルドできますか。あるいは、ビルドする前に多くの小さな設定を手作業で行う必要がありますか。

一つのステップでシステム全体がビルドできますか。あるいは、多くの個別のビルドのステップが必要ですか。ビルドのプロセスは手作業による介入を必要としていますか[†1]。コードの小さな部分に取り組んでいるときに、その部分だけをビルドできますか。あるいは、小さなコンポーネントに取り組むためにプロジェクト全体を繰り返しビルドしなければなりませんか。

> **要点▶** 健全なビルドは一つのステップで実行され、ビルド中の手作業による介入はありません。

リリースのビルドはどのように行われますか。開発のビルドと同じプロセスですか。あるいは異なるステップに従わなければなりませんか。

ビルドが実行される時は静かですか。あるいは、潜在的な問題を曖昧にしているかもしれない無数の警告が出ていますか。

---

†1　一つの自動化されたビルドステップは、ビルドをCI環境に配置して自動で実行できることを意味します。

### テスト

テストを探してください。単体テスト、インテグレーションテスト、システム全体のテストなどです。コードベースのどれだけの部分がテストされていますか。テストは自動で実行されますか。あるいは追加のビルドのステップを必要としますか。テストはどれだけ頻繁に実行されていますか。テストが提供するカバレッジはどの程度ですか。テストは適切できちんと作成されていますか。あるいはコードのテストカバレッジが得られているように見せている数個の単純なスタブだけですか。

コードとテストには普遍的な関連性があります。優れたテスト一式を持つコードはたいていきちんとリファクタリングされ、きちんと考え尽くされ、そしてきちんと設計もされています。これらのテストはテスト対象のコードに対する優れた航路としての役割を果たし、コードのインタフェースと利用パターンを理解するのに役立ちます。バグ修正に取り組み始める最善の場所でもあります（単純で失敗する単体テストを追加することで始めることができ、それから他のテストを失敗させない状態でテスト対象のコードを修正します）。

### ファイルの構造

ディレクトリの構造を見てください。それはコードの形状と一致していますか。ディレクトリの構造は、領域、サブシステム、コードの階層を明確に表していますか。ディレクトリの構造は整っていますか。サードパーティのライブラリは、プロジェクトのコードからきちんと分離されていますか。それともすべてが乱雑に混在していますか。

### ドキュメンテーション

プロジェクトのドキュメンテーションを探してください。ドキュメンテーションはありますか。きちんと書かれていますか。更新されていますか。ドキュメンテーションは、おそらく*NDoc*、*Javadoc*、*Doxygen*、あるいは類似のシステムを使ってコード自身に書かれています。そのドキュメンテーションは分かりやすく、かつ更新されていますか。

### 静的解析

コードの健全さと結合の度合いを知るために、コードに対して静的解析ツールを実行してください。優れたソース調査ツールがいくつかあり、Doxygenはクラス図と制御フロー図を生成することもできます。

### 要件

元々のプロジェクトの要件文書あるいは機能仕様書がありますか。（私の経験では、それらの文書は最終的な製品と関連がないことが多いのですが、それでも興味深い過去の文書です。）共有の概念が集められているプロジェクトのウィキ（*wiki*）はありますか。

### プロジェクトの依存物

コードは特定のフレームワークやサードパーティのライブラリを使っていますか。それらについて、どれだけの情報を知る必要がありますか。最初からそれらのすべての機能を学ぶことはできません。なぜなら、ライブラリによっては大きいからです（Boost、あなたのことをいっているのですよ[†2]）。しかし、どのような機能が提供されていて、どこを探すべきかの感触を得ることはできます。

コードは言語の標準ライブラリをうまく利用していますか。あるいは、多くの車輪が再発明されていますか。自前のコレクションのクラスや、自作のスレッド機構を持つコードには用心してください。システムが提供している標準ライブラリーは、頑強で、きちんとテストされ、バグもないことが多いです。

### コードの品質

品質の感触を得るためにコードにざっと目を通してください。コードのコメントの量と質を調べてください。多くの死んでいるコード、つまりコメントアウトされて腐るために残されている余分なコードがありますか。コーディングのスタイルは全体にわたって首尾一貫していますか。

このような簡単な調査から明確な意見を導くのは危険ですが、基本的なコードの調査によりコードベースに対する妥当な感触を素早く得ることができます。

### アーキテクチャ

ここまでで、システムの形状とモジュール化に関する感触を得ることができているはずです。主となる階層群を特定できますか。それらの階層はきれいに分離されていますか。あるいはすべてが関連し合っていますか。それは健全ですか。アプリケーションは外の世界とどのようにやり取りしていますか。GUIの技術は何ですか。ファイルのI/O技術は何ですか。ネットワーク技術は何ですか。

理想的には、システムのアーキテクチャは、深く掘り下げる前に学ぶべきトップレベルの概念です。しかし、多くの場合はそうではなく、コードの深掘りを進めながら本当のアーキテクチャを発見します。

> **要点▶** システムの本当のアーキテクチャは、たいてい**理想的な**設計と異なります。ドキュメンテーションではなく、コードを常に信頼してください。

すべての疑わしいコードに対して**ソフトウェア考古学**（*software archaeology*）を実施してください。コードの取り散らかっている部分の起源と変遷を調べるために、バージョンコントロールのログをさかのぼったり、「`svn blame`」（あるいは同等のこと）を行ったりしてください。過去にそのコードに取り組

---

†2　訳注：C++のライブラリです。`http://www.boost.org/`

んだ人数の感触を得るようにしてください。その人達の何人がチームに残っていますか。

## やってみて学ぶ

魚が自転車を必要とする程度にしか女性は男性を必要としない。
——イリナ・ダン

あなたは、自転車を乗りこなす理論について好きなだけ本を読むことができます。自転車を学習し、分解し、組み立てて、その背後にある物理とエンジニアリングを調べることができます。しかし、自転車の乗り方を学ぶべきです。自転車に乗れるようになるまで、ペダルに足をかけて乗ることに挑戦してください。バランスの取り方について読書した日数よりも、何回か転ぶことで多くを学べます。

コードでも同じです。

コードを読むことは、読むことにすぎません。取り組んでみて、乗ろうとしてみて、間違いを犯し、そして転ぶことによってのみコードベースを学ぶことができます。コードに取り組むことを阻害する知的な壁を建てないでください。自分の理解に対する自信のなさから最初は無力であった多くの優秀なプログラマを、私は見てきました。

やってみて、飛び込んで、勇敢に、コードを修正してください。

> **要点▶** コードを学ぶ最善の方法は、そのコードを修正することです。そして、自分の間違いから学んでください。

では、あなたは何を修正すべきでしょうか。

コードを学ぶ際には、すぐに恩恵を得られて、何かを壊す（あるいは恥ずかしいコードを書く）可能性が少ない箇所を探してください。

システムを理解するのに役立つようなコードを探してください。

### 低い位置にぶら下がっている果実

調査を始める事象に直接関係している些細なバグを調べる（たとえば、GUIの動き）などの、何か単純で小さなものに挑戦してください。重大で時々しか発生しない悪夢のような障害ではなく、小さくて、再現可能で、リスクの低い障害報告から始めてください。

### コードを点検する

何らかのコード検査ツール（*Lint*、*Fortify*、*Cppcheck*、*FxCop*、*ReSharper*など）をコードベースに対して実行してください。コンパイラの警告が無効にされているか調べてください。無効にされていれば有効にして、警告メッセージが出ないようにコードを修正してください。それにより、コードの構造が分かりますし、コードの品質に対する手がかりが得られます。

手は込んでいませんが、この種の修正を行うことは価値があります。コードに対する優れた導入となります。たいてい、ほとんどのコードを素早く案内してくれます。この種の機能へ影響しないコードの変更は、物事がどれだけうまく整合が取れているかと、どこに何があるかを教えてくれます。それにより、現在働いている開発者が勤勉かどうかを知ることができますし、コードのどの部分が心配で注意する必要があるかが分かります。

## 調査、そして行動

コードの小さな部分を調べてください。その部分を批判してください。弱点がないかを調べてください。容赦なくリファクタリングしてください。変数に正しい名前を付けてください。長いコード部分を小さなきちんと名前付けされた関数へと変えてください。

このような作業を数回行うことで、コードにどれだけの柔軟性があり、修正や変更に対してどれだけ従順であるかの感触を得られます。（私は、リファクタリングに抵抗しているコードベースを見てきました。）

油断しないでください。コードを書くことは、コードを読むことよりも容易です。既存のコードを読んで理解するために努力するよりは、多くのプログラマは「汚い」といって書き直すことを好みます。これはコードを深く理解するのには役立ちますが、不必要に多くのコードをかき回し、時間を浪費し、そしてバグになるという犠牲を伴います。

## テストファースト

テストを見てください。新たな単体テストを追加する方法とテスト一式に新たなテストファイルを追加する方法を理解してください。テストはどのようにして実行しますか。

よいやり方は、一行からなる一つの失敗するテストを追加してみることです。テスト一式はすぐに失敗しますか。このスモークテストは、テストが意図的に無視されていないことを証明します。

テストは、各コンポーネントがどのように機能しているかを示す役割を果たしていますか。インタフェースの要点を示していますか。

## 維持管理

ユーザインタフェースに対して何らかの改善を行ってください。中核となる機能に影響しない単純なUIを改善して、アプリケーションをもっと使いやすくしてください。

ソースファイルを整頓してください。ディレクトリの階層を正しくしてください。ディレクトリの階層をIDEやプロジェクトファイルの構成に合わせてください。

## 分かったことを文書化する

コードに取り組み始める方法を説明しているトップレベルのREADMEドキュメンテーションなどのファイルがありますか。なければ、ファイルを一つ作成して、これまでにあなたが学んだ事柄を書いてください。

そのドキュメンテーションを、経験のあるプログラマにレビューしてもらってください。レビューによって、あなたの知識がどれだけ正しいかが分かりますし、将来新しく入ってくる人達の助けになります。

システムを理解しながら、コードの主な部分の階層図を作成してください。学びながらその図を最新に維持してください。システムがきちんと階層化され、個々の階層の間は明瞭なインタフェースを持ち、不必要な結合がないことが読み取れますか。あるいは、コードの主な部分が不必要に相互に関連していることが読み取れますか。既存の機能を変更せずに、分離するためにインタフェースを導入する方法を探してください。

今までアーキテクチャの説明書がなかったとしたら、あなたのドキュメンテーションは、新たなメンバーをシステムへ導く道しるべとしての役割を果たします。

## 結論

> 科学的調査は、すべての人の同年代の人達と過去の人達に対して、
> 押し入れあるいはソファで行われている一種の戦争である。
> ――トーマス・ヤング

練習すればするほど、感じる痛みは少なくなり、受ける恩恵は多くなります。コーディングも同じです。新たなコードベースに多く取り組むほど、新たなコードを効果的に学ぶことができます。

### 質問

1. 新たなコードベースに頻繁に取り組んでいますか。不慣れなコードに取り組むのは簡単ですか。プロジェクトを調査するときによく使うツールは何ですか。どのようなツールをこの調査用の道具箱に追加できますか。
2. すべてを理解していないシステムに対して新たなコードを追加するための戦略を説明してください。既存のコード（とあなた）を保護するために、既存のコードの周りに防火壁をどのようにして建てますか。
3. 新たなメンバーがコードを容易に理解できるように何ができますか。現在のプロジェクトの状態を改善するために何を行うべきですか。
4. 将来コードに取り組むために費やす見込みの時間の長さは、既存のコードを学ぶ努力と方法に影

響しますか。後で他の人達が保守しなければならないけれど、あなたが保守する必要がないコードに対して、「やっつけ仕事」の修正を行いそうですか。それは、適切なことですか。

## 参照

- **7章 汚物の中で転げ回る**：コードの品質の測り方と安全な調整方法についてです。
- **24章 学びを愛して生きる**：新たなコードベースを学ぶことは、新たな科目を学ぶようなものです。説明されている技法が役立ちます。
- **18章 変わらないものはない**：やってみて学ぶ。つまり、よりよく理解するためにコードに対して変更を行うことについてです。

> **やってみる**
> 次に新たなコードに取り組むときには、心を込めて計画を立ててください。深く理解するために、この章の技法を使ってください。

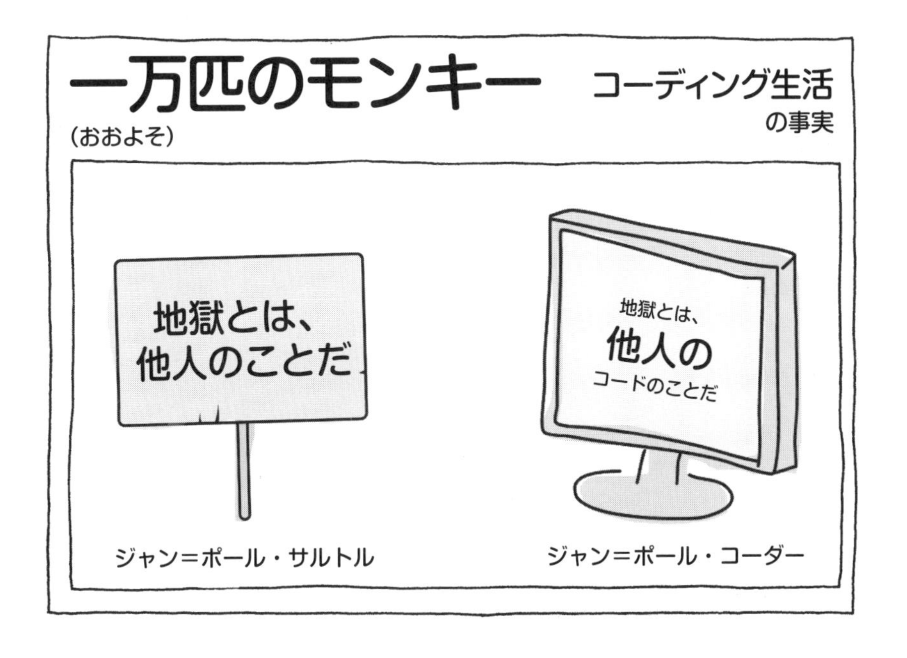

# 一万匹のモンキー
（おおよそ）

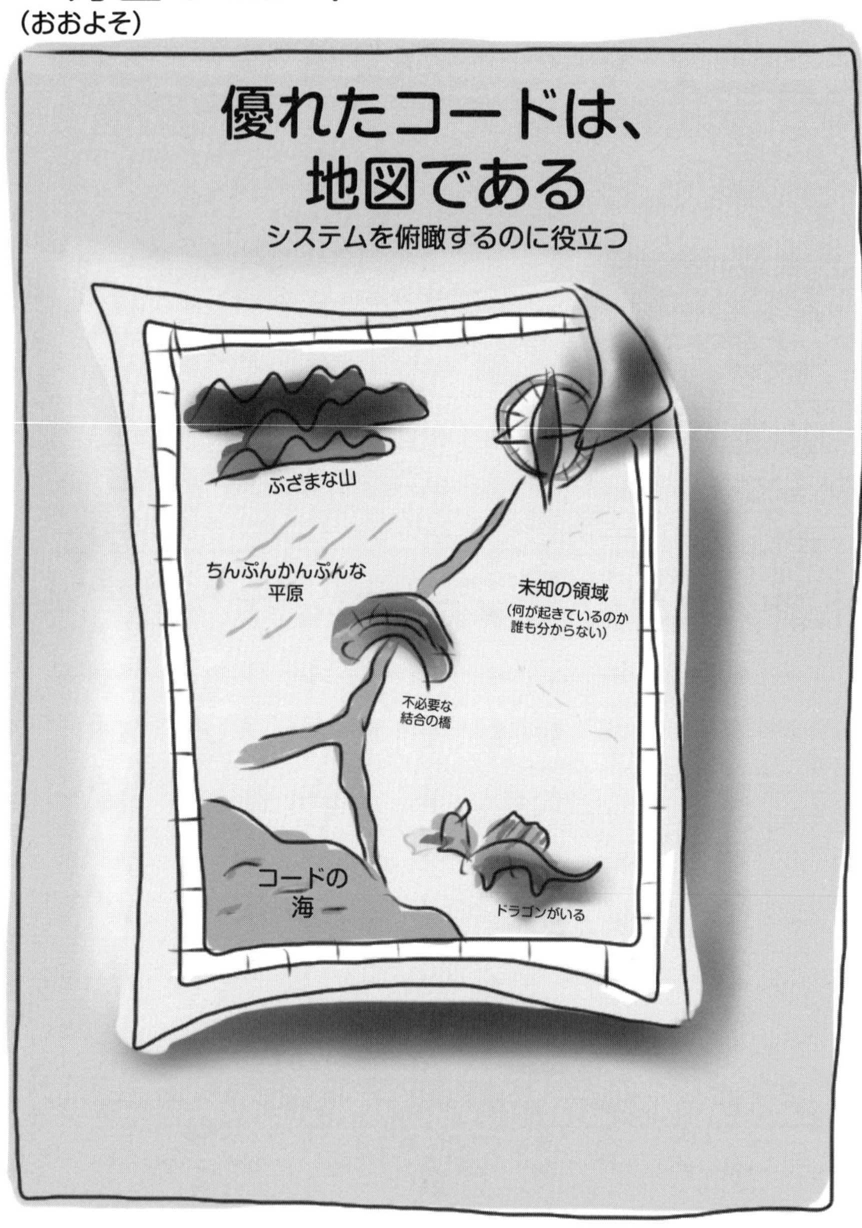

# 7章
# 汚物の中で転げ回る

自分の吐いた物に戻ってくる犬のように、愚鈍な者は自分の愚かさを繰り返している。
——箴言 26:11

流砂のように一度入ったら抜け出すことができなくなる危険なコードに、私達全員が遭遇してきました。あなたは気づかずにそれに入り込み、そして、すぐに沈んでいく感覚を覚えます。コードは理解しにくく、順応性がなく、それを動かそうとするあらゆる努力に対して抵抗しています。努力すればするほど、深みにはまっていきます。デジタル時代の罠です。

**それほど優れていない**コードに対して、有能なプログラマはどのように取り組むでしょうか。**がらくたに対処する**ための戦略は何でしょうか。

慌てず、防砂服を着て、入り込んでいきましょう。

## 前兆を嗅ぎ付ける

美術品や精巧な詩のような優れたコードがあります。それは読んだり取り扱ったりするのを楽しくする、はっきりとした構造、認識できるリズム、整った韻律、首尾一貫性、そして美しさを持っています。

しかし、残念ながら、いつもそうとは限りません。

コードによっては、めちゃくちゃで体系立っていません。あちらこちらへと制御を移す*goto*は、コード内で類似している部分を分かりにくくします。コードによっては、読むのが困難です。下手なレイアウトといい加減な名前付けが原因です。むだに硬直した構造に囚われているコードもあります。始末に負えない結合度や貧弱な凝集度です。複製だらけのコードもあります。プロジェクトを必要以上に膨張させて複雑にし、一方で多数の同じバグをかくまっています。「オブジェクト指向の乱用」を行っているコードもあります。すべて間違った理由で継承し、結び付く必要がないコードの複数の部分を強く関連付けています。巣の中の悪質なカッコーのようにじっとしているコードもあります。たとえば、JavaScriptのスタイルで書かれたC#です。

すぐには表面化しない問題を抱えているコードもあります。一か所の変更が、関係がないと思われるモジュールを失敗させてしまうのです。まさに、**コードカオス理論**（*code chaos theory*）と呼んでよいものです。コードによっては、貧弱なスレッドの振る舞いに苦しんでいます。スレッドのプリミティブを不適切に使ったり、安全で並行な資源の使い方に対する理解が不足したまま処理を行ったりしています。それらが原因で発生する問題は時々しか現れないので、見つけたり、再現したり、診断したりするのが困難です。

（不平を述べてもしかたないですが、危険な武器を振り回すための免許を取ることなく、**スレッド**（*thread*）という単語をプログラマがタイプするのは許されるべきではないと、私はことあるごとに言っています。）

> **要点▶** ひどいコードに備えてください。ひどいコードを扱うための鋭い道具で、あなたの道具箱を一杯にしてください。

なじみのないコードを効果的に扱うためには、この種の問題をすばやく見つけて、どのように対応できるかを理解する必要があります。

## 汚水槽に入って行く

最初のステップは、コードがどの程度ひどいかを調査することです。初めて目にするコードです。どこから手を付ければよいでしょうか。

以前から汚れが付いていたコードが与えられたのかもしれません。汚れていると知っているので誰も触りたがりません。自分が沈んでいると感じる流砂のような危険なコードです。

あるコードを取り上げて、好みのスタイルで書かれていないという理由で退けるのは簡単です。しかし、そのコードが、真に**流砂のような危険**なものなのか、単になじみがないだけかを見極める必要があります。きちんとした調査を行うまでは、コードやそのコードの作成者達に関する判断を行わないでください。

これを個人の問題としないように注意してください。誰も怪しげなコードを書こうと企てたりしていないことを理解してください。汚いコードは、単に能力の低いプログラマによって書かれただけだったりします。あるいは、能力のあるプログラマが、気分がすぐれない日に書いたのかもしれません。新たな技法を学んでチームが好むイデオムを習得した後で見返したら、一か月前はよいと思えたあなたのコードは恥ずかしいぐらいごちゃごちゃで、リファクタリングを必要とすることがあります。

あなた自身のコードも含めて、どのようなコードでも完璧であるとは期待できません。

> **要点▶** あなたが「ひどい」コードに遭遇したときには、激しい嫌悪感を意識的に抑えるようにしてください。代わりに、そのコードを実用的に改善する方法を探してください。

## 調査は語る

「6章 航路を航行する」で新たなコードベースを調べるための技法をすでに見てきました。

コードの新たな部分を頭の中で理解するにつれて、あなたは次のような指標を使ってコードの品質を測ることができます。

- 外部APIは、きちんとしていて実用的ですか。
- 型はきちんと選択されて、きちんと名前付けされていますか。
- コードのレイアウトは適切で首尾一貫していますか。(首尾一貫していることは対象のコードの品質を保証しませんが、首尾一貫しておらず、ごちゃごちゃのコードは貧弱な構造であり扱うのが難しいことを私は知っています。高い品質で順応性のあるコードを目指しているプログラマは、きちんとして明瞭な表現に注意を払います。しかし、表現だけに基づいて判断しないでください。)
- 複数のオブジェクトを協調させている構造は、単純ですぐに理解できますか。制御は、コードベース内で予想できない流れになっていませんか。
- 特定の動作を生み出しているコードがどこにあるか容易に分かりますか。

この初期調査を行うのは困難かもしれません。関係している技術や問題領域を知らないかもしれません。コーディングスタイルに慣れ親しんでいないかもしれません。

ソフトウェア考古学を調査に使うことを考えてください。つまり、品質に関するヒントを得るためにリビジョンコントロールシステムのログを調べてください。このコードはどれだけ古いか。プロジェクト全体との関係ではどれだけ古いか。過去、そのコードにどれだけの数の人々が取り組んだか。最後に変更されたのはいつか。最近の貢献者はまだプロジェクトで働いているか。コードに関する情報を彼らに尋ねられるか。この領域で何個のバグが見つかって、何個修正されているか。これらについて調べてみてください。多くのバグ修正が集中していれば、そのコードは品質が劣悪であることを示しています。

## 砂掘り場で働く

あなたは流砂のような危険なコードを特定し、今は用心しています。そのコードに取り組むための健全な戦略を必要としています。

適切な戦略は何でしょうか。

- ひどいコードを修復すべきでしょうか。
- 現在の問題を解決するために必要な最低限の調整だけを行い、その後、逃げ去るべきでしょうか。
- 壊死(えし)しているコードを切除して、新たな優れたコードで置き換えるべきでしょうか。

正しい答えは、たいていあなたの将来の計画から分かります。このコードにどのくらいの期間取り組みますか。コードに取り組む期間が分かれば、投資する時間が決まります。時間がないのであれば、全面的な書き直しは試みないでください。

そのコードが、これまでにどれだけ頻繁に更新されてきたかも考えてください。ファイナンシャルアドバイザーは、「過去の成績は将来の結果を示すのではない」というでしょうが、更新の頻度は、たいてい将来の結果を示します。

時間を賢く投資してください。そのコードは不愉快かもしれませんが、何度も修正されることなく何年も適切に機能し続けているのであれば、今そのコードをきれいにするのはおそらく適切ではありません。特に、あなたが将来多くの変更を行う必要がなければなおさらです。

**要点▶**　戦い方を選んでください。ひどいコードを「きれいにする」ことに時間と労力を投資すべきかを注意深く検討してください。そのままにしておくのが現実的かもしれません。

今すぐ大規模なやり直しに取りかかることが適切ではないと決定したのであれば、それは汚水の海にやむを得ず漂っていることにはなりません。あなたは、掃除を徐々に行うことでコードに対する支配を取り戻すことができます。

## 汚い物をきれいにする

長い期間コードをきれいに保つように努力しているのか、もしくはその場限りの修正をしているだけなのかにかかわらず、Robert Martinの助言である**ボーイスカウトルール**（*Boy Scout Rule*）」、つまり「**キャンプ場を、来た時よりもきれいにして帰ること**」を心に留めてその助言に従ってください。大規模な改善を今日行うのは適切ではないかもしれませんが、だからといって、世界を少しもよい場所にできないということではありません。

**要点▶**　ボーイスカウトルールに従ってください。何らかのコードに触れるときには、そのコードを見つけたときよりも**よりよく**してください。

簡単な変更でよいのです。気まぐれなレイアウトを正し、誤解を招く変数名を修正し、複雑な条件節や長いメソッドを小さくてきちんと名前付けされた関数へと単純化するなどです。

コードのある部分を定期的に訪れていて、その都度、以前より少しでもよくしていれば、やがて**優れてた**コードと見なされるかもしれません。

## 調整を行う

取り散らかしたコードに取り組むときの、唯一の最も重要な助言は次の通りです。

**要点▶** コードの変更をゆっくりと注意深く行ってください。一度に一つの変更を行ってください。

これは重要なので、先へ進まずに、戻って、もう一度読んでください。
この助言に従うための実践的な方法があります。

- 機能を修正している最中にコードのレイアウトを変更しないこと。どうしても必要ならばレイアウトを整えてください。それから、コードをコミットしてください。その後にだけ、機能的な変更を行ってください。(しかし、あまりにもまずくて邪魔になるのでなければ、既存のレイアウトをそのままにしておくべきです。)
- 既存の振る舞いを維持して、「きれいにする」ためにできることを、すべて行ってください。信頼できる自動化ツールを使うか、(そのようなツールが利用できなければ) 変更を注意深くレビューして点検してください。つまり、変更を他の人にもレビューしてもらってください。既存の振る舞いを維持しながらきれいにすることが、**リファクタリング**の主目的です。リファクタリングとは、コードの構造を改善するためのよく知られた技法の集まりです。
  リファクタリングの目的は、コードが単体テストの健全な集まりで担保されているときにのみ、実際に達成できます。取り散らかしたコードはきちんとしたテストを持たないことが多いので、重要なコードの振る舞いを捕捉するために何らかのテストを最初に書くべきかどうかを検討してください。
- 内部ロジックを直接変更しないでコードを包むAPIを修正してください。名前付け、パラメータの型、そして順序を正しくしてください。一貫性を導入してください。新たな外側のインタフェース、つまりコードが必要とするインタフェースを導入してください。既存のAPIを使ってそのインタフェースを実装してください。そうすれば、後で別の日に、そのインタフェースの背後のコードを書き直すことができます。

コードを変更する自分の能力に自信を持ってください。あなたは、ソースコントロールというセーフティネットを持っています。間違ったら究極的にはいつでも戻ってやり直すことができます。戻ってやり直すことは無駄な努力ではありません。なぜなら、あなたはコードに関して学び、コードの順応性を知るからです。

時には、書き換えるために思い切ってコードを削除してしまうのがよいことがあります。削除が有効なのは、整理やリファクタリングがあまりにも苦痛で困難なために、修正されないままひどい状態で保守されてきたコードの場合です。しかし、コードを大規模に置き換えることには危険が伴います。ごちゃごちゃして読めない特別な条件分岐は、理由があってそうなっている**かもしれない**ということです。個々の下手な修正とつぎはぎのコードは、苦い経験を経て明らかになった重要な機能を表しています。それらの微妙な振る舞いについては危険性を認識しつつ無視してください。

流砂のような危険なコードで適切な変更を行うことを扱っている優れた本は、Michael Feathersの『*Working Effectively with Legacy Code*』[†1]です。その本で著者は、コードに継ぎ目、すなわちテストポイントと最も安全に健全なコードを入れるための技法を説明しています。

### 戦いの記：コンテナのコードの奇妙な事例

コンテナのクラスがありました。それは、私達のプロジェクトの中心でした。そのクラスの内部は腐っていました。そのAPIも悪臭を放っていました。元々のコードの作成者は、コードを混乱させていました。クラスのおかしな振る舞いにより、クラス内にさまざまなバグが隠れていました。実際、おかしな振る舞いは、それ自身がバグでした。

私達のチーム内のスキルが高い開発者が、そのコンテナをリファクタリングして修復しようと試みました。彼は外部インタフェースには手をつけないで、内部の品質を改善しました。つまり、メソッドの修正、バグだらけのオブジェクトの生存中の振る舞い、性能、コードの簡潔性です。

彼は、醜くて始末に負えないコードを取り除いて、正反対なもので置き換えました。しかし、古いAPIを維持するという彼の努力によって、この新たなバージョンは内部的に不自然なものとなり、有用なコードというよりは理科の実習のようでした。古い（奇妙な）振る舞いをそのまま表現していましたが、拡張の余地はありませんでした。

私達はこの新たなバージョンを扱おうと格闘しましたが、無駄な努力でした。

後に、別の開発者がコンテナの使い方を単純化しました。つまり、奇妙な要件を取り除き、その結果としてAPIを単純にしました。これは、プロジェクトにとっては比較単純な修正でした。コンテナ内から、広範囲のコードを取り除きました。コンテナのクラスは単純で小さくなり、そして検証するのが容易になりました。

時には、正しい改善を行うために別の方向から考えなければなりません。

†1　Michael Feathers、*Working Effectively with Legacy Code*（Upper Saddle River、NJ: Prentice Hall、2004）。日本語訳は、『レガシーコード改善ガイド』（翔泳社、2009年）

## できの悪いコード？　下手なプログラマ？

できの悪いコードによって作業が遅れるのは、いらだたしいことです。能力のあるプログラマは、できの悪いコードをうまく扱うだけではなく、そのコードを書いた人達ともうまく付き合います。コードの問題をとがめることは役立ちません。誰も、わざとできの悪いコードを書いたりしません。

**要点▶**　「できの悪い」コードをとがめる必要はありません。

おそらく、元々の作成者はコードをリファクタリングするユーティリティを理解していなかったか、ロジックを整理して表現する方法が分からなかったのです。これは、まだ理解していないことがあなたにもあるのと同じです。おそらく彼らはプレッシャーの下で作業を急いで行う必要があると感じて、手抜きをしたのでしょう（目的地に早く着くと信じて手抜きをしたのでしょうが、早く着くことはめったにありません）。

きちんと整理する機会を**楽しんで**ください。がらくたに対して構造と健全さをもたらすことは価値があります。うんざりする練習だと思うのではなく、高い品質をもたらす機会だと見なしてください。

それを教訓だと見なして、そこから学んでください。同じコーディングの誤りを繰り返さないためにはどうしますか。

改善を行う際には、あなたの態度を確認してください。あなたは、元の作成者よりもよく分かっていると思うかもしれません。しかし、常にそうとは限りません。

私はこの話が何度も繰り返されるのを見てきました。つまり、経験が浅いプログラマが、「すっきりとなるようにコードをリファクタリングした」というコミットメッセージで、経験豊富なプログラムのコードを「修正」しました。そのコードはすっきりとしているように見えました。しかし、彼は重要な機能を取り除いていました。後で、元の作成者は「動作するようにコードをリファクタリングし直した」というコミットメッセージと共に、その変更を元に戻しました。

### 質問

1. コードはなぜ頻繁にひどい状態になってしまうのでしょうか。
2. どうしたら最初からそのような状態を避けられるでしょうか。私達にできますか。
3. レイアウトの変更をコードの変更とは別に行うことの利点は何ですか。
4. あなたは、今まで何回、不愉快なコードに直面してきましたか。「自分の好みではない」というよりも、ひどいコードだったのはどのくらいの頻度でしたか。

### 参照

- **6章 航路を航行する**：新たなコードベースに慣れ親しむための技法です。

- **4章 取り除くことでコードを改善する**：死んでいるコードを取り除くことで「汚い」プログラムを改善します。
- **38章 コードへの叙情歌**：できの悪いコードに対する不必要に極端な反応です。

> **やってみる**
>
> ボーイスカウトルールを用いてください。ほんの少しであっても、あなたが触れたすべてのコードを改善してください。

# 8章
# そのエラーを無視するな！

必要なことは無知と自信であり、その二つがあれば成功は確実である。
——マーク・トウェイン

おとぎ話でくつろいでください。いうなれば、プログラマの物語です。

**ある夜、バーで友人達と会うため通りを歩いていました。しばらく一緒にビールを飲んでいなかったので、再び彼らと会うのを楽しみにしていました。私は急いでいて、足下をよく見ておらず、縁石でつまずいて、うつ伏せに倒れてしまいました。まあ、注意を払っていなかったので仕方ないでしょう。**

**足を怪我しましたが、友人達に会うために急いでいたので、立ち上がって歩き続けました。歩けば歩くほどに痛みは強くなっていきました。最初は頭から痛みを払いのけていましたが、何かが思わしくないことにすぐに気づきました。**

**しかし、バーへと急ぎました。到着した頃には激しい痛みを感じていました。痛みで気が散ったので、素晴らしい夜を過ごすことができませんでした。朝、医者に行き、すねの骨が折れていることが分かったのです。痛みを感じたときにバーへ行くのを止めていたら、骨折したまま歩いて余計に悪くすることを防ぐことができたはずです。おそらく、人生にとって最悪の二日酔いでした。**

多くのプログラマが私の悲惨な夜のようなコードを書いています。

**エラー？　どんなエラー？　重大ではないよ。それは無視できるよ。**これは、頑強なコードを作り出すための勝利の戦略ではありません。実際、それは明らかな怠惰です（悪い種類の怠惰です）。自分のコードにエラーが起きないと思っても、常にエラーを検査して、エラーを処理すべきです。毎回です。そうしたことを行わなければ、時間を節約しているつもりになるかもしれませんが、潜在的な問題を将来へ先送りしています。

**要点▶**　可能性のあるエラーをコード内で無視しないでください。エラー処理を「後で」と先延ばしにしないでください（あなたが、そのエラー処理に戻ることはありません）。

## エラーの仕組み

コード内のエラーは、さまざまな方法で報告されます。代表的なのは、次のような方法です。

**戻り値**

関数は値を返します。値によっては「機能しなかった」ことを意味します。エラーの戻り値は簡単に無視されます。そうすると問題となる箇所をコードから読み取れません。実際、標準のC関数によっては、その戻り値を無視するのが一般的な習慣になっているものがあります。あなたは、`printf`からの戻り値を検査していますか。

戻り値は、おそらく最もよく使われているエラーの報告手段です。**関数**は値を返し、オペレーティングシステムの**プロセス**も値を返し、システムによっては**スレッド**でさえ値を返します。

このような戻り値は、たいてい整数の値です。慣習として、ゼロは成功を、ゼロではない値はエラーコードを意味します。現在のプログラミングでは、これは奇妙なイデオムです。今なら、複数の値の**タプル**（*tuple*）か、一つの型に呼び出しの成功か失敗と共に戻り値を持たせる「オプショナル」型（たとえば、C++の`boost::optional`型、C#の`Nullable<T>`、Javaの`Optional<T>`）のどちらかを返すことで表現力のあるコードを書くことができます。関数型プログラミング言語は、奇妙な値ではなく関数の戻り値型を通してエラーを示すことがあります。たとえば、Haskellは`Maybe`と`Either`を提供し、Scalaは`Option`と`Either`を提供しています。

**副作用**

副作用の代表と言える`errno`は、C言語の奇妙な振る舞いそのものです。`errno`は、エラーを通知するために使われるグローバル変数です。その変数を無視するのは簡単ですし、使うのは難しく、そして、あらゆる種類の厄介な問題を引き起こします。たとえば、同じ関数を呼び出す複数のスレッドがあると、何が起きるでしょうか。

別の手段を通して、あるいは副作用としてエラーを通知しているコードを見かけることがあります。たとえば、関数の呼び出しが「成功したか」を検査するために別の関数を呼び出さなければならないとか、処理が失敗したときに「不正」な状態になってしまうオブジェクトなどです。

**例外**

例外は、言語がサポートする構造化されたエラーの通知と処理の方法です。そして、例外を無視することはできません。次のようなコードを私は多く目にしてきました。

```
try
{
    // ...何かを行う...
}
catch (...) {} // エラーを無視する
```

このエラーを無視している構造は、かえって怪しい何かを行っていることを強調しています。

例外は完璧ではありません。例外を批判する人達は、例外はエラーのパスを隠すと文句を言います。例外は、ひどい影響（資源をリークさせたり、関数の契約を破ったり）を伴ってメソッドをさかのぼっていきます。しかし、メソッド自身がエラー処理のコードを含んでいない場合、そのメソッドの処理を見ても例外の処理を行っていないことで被る潜在的な悪影響に気づきません。

多くの他の技法と同様に、例外を効果的に使いこなすには、多くの規律を必要とします。そのような規律に関しては、この章では扱いません。

**要点▶** 規律を持って例外をうまく使ってください。言語のイデオムと効果的な例外の利用に対する要件を理解してください。

## エラー無視による事態

エラーを処理しないと、次のような事態になります。

**壊れやすいコード**

ソフトウェアシステムをクラッシュさせる見つけにくいコードがたくさん含まれています。

**安全ではないコード**

ハッカーは、ソフトウェアシステムへ侵入するために貧弱なエラー処理を利用します。

**ひどい構造**

対処するのが厄介なエラーがコードに絶えず発生するのであれば、原因はおそらくインタフェースです。インタフェースをもっとうまく表現して、エラー処理が簡単にできるようにしてください。

可能性のあるすべてのエラーをコードで検査すべきなのと同じように、可能性のあるすべてのエラー状態を、インタフェースで表明しなければなりません。エラーを隠したり、サービスが常に動作するかのような振りをしないでください。

プログラマには、プログラム的なエラーを認識させなければなりません。ユーザには、使い方のエラーを認識させなければなりません。

エラーを（どこかに）ログとして記録して、勤勉なオペレータがエラーに気づいて、ある日何かをすることなどありません。誰がログについて知っているのですか。誰がログを調べるのですか。誰がログに関して何かしてくれるのですか。プログラムを終了させることできないのであれば、目立たないけれども明白で無視できない方法で、問題に対する注意喚起をしてください。

## エラーへの言い訳

私達は、なぜエラーを検査しないのでしょうか。ありがちな言い訳はたくさんあります。あなたは、次のどの言い訳と同じ考えですか。それぞれの言い訳に対して反論してください。

- エラー処理はコードの流れをごちゃごちゃにし、読むことを難しくし、実行の「正常な」流れを特定することを難しくする。
- エラー処理は余分な作業であり、締め切りも差し迫っている。
- この関数の呼び出しはエラーを**返さない**ことが分かっている（`printf`は常に動作するし、`malloc`は常に新たなメモリを返すし、失敗したとしたら、どちらにしろもっと大きな問題を抱えている）。
- これはおもちゃのプログラムにすぎず、製品品質レベルへ書き直す必要はない。
- 使っている言語がエラー処理を推奨していない。（たとえば、Erlangの哲学は「失敗させる」であり、エラーがあるコードは**早く**失敗してErlangのプロセスを終了させるべきである。優れたErlangシステムは失敗するプロセスに対して頑強に設計されているので、エラー処理は大きな問題ではない。）

## 結論

この章は短かったですが、もっと長くすることもできました。しかし、長くすることは間違いです。なぜなら、この章のメッセージは単純だからです。つまり、エラーを無視しないでくださいということです。

### 質問

1. 低レベルなエラーをコードが無視しないことをどのようにして保証できますか。コードレベルでの解法とプロセスに関連した技法を考えてみてください。
2. 例外は、戻り値のように簡単には無視できません。その結果として、例外がエラーを報告するための安全な機構になっていますか。
3. エラーコードと例外を混在させたコードを扱う場合にはどのような取り組み方が必要ですか。
4. 不適切なエラー処理が原因で失敗するコードを特定するには、どのようなテスト技法が役立ちますか。

### 参照

- **29章　言語への愛**：エラー報告とエラー処理の適切な方法は、使っている言語に依存しています。
- **9章　予期せぬことを予期する**：エラー状態は、コードを頑強にするために考慮すべき「予期されていない」状況です。

> **やってみる**
>
> あなたのシステムで最も頻繁に手を加えられているコードをレビューしてください。何個のエラー状態が処理されないままになっているかを調べてください。次に、めったに手を加えられていないコードをレビューして、結果を比較してください。

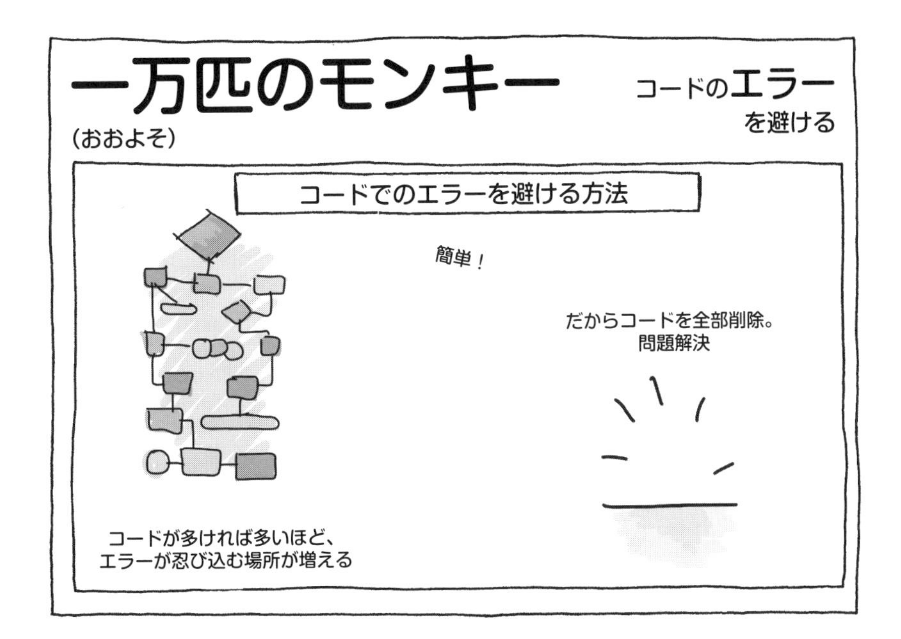

# 9章
# 予期せぬことを予期する

準備しなさい——このモットーの意味は、スカウトは事前に考え抜いて、
どのような出来事や緊急事態に対してもどう対処するかを練習することで、
不意を突かれたりしないように、準備しなければならいということです。
——ロバート・ベーデン＝パウエル

人によってはコップに水が半分も入っていると思い、人によっては半分しか入っていないと思うと言われます。しかし、ほとんどのプログラマはコップ自体を見ていません。プログラマは異常な状況を考慮していないコードを書きます。プログラマは楽観論者でもなければ悲観論者でもありません。プログラマは現実主義者でさえもありません。プログラマは**無視論者**（*ignore-ist*）です。

コードを書くときには、起きると期待する実行の流れのみを考慮しないでください。すべてのステップで、起きるかもしれないすべての**異常**を考慮してください。たとえ起きないと思っていてもです。

## エラー

呼び出すすべての関数が期待通りに動作しないかもしれません。

- 幸運であれば、関数はエラーを通知するためにエラーコードを返します。そうであれば、その値を検査すべきです。無視してはいけません。
- 関数はその契約を守れないのであれば例外をスローすることがあります。スタックをさかのぼっていく例外に対処してください。例外をキャッチして処理するか、呼び出しスタックをさらに上へとさかのぼらせるかに関係なく、正しい処理を行ってください。正しい処理には、資源をリークさせずに、プログラムを不正な状態のままにしないことが含まれます。
- 関数は失敗したことを何も返さずに、期待した処理を行わないかもしれせん。その場合、関数にメッセージを出力させます。関数は常にメッセージを表示するでしょうか。時々失敗して、そのメッセージを出さないかもしれません。

回復可能なエラーを常に考慮して、適切なエラー処理のコードを書いてください。回復できないエラーも考慮してください。できるだけ最善のことを行うようにコードを書いてください。単純に無視しないでください。

エラー処理では、イデオム的で適切な言語の仕組みを使うようにしてください。たとえば、Erlangは「クラッシュさせる」哲学を持っているので、防御的なコーディングは推奨されておらず、プロセスレベルで処理させるために、エラーとしては目立つ失敗をさせることが好まれています。

## スレッド化

世界は、単一スレッドのアプリケーションから、複雑で高度にスレッド化された環境へと移ってきました。コードの間の予期されないやり取りが、スレッドでは重要です。コードパスのすべての可能な組み合わせを網羅するのは困難ですし、ましてやある特定の問題を引き起こすやり取りを二度以上再現させることは困難です。

このレベルの予想不可能なことに対処するには、基本的な並行性の原理と、危険な方法でスレッドがやり取りしないようにスレッドを分離する方法を理解する必要があります。スレッド間で競合状態（*race condition*）を生み出さず、不必要にスレッドを待たせたりしないで、スレッド間でメッセージを信頼性が高くかつ素早く渡す機構を理解してください。

## シャットダウン

私達は、システムを構築する方法を設計します。すべてのオブジェクトの生成方法、すべての機能の動作方法、そして、それらのオブジェクトを実行させ続け、機能を動作させ続ける方法です。しかし、ライフサイクルの終わりについては注意を払いません。資源をリークさせずに、デッドロックせずに、あるいはクラッシュせずにコードをきちんと停止させる方法です。

システムをシャットダウンして、すべてのオブジェクトを破棄することは、マルチスレッド化されたシステムでは困難です。アプリケーションがワーカーのオブジェクトをシャットダウンして破棄する際には、すでに解放されたオブジェクトを別のオブジェクトが使わないようにしてください。他のスレッドがすでに破棄したオブジェクトを呼び出すコールバックを、別のスレッドが処理するキューに入れたりしないでください。

## この話の教訓

「予期されていない」ことは、異常ではありません。しかし、バグが作られる要因です。その観点で、コードを書く必要があります。

コード開発の初期に、このことについて考えることが重要です。後からの思いつきでこの種の正しさを加えることはできません。つまり、問題は知らない間に蓄積されて、コードに深く染みこんでいきます。コードができ上がってしまった後にそのような悪魔を追い払うのは困難です。

**要点▶** コードを書く際に、すべての可能性のあるコードのパスを考えてください。「普通ではない」場合を後で処理しようとしないでください。忘れますし、コードはバグだらけになります。

優れたコードを書くことは、楽観論者や悲観論者になることではありません。今、コップにどれだけの水が入っているかに関するものでもありません。それは耐水のコップを作ることであり、コップにどれだけの水が入っているかに関係なく漏れないことです。

## 質問

1. 「予期されない」状況を適切に処理していないコードから、今までにどのような種類の問題を見てきましたか。
2. あなたは、すべてのコードに頑強なエラー処理を常に含めていますか。
3. 厳格なエラー処理をしないことが受け入れられるのはどのような時ですか。
4. コードの品質と頑強さに影響を与えると考えられる、驚くようなシナリオの他の原因は何ですか。

## 参照

- **8章 そのエラーを無視するな！**：エラー状態を処理するための助言と、エラーを予期するための助言です。
- **7章 汚物の中で転げ回る**：コード内において、起きそうになくても、可能性のあるすべての状態を考慮しなければなりません。さもなければ、汚く、もろく、めちゃくちゃなコードになります。
- **10章 バグ狩り**：すべてのケースを適切に処理しなければ、バグを生み出してしまいます。結果としてあなたが行っているのはバグを生み出す行為なのです。
- **11章 テストの時代**：優れたテストシステムは、予期しない状態を列挙して管理するのに役立ちます。

### やってみる

あなたが最後に取り組んだコードを調べてみてください。エラー処理と可能性のある異常なやり取りに関してどれだけ注意を払っているかを調べてください。コードをどのように改善できますか。

一万匹のモンキー
（おおよそ）

他のプログラマが
予期しないことを予期する手伝いをする

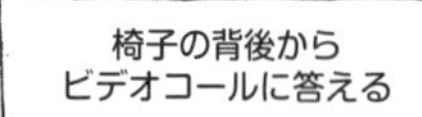

死神の衣装で
ビデオコールに答える

## 一万匹のモンキー
（おおよそ）

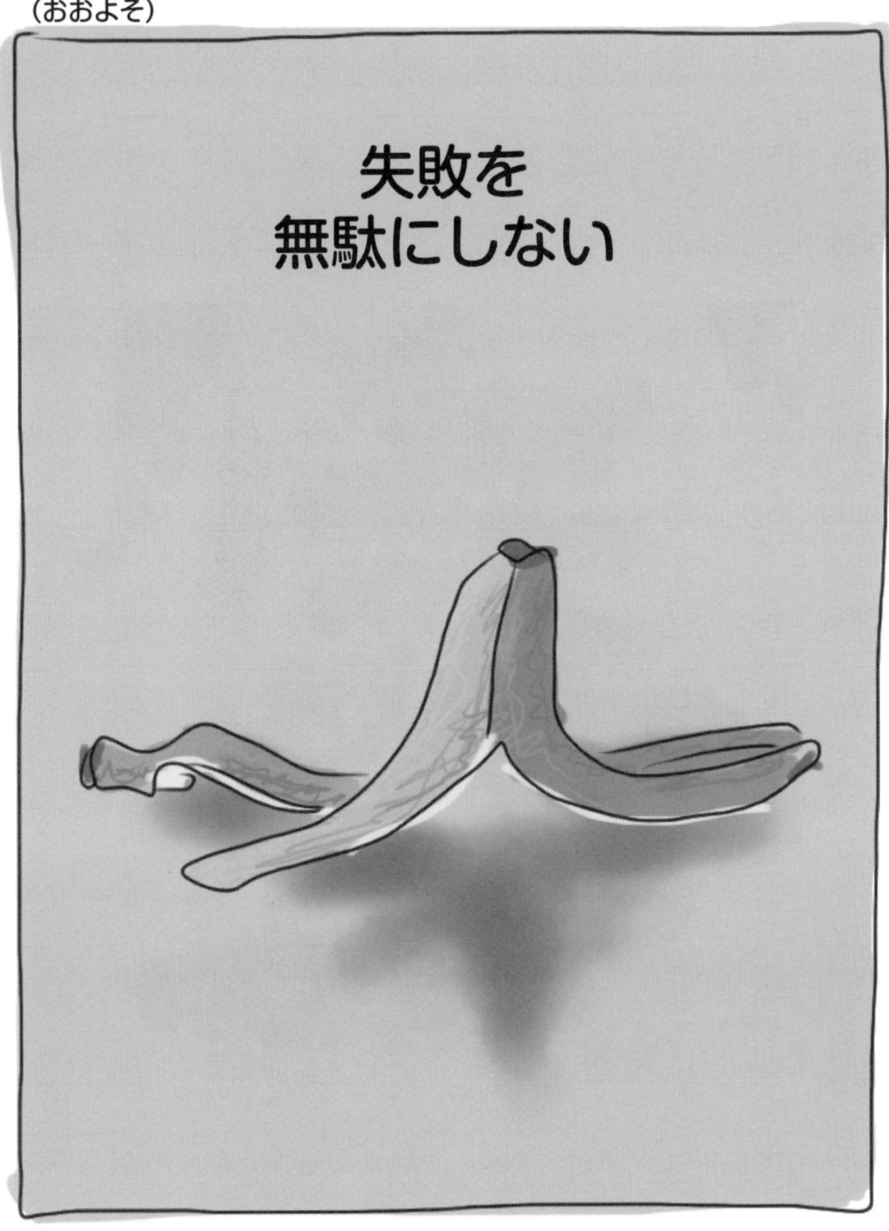

# 10章
# バグ狩り

デバッグがソフトウェアのバグを取り除くプロセスならば、
プログラミングはバグを入れるプロセスである。
——エドガー・ダイクストラ

デバッグは、終わりのない季節のようなものです。デバッグに免許は必要ありませんし、何も制限はありません。とらえどころのない厄介な害獣である**バグ**を根こそぎ壊滅するために、ショットガンを手にソフトウェアの荒野に向かってください。

現実はそんなに甘くありません。バグが増え続け、塊で攻撃してくるコードに、取り組まなければならないのです。

プログラマがコードを書きます。しかし、プログラマは完璧ではないので、プログラマが書くコードも完璧ではありません。したがって、コードは期待通りには動作しません。結果としてバグが発生するのです。

バグによっては単純な誤りであり、見つけるのも修正するのも容易です。そのようなバグであれば幸運です。

しかし、大多数のバグは、探し出すのに数時間の労力を要し、始末に負えず、捕らえにくいものです。このようなバグは奇妙で驚くような動きをします。アルゴリズムは期待通りに動作せずに、単純に見えるソフトウェアが、不可解な動きをするのです。

このことは、何も知らない新米プログラマに限定された話ではありません。先駆者達も同じ苦労をしてきました。著名なコンピュータ科学者であるMaurice Wilkesは、「私ははっきりと覚えています。EDSAC室とパンチ機の間の階段の急勾配に注意しながら、私の残りの人生が自分のプログラムの誤りを見つけるのに費やされることに気づいて強い衝撃を受けた」[†1]と書いています。

毅然と立ち向かってください。あなたは、デバッグを多く行います。デバッグに慣れるべきですし、

†1 Maurice Wilkes、*Memoirs of a Computer Pioneer*(Cambridge, MA: The MIT Press, 1985)。日本語版は、Maurice V.Wilkes 著、『ウィルクス自伝―コンピュータのパイオニアの回想』(丸善、1992 年)

デバッグが得意になるべきです。（練習の機会がいくらでもあることは、多少なりとも慰めになるでしょう。）

## 経済的な視点

デバッグに費やされている時間はどの程度だと思いますか。世界中のすべてのプログラマがデバッグに費やしている時間を合計するとどの程度だと思いますか。推測してください。

なんと、年間3,120億ドルもの金額がソフトウェアをデバッグするプログラマの賃金として支払われています。これは、2008年以降のすべてのユーロ圏による緊急救助金の二倍の額になります。膨大な金額ですが、これはケンブリッジ大のジャッジビジネススクールにより行われた調査[†2]によるもので、実際の数字です。

あなたには、**世界経済**を救うためにバグを素早く修正する責任があります。世界の状態は、あなたの手にかかっているのです。

これは、賃金だけではありません。バグがあるソフトウェアによるさまざまな影響を考えてみてください。出荷の遅れ、中止されたプロジェクト、信頼性のないソフトウェアによる悪評、そして出荷されたソフトウェアのバグを修正する費用です。

## 少しの予防薬

バグを後で修正しようとするより、最初からバグが入り込むのを積極的に防ぐ方が優れていることは、どんなに強調しても強調しすぎることはありません。**少しの予防薬は何百倍もの治療薬に匹敵します**。デバッグの費用が天文学的であれば、最初にバグを作り出さないことを目指すべきです。

予防することは別の章のテーマであり、この章ではそのことに深入りしません。「9章 予期せぬことを予期する」と「17章 頭を使いなさい」を参照してください。

一言でいえば、予期しないことが起きるのを最小限に抑えるために、健全なエンジニアリングの技法を使うべきです。考え抜かれた設計、コードレビュー、ペアプログラミング、そして考え抜かれたテスト戦略（代表的には、TDDの実践と自動化された単体テスト一式）は、すべて重要です。アサーション、防御的プログラミング、コードカバレッジのツールといった技法はすべて、エラーが入り込む可能性を最小限に抑えるのに役立ちます。

私達はこれらの技法を知っています。しかし、どれだけ真面目にこれらの技法を使っているでしょうか。

†2 "Cambridge University Study States Software Bugs Cost Economy $312 Billion per Year"

**要点▶** 健全なエンジニアリングを実践して、コードにバグが紛れ込むのを避けてください。その場しのぎで急いで作ったコードが高い品質だとは思わないでください。

バグを避けるための最善の助言は、「賢すぎる」コード（たいていは複雑なコード）を書かないことです。Brian Kernighanは、「**デバッグは最初にコードを書くよりも二倍難しい。したがって、あなたができるだけ賢いコードを書いたとしても、当然、あなたはそのコードをデバッグできるほど賢くはない**」と述べています。Martin Fowlerは、「**コンピュータが理解できるコードは誰でも書けます。人が理解できるコードを書くのが優れたプログラマです**」と述べています。

## バグ狩り

上記のコード中のバグに注意してください。
私はコードが正しいと証明しただけであり、試してはいません。
——ドナルド・クヌース

正しくコードを書いていても、悪質なバグは常に防御をすり抜けます。コーダーの狩猟帽とバグ退治のショットガンを装備する必要があります。バグをどのように見つけて退治すべきでしょうか。それは、干し草の山から針を探すのに似た超人的な仕事です。

バグを見つけて修正するのは、論理パズルを解くことに似ています。一般的に、秩序立って取り組めば、問題が難しいことはありません。バグの多くは簡単に見つかって、数分で修正されます。しかし、バグによっては、始末に負えず、長い時間がかかります。そのような困難なバグは数の上ではわずかですが、私達の時間のほとんどを費やします。バグを修正するのがどれだけ困難かは、たいてい二つの要因により決まります。

- どの程度、再現可能か。
- バグの原因である「ソフトウェア障害」（間違ったコード、あるいは誤ったインテグレーションの想定）がコードに入ってから、実際に気付くまでの経過時間。

再現性が低くて経過時間が長ければ、バグを探し出すにはよいツールと知性が必要になります。障害の場所を特定するために使える実用的な方法と戦略を紹介します。

重要なのは、秩序立てて調査し、バグの特性を明らかにすることです。

- **再現手順**をできるだけ単純にすることは重要です。問題に関係していない余分な手順はすべてふるい落としてください。
- 一つの問題にだけ集中してください。関連しているけれども別である二つの障害を一つの障害と混同していると、混乱します。

- 問題がどの程度再現可能であるかを調べてください。再現手順はどのくらい頻繁に問題を発生させますか。それは、単純な一連の実行に依存していますか。ソフトウェアの設定や実行しているコンピュータの種類に依存していますか。接続されている周辺機器には違いがありますか。これらのことは、これから行う調査において重要です。

再現手順を構築できれば、戦いに勝利したも同然です。

以降の節では、最も役立つデバッグの戦略を説明します。

## 罠を仕掛ける

システムが不規則に動作しています。あなたは、システムが正しく動作していた時点を知っています。その時点が、再現手順のかなりの後の方であればよいのですが、起動時かもしれません。そこから、状態が不正となる時点へと手順を進めることができます。これらの二つの時点の**間**のコードのパス上に、障害を捕捉するための複数の罠を仕掛けてください。

システムの**不変式**（*invariant*）、すなわち状態が正しければ成り立っているはずの事柄を検証するためにアサーションやテストを追加してください。何が起きているのかを知り、コードの状態を知るための診断用の表示文を追加してください。

このような作業を行うことで、コードの構造を推測しながら、コードを深く理解できます。そして、仮説が成り立っていることを証明するために、もっと多くのアサーションを追加できるでしょう。コード内の不変状態に関する純粋なアサーションや、特定の実行に関連したアサーションです。どちらも、バグを突き止めるのに役立つ有効なツールです。最後には、罠がパチンと音を立てて、バグを追い詰めます。

> **要点▶** アサーションとログは（単なるprintfであっても）、強力なデバッグのツールです。これらを頻繁に使ってください。

診断のログとアサーションは、問題を発見して修正した後にコードにそのまま残して置くのも有効かもしれません。しかし、デバッグに必要のない雑音となるログや、起きていることを隠してしまう役立たないログでコードが散らかさないように注意してください。

## バイナリチョップを学ぶ

素早くバグを特定するには、**バイナリチョップ**（*binary chop*）戦略を用いてください。

コードのパスを一ステップづつ実行するのではなく、事象の連鎖の初めと終わりから始めてください。それから、問題空間を二つに分割して、中間点がよい状態か悪い状態かを調べてください。この方法により、問題空間の大きさを半分に狭められます。これを数回繰り返してください。そうすれば、問題を素早く特定できます。

これは強力な方法であり、$O(n)$ではなく$O(\log n)$の時間で問題を解決し、速いです。

> **要点▶** 結果に素早く到達するために問題空間を二分探索してください。

この方法を、罠を仕掛けることと一緒に使ってください。あるいは、次に説明する方法を一緒に使ってください。

## ソフトウェア考古学を使う

**ソフトウェア考古学**（*Software archaeology*）は、バージョンコントロールシステム内の過去の記録を調べる発掘の技術です。これは、問題を解決する優れた手段を提供します。これは、バグを狩るための驚くほど簡単な方法です。

そのバグが存在しなかったコードベースの直近の時点を調べてください。再現可能なテストを準備して、どのコードの変更が破壊をもたらしたかを調べてください。これには、バイナリチョップ戦略が最善の策です[†3]。

破壊をもたらしているコードの変更を見つけられたら、障害の原因はたいてい簡単であり、修正は自明です。（これは、一度に広い範囲の事柄を含む大きなコミットをするのではなく、小さく頻繁にアトミックなチェックインを行うべき理由です。）

## テスト、テスト、テスト

ソフトウェアを開発する際には、単体テスト一式を書くために時間を割いてください。これは、最初に書くコードの開発方法と検証方法を明確にするのに役立つだけではありません。変更に対する優れた警告装置として機能します。鉱夫のカナリアのように、問題が複雑になって発見も修正も難しくなる前に、テストが失敗します。

これらのテストは、デバッグを行う開始地点としての役割も果たします。障害を再現するために手作業で実行するプログラムよりも、単純で再現可能な単体テストの方が取り組みやすいです。この理由により、「完全なシステム」を実行させてからバグ狩りを始めるよりも、バグを示す単体テストを書くことの方が望ましいわけです。

テスト一式を持ったら、テストによってコードが実際にどれだけカバーされているかを調べるために**カバレッジツール**を使ってください。カバレッジツールによる結果に、驚くかもしれません。経験則では、テスト一式が実行していないコードがあるならば、そのコードが機能するとは考えません。今は大

---

†3 `git bisect`はこのバイナリチョップを自動化するので、Gitユーザならば道具箱に入れておく価値があります。

丈夫なように見えても、テストが用意されていなければ、後で動作しなくなる可能性が高まります。

**要点▶** テストされていないコードは、バグの温床です。テストは漂白剤です。

バグの原因を特定したら、問題を明確に示す簡単なテストを書いてください。そして、コードを修正する前にそのテストをテスト一式に追加してください。これには、真の規律が必要です。なぜなら、一旦バグの原因を見つけたら、すぐに修正して、その修正を反映させたくなるからです。その前に、テストコードを書いて問題があることを示し、修正したことを証明するためにそのテストコードを使ってください。そうすることで、テストは将来バグが再び現れるのを防ぐ役割も果たすのです。

## 切れ味のよいツールへの投資

慣れ親しむとよい多くのツールがあります。代表的なものはElectric Fenceなどのメモリ検査ツールやValgrindなど多機能なツールです。これらは、最後に手に取るのではなく、今すぐに使うべきです。ツールを必要とするバグを抱える前にツールの使い方を知っていれば、はるかに効果的です。

さまざまなツールを知ることで、問題に最適なツールを選ぶことができます。

もちろん、デバッグにおいてチャンピオンのツールはデバッガです。これはツールの王様であり、動作しているプログラムの実行に割り込んだり、単一命令ごとに進めたり、関数の中に入ったり出たりさせてくれます。他にも、変数の変更を監視したり、条件ブレイクポイントを設定したり（たとえば、xがyよりも大きいならブレイク）、変数の値をその場で変更して他のコードパスを試してみる機能なども含まれています。先進的なデバッガによってはステップバックを可能にするものさえあります（本当の黒魔術です）。

ほとんどのIDEにはデバッガが組み込まれているので、ブレイクポイントなら使ったことがあるでしょう。しかし、高性能な別のツールがよい場合もあるので、手に取った最初のツールに依存しないようにしてください。

デバッガを軽蔑している人達がいます。それらの人達は「本物のプログラマは、デバッガを必要としない」と考えています。それはある程度真実です。デバッガに依存しすぎることは、よいことではありません。頭を使わずにコードを単一ステップ実行することは、局所的なレベルに集中しがちになり、大局的にコード全体を考えなくなります。

しかし、このことは、デバッガの弱点を意味しているのではありません。デバッガのような重量級のツールを使う方がはるかに簡単で手っ取り早いこともあります。問題に対して正しいツールを使うことを恐れないでください。

**要点▶** デバッガをうまく使う方法を学んでください。そして、適切な時にデバッガを使ってください。

## 原因分析に関係のないコードを取り除く

障害を再現できるときには、問題に関係ないと思われるものを取り除き、問題を引き起こしているコードに集中してください。関係**していない**他のスレッドを無効にしてください。関連しているように見えないコードを取り除いてみてください。

「問題領域」に間接的に結び付いているオブジェクトを見つけることはよくあります。たとえば、メッセージバスや通知/リスナー機構を通してです。たとえそれが無害だと**確信**していても、物理的な結び付きを切り離してください。それでも障害が再現すれば、関係ないものに関するあなたの直観が証明されたのであり、問題空間が縮小します。

それから、エラーに結び付いているコード部分を取り除く、もしくは、実行されないようにすることを検討してみてください。そうして、エラーが発生しなければ、その部分以外の、エラーに関連していないように思えるブロックを削除したりコメントアウトしたりしてください。このようなことを繰り返して、絞り込んでください。

## 清潔さを保って伝染を防ぐ

ソフトウェアにバグを長い期間存在させないでください。バグを居座らせないでください。

ささいな問題を見過ごさないでください。見過ごしは、危険な習慣です。それは**破れ窓症候群**（*broken window syndrome*）[†4]であり、バグが多い振る舞いを、正常で受け入れられるものと勘違いさせてしまいます。この居座っている悪い振る舞いが、あなたが狩っている他のバグの原因を覆い隠すかもしれません。

**要点▶** できるだけ早くバグを修正してください。バグを放置しないでください。

私が働いたことがあるプロジェクトでは、士気をくじいてしまうほどひどいことがありました。修正すべきバグ報告が来ると、その最初のバグを再現する前に、別の10個の問題に遭遇し、それらすべてを修正する必要がありました。それらは、最初のバグの原因であることもありました。

## 間接的な方法

何時間もひどい問題に頭をぶつけて、どこにも到達しないこともあります。デバッグのわだちにはまってしまうのを避けるために、間接的な方法を試みてください。

---

†4 **破れ窓理論**（*Broken windows theory*）（https://en.wikipedia.org/wiki/Broken_windows_theory）は、地域をよい状態に保つことで破壊や犯罪を防ぐということです。

#### 休憩する

デバッグを止めてコードから離れるのを身に付けることは重要です。休憩することで新鮮な視点が得られます。

休憩は注意深く考えるのに役立ちます。コードに無鉄砲に立ち向かうよりは、問題とコードを熟考するために休憩してください。

キーボードから強制的に離れるために散歩に出かけてください（シャワー中、あるいはお手洗い中に、「分かった」という瞬間を経験したことはありませんか）。

#### 誰か他の人に説明する

誰か他の人に問題を説明してください。他の人に問題（代表的にはバグ狩り）を説明すると、問題が明白となり解決してしまうことがよくあります。

説明する相手がいない場合、Andrew HuntとDavid Thomasによる**ゴムのアヒルの戦略**（*rubber duck strategy*）[†5]を取りましょう。問題を自分自身に説明するために机の上の単なる物体に話しかけてください。

## 急がないこと

一旦バグを発見して修正したら少し立ち止まって、コードのその部分に関連する問題が他に隠れていないかを検討してください。おそらく、修正した問題は、コードの他の部分で繰り返されているでしょう。今得た知識でシステムを補強するために他にやるべきことがないかを考えてください。

コードのどの部分に多くのバグが存在していたかを記録してください。バグが多発している場所があるでしょう。多発している場所は、実行パスのほとんどで使われているか、質の悪いコードのどちらです。十分に記録を集めたら、その問題領域に対して、書き換えや根本的なコードレビュー、あるいは追加の単体テストを書く価値があります。

# 再現できないバグ

発見したバグの再現手順を確立できないこともあります。論理的に説明できず原因も分からないバグです。つまり、因果関係を見つけられないのです。これらのバグは、開発マシン上やデバッガで動作させているときに現れないことも多いので、探し出すには時間がかかります。

どのようにして、これらのバグを見つけて退治するのでしょうか。

- 障害に関係している要因を記録してください。時間の経過と共に、共通する原因を特定するために役立つパターンを見つけるかもしれません。

---

†5 Andrew Hunt、David Thomas、*The Pragmatic Programmer*（Boston: Addison Wesley, 1999）。日本語訳は、『達人プログラマー』（オーム社）。

- 多くの情報を得てから、結論を出してください。おそらく、記録すべきデータの種類を徐々に特定できるようになります。
- 現場から情報を集めるために、ベータビルドあるいはリリースビルドにもっと多くのログやアサーションを追加することを検討してください。
- 緊急の問題であれば、長期間の浸水テスト（*soak test*）を実行するためのテスト環境を作ってください。システムを動作させることを自動化できるなら、デバッグが早くできます。

このようなバグの原因にとして次のような事柄が考えられます。これらは調査のとっかかりとなるかもしれません。

**スレッド化されたコード**

スレッドは再現できない方法で絡み合って相互に作用するので、まれに起きる失敗の原因となることがあります。

スレッドの振る舞いは、デバッガでコードを停止した時とたいてい異なっているので、観察が困難です。ログを記録するとスレッドの相互の作用を変えてしまい問題を隠します。そして、ソフトウェアが最適化されていない「デバッグ」ビルドは、「リリース」ビルドとは異なる動きとなります。これらは、物理学者ヴェルナー・ハイゼンベルクの量子力学における「観察者効果」にちなんで**ハイゼンバグ**（*Heisenbug*）として知られています。システムを観察する行為は、システムの状態を変化させることがあります。

**ネットワークとのやり取り**

ネットワークは当然のことながら遅延することがあり、どの時点でも落ちたり停止したりすることがあります。ほとんどのコードは、**ローカル**のストレージへのアクセスは動作すると想定しています（なぜなら、ほとんどの場合に動作するからです）。しかし、ネットワークを介したストレージでは失敗や長い通信時間が普通なので、その想定は適用できません。

**ストレージの変化する速度**

再現できないバグを発生させるのは、ネットワークの遅延だけではありません。遅い回転のディスクあるいはデータベース操作が、プログラムの振る舞いを変更することがあります。特に、タイムアウトのしきい値の境目といった不安定な状態にある場合です。

**メモリ破壊**

異常なコードがスタックやヒープの一部を上書きしたときに、見つけるのが困難で予想できない奇妙な振る舞いを目にすることがあります。これらのエラーを診断するために、ソフトウェア考古学がしばしば役立ちます。

#### グローバル変数/シングルトン

ハードコードされてやり取りする箇所は、予想できない振る舞いを引き起こす情報の交換場所になります。誰もがグローバルな状態をいつでも変更できる状況では、コードの正しさを判断したり、起こることを予想するのは不可能になります。

## 結論

デバッグは容易ではありません。しかし、私達はデバッグする責任があります。なぜなら、私達がバグを書いたからです。

効果的なデバッグは、すべてのプログラマにとって必須のスキルです。

### 質問

1. デバッグに費やしている時間がどれだけであるかを考えてみてください。新たなコードを書く以外のすべての活動を考えてください。
2. 自分が書いた新たな行をデバッグするのに多くの時間を費やしていますか。それとも既存のコードに対する調整に時間を費やしていますか。
3. 既存のコードに対する単体テスト一式が存在することで、デバッグに費やす時間やデバッグの方法が変わりますか。
4. バグがないソフトウェアを目指すことは現実的ですか。それは達成可能ですか。バグがないソフトウェアを目指すことが適切な状況は、どのようなときですか。バグがないソフトウェアが現実的ではないなら、製品に含まれるバグの数はいくつまでなら許容されますか。

### 参照

- **9章 予期せぬことを予期する**：ほとんどのバグは、コードの制御フローにおいて可能性のあるすべての状態を考慮していないことによりもたらされます。
- **5章 コードベースの過去の幽霊**：自分が書いた古いコードにバグを発見することは、その時の作業を思い出して見直すことにつながります。
- **11章 テストの時代**：単体テストを使って、仕様をドキュメント化し、バグの修正に活用するだけではなく、将来の回帰テストに役立ててください。

#### やってみる

次にバグに直面したときには、原因を見つけるために秩序立った方法を試してください。バグを効果的に追跡するために、罠を仕掛ける方法や、バイナリチョップやツールの使い方を考えてみましょう。

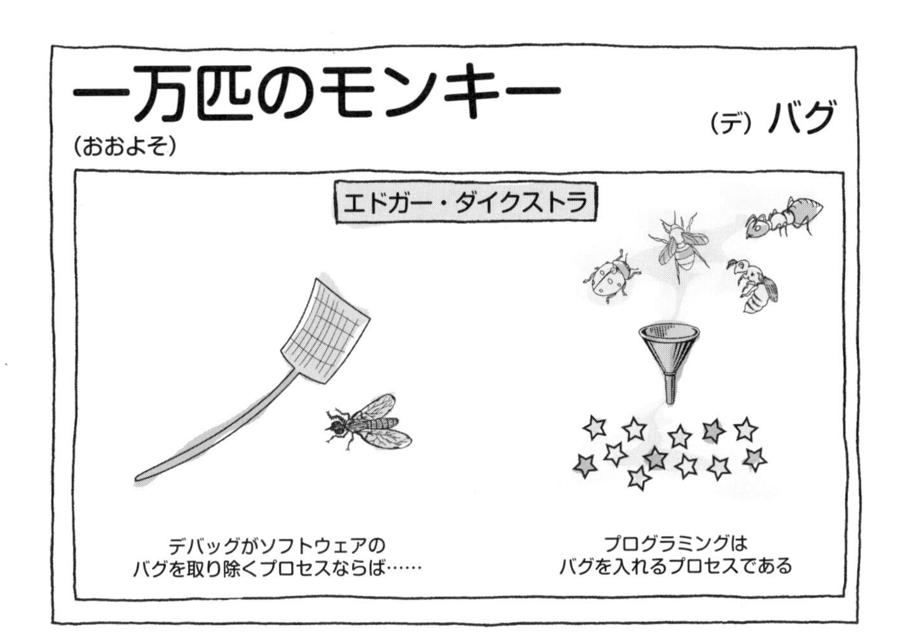
一万匹のモンキー
(おおよそ)
(デ) バグ
エドガー・ダイクストラ
デバッグがソフトウェアの
バグを取り除くプロセスならば……
プログラミングは
バグを入れるプロセスである

## 一万匹のモンキー
（おおよそ）

バグを
探しているのではない

それよりかなり
悪いヤツだ

このコードには
蟹(crab)（気むずかし屋）がはびこっている

# 11章
# テストの時代

品質はタダである。ただし、品質に対して喜んでお金を出す人だけに対して。
——トム・デマルコ、ティモシー・リスター
『ピープルウェア』

テスト駆動開発（TDD：*Test-Driven Development*）は、人によっては宗教であり、コードを開発するための唯一の健全な方法です。一方、素晴らしいアイデアにもかかわらず、あまり実施されていないものでもあります。そして、純粋に無駄骨だと思っている人もいます。

テスト駆動開発とは、何なのでしょうか。

**テスト駆動**が何を意味し、単体テストが何であるかに関しては、いまだに曖昧です。しかし、テスト駆動開発は優れたソフトウェアを構築するための重要な技法です。優れたコードを書くために、その曖昧さを解消して、開発テストに対する健全な取り組み方を見つけましょう。

## なぜテストをするのか

それは分かりきったことです。私達は、自分のコードをテスト**しなければなりません**。

もちろん、プログラムを動作させなければ、そのプログラムが正しく機能するかを知ることはできません。コードを試すことなくリリースするほどの自信があるプログラマはほとんどいません。試すことを省略した場合、コードが最初から機能するのはまれです。QAチーム、もっと悪い場合はユーザが使ったときに、初めて問題が発見されます。

### フィードバックループを短くする

優れたソフトウェアを開発するには、プログラマはフィードバックを必要とします。できる限り頻繁かつ素早いフィードバックが必要です。優れたテスト戦略は、フィードバックループを短くするので、効率的に仕事ができます。

- コードが市場（しじょう）で使われて、正しい結果をエンドユーザへ返しているなら、コードが正しく機能していることが分かります。なぜなら、機能していなければ、ユーザは苦情をいってくるからです。もし、ユーザからの苦情が唯一のフィードバックループであれば、ソフトウェア開発は遅く、費用を要します。しかし、もっとうまい方法があります。
- 出荷**前に**正しさを保証するために、QAチームはリリース候補のソフトウェアをテストします。そうすることでフィードバックループが短くなります。フィードバックは素早く戻ってきますし、市場で費用を要する（恥ずかしい）間違いを犯すことを避けられます。しかし、もっとうまい方法があります。
- 新たなサブシステムをプロジェクトに統合する前に、そのサブシステムが機能するかを検査します。普通、開発者はアプリケーションを起動し、新たなサブシステムのコードをできる限りうまく実行しようとします。しかし、コードによってはそのようにテストするのが面倒なことがあります。その場合、そのコードを動作させる小さな別のテストハーネスを作成します。このような**開発テスト**（*development test*）はフィードバックループをさらに短くします。これにより、私達のコードが正しく機能しているかどうかを、そのコードに**取り組んでいる**ときに知ることができます。しかし、もっとうまい方法があります。
- サブシステムはさらに小さな単位で構成されています。クラスと関数です。そのレベルでコードの正しさと品質に関するフィードバックを得られるのであれば、フィードバックループがさらに短くなります。最も小さなレベルのテストで、最速のフィードバックが得られます。

フィードバックループが短ければ短いほど、素早く設計変更を繰り返すことができますし、コードに対する大きな自信が得られます。問題の存在を知るのが早いほど、修正は容易ですし、費用も少なくてすみます。なぜなら、その問題と関連するコードがまだ頭に残っており、コードの状態を思い出せるからです。

> **要点▶**　ソフトウェア開発を改善し、問題の発生にすぐ気付くためには、迅速なフィードバックを必要とします。優れたテスト戦略は短いフィードバックループを提供します。

（QAチーム、または自分の作成物を調べるプログラマによって行われる）手作業によるテストは、骨の折れる仕事で時間がかかります。コードに対して修正を行うごとに、手作業で全体をきちんとテストするには、多くの手順を繰り返し行う必要があります。

しかし、待ってください。繰り返され骨の折れる仕事はコンピュータが得意とするものです。ですから、テストを自動的に実行するためにコンピュータを使うことができます。それによりテストの実行は速まり、フィードバックループが短くなります。

短いフィードバックループを持つ自動化されたテストは、コードを開発するのに役立つだけではありません。一旦、テスト一式を持てば、それらのテストを捨てる必要はありません。テストを維持して、実行させ続けてください。そうすることで、テストコードは炭鉱のカナリアのように働きます。つまり、致命的になる前に問題を知らせてくれます。将来誰か（気分が悪い日のあなたかもしれません）がコードを修正して誤った振る舞い（機能的な退行）をもたらしたとしても、テストはすぐにそのことを指摘するでしょう。

## コードをテストするコード

理想としては、できるだけ多くの開発テストを自動化することです。**あなたが賢く働いて、骨の折れる働きはしないでください。**あなたがタイプしている最中にIDEは構文エラーを示すことができます。同じスピードでテストの失敗が示されたら素晴らしいことでしょう。

コンピュータはテストを素早く繰り返し実行でき、フィードバックループを短くします。UIテストツールでデスクトップアプリケーションを自動化したり、ブラウザに基づく技術を使ってテストできます。しかし、最も頻繁に行われる開発テストでは、プログラマは製品コード（SUT：*System Under Test*）を呼び出すプログラム的なテストの枠組みを使って、期待した通り製品コードが応答するかを検査します。

コードをテストするためのコードを書きます。それはメタ（*meta*）な活動です。

もちろん、これらのテストを書くことはプログラマの貴重な時間を使います。そして、書かれるテストの品質が、テストされるコードの品質を左右します。しかし、コードの品質を改善して、安全に書けるようにするテスト戦略を採用することは難しくありません。テスト戦略はコードを開発する時間を減らすのに役立ちます。テストを省いて急ごうとするほど、開発は遅くなります。調査によれば、健全なテスト戦略は実質的に障害の発生を減らすことが示されています[†1]。

壊れやすく理解が困難なテストを書いていて、テストされるコードが柔軟ではないために一つのメソッドの変更によって多くのテストを書き直す必要があれば、テストが開発を遅らせているのは確かです。しかし、それは質が悪いテストに対する議論であり、一般的なテストに対する議論ではありません（質が悪いコードに対する議論が、一般的なプログラミングに対する議論ではないのと同じです）。

## 誰がテストを書くのか

過去には、プログラマが書いたコードの検証を専門とする「単体テストエンジニア」の役割が議論されたことがあります。しかし、最も効果的な取り組みは、プログラマ自身が開発テストを書くことです。

結局のところ、あなたはコードを書きながらコードをテストします。

---

†1　David Janzen、Hossein Saiedian、"Test-Driven Development Concepts, Taxonomy, and Future Direction," *Computer* 38:9 (2005)。

**要点▶** ソフトウェアスタックと開発プロセスのすべてのレベルでテストが必要です。しかし、フィードバックループを短くし、できるだけ素早く容易に高品質のソフトウェアを開発するには、できる限り狭い範囲のテストを必要とします。

## テストの種類

テストには多くの種類があり、誰かが「単体テスト」について話している場合、たいてい他の種類のテストを意味していることがよくあります。私達は、次のように用語を定義しています。

**単体テスト**

単体テストは機能の最小「単位」を隔離してテストし、その単位で個別に正しく機能するかを確認します。コードの単一の単位（一つのクラスや一つの関数）を隔離して（すなわち、製品コードの他の単位が関係せずに）テストしていないのであれば、単体テストではありません。

この隔離では、単体テストは外部へのアクセスを含みません。つまり、データベース、ネットワーク、ファイルシステムの操作が実行されません。

単体テストのコードは、たいてい既成のxUnitスタイルのフレームワークを使って書かれます。すべての言語と環境はそのようなフレームワークを持っており、標準のフレームワークを持っている言語もあります。テストフレームワークといっても何も特別なことはなく、ごく普通のアサートで単体テストを書き始めることができます。フレームワークについては後で見ていきます。

**インテグレーションテスト**

インテグレーションテストでは、個々の単位が、どのようにして協調する機能の集まりに統合されているかを調べます。統合されたコンポーネントが結び付き、正しく相互に動作しているかを検査します。

インテグレーションテストは、たいてい単体テストフレームワークと同じもので書かれます。単体テストとの違いは、単にテスト対象のシステムの範囲です。多くの人々にとっての「単体テスト」は、実際にはインテグレーションレベルのテストであり、SUT内の一つ以上のオブジェクトを扱っています。実のところ、テストが存在しているという事実が重要であり、このテストを何と呼ぶかは重要ではありません。

**システムテスト**

**エンド・ツー・エンド**のテストとして知られているシステムテストは、システム全体の要求された機能の仕様と見なすことができます。システムテストは、統合されたソフトウェアに対して行われ、プロジェクトの受け入れ基準として使うことができます。

システムテストは、システムに対する公開APIと入り口を動作させるコードとして実装できますし、あるいは、ウェブブラウザの自動化を行うSeleniumなどのツールを使って外部からシステムを動作させることができます。アプリケーションのUI層を通して機能をすべてテストするのは現実的には困難です。その場合、インタフェースのロジックのちょうど下の層からコードを動作させる皮下テスト（*subcutaneous test*）を使います。

システムテストは広範囲なので、完全なテスト一式を実行するにはかなりの時間を要することがあります。ネットワーク通信や遅いデータベースアクセスがテスト時間の多くを占めるかもしれません。個々のシステムテストを行うために準備するSUTの起動と終了のコストは大きなものになります。

開発テストの各レベルではSUTに関する多数の事実を確認するために、それらの事実が成り立っていることを証明する一連のテストケースを準備します。

テスト駆動開発にはさまざまなスタイルがあります。たとえば、単体テスト指向でプロジェクトを主導できます。つまり、インテグレーションテストよりも多くの単体テストを実施し、システムテストよりも多くのインテグレーションテストが実施されるプロジェクトです。あるいは、システムテスト指向で主導されているかもしれません。つまり、単体テストが少ないプロジェクトです。どのレベルのテストも価値があり重要です。成熟したソフトウェアプロジェクトではすべてが存在すべきです。

## テストはいつ書くのか

用語TDDすなわち「**テスト駆動開発**（*test-driven development*）」は、「**テストファースト開発**（*test-first development*）」と同じものとして使われています。しかし、二つの目的は別です。テストを最初に書かなくても、テストによって得られたフィードバックから設計を「導く」ことができます。

しかし、テストを書くことを先延ばしにすれば、テストの効果的は少なくなります。つまり、コードがどのように動作するのかを忘れてしまい、境界値を処理しなかったり、さらにはテストを書くこと自体を忘れたりします。テストを書くことを先延ばしにするほど、フィードバックループは遅くなり効果が少なくなります。

テストファーストによるTDDは、XPの世界ではよく見られます。そのマントラは、「失敗するテストを書くまで、製品コードを一切書かない」です。テストファーストによるTDDのサイクルは次の通りです。

1. 新たに必要な機能を決めます。その機能に対してテストを書きます。もちろん、テストは失敗します。
2. テストが失敗した後に、できる限り簡単な方法で新たな機能を実装します。テストが合格したら新たな機能が使える状態になったことが分かります。コードを書きながら、テスト一式を何度も実行します。新たに小さな機能が追加され、さらにそのテストも小さいので、テスト一式は素早く実行されるはずです。

3. 次はしばしば見過ごされる重要な部分です。この段階でコードをきちんと整頓します。気に入らない共通性をリファクタリングします。優れた内部構造をもつようにSUTを再構築します。検証するためのテスト一式を持っているので、何も壊していないと完全な自信を持ってこれらを行えます。
4. ステップ1へ戻って、要求されたすべての機能に対して合格するテストケースを書き終えるまで、これらのステップを繰り返します。

テストファースト開発は、強力で短いフィードバックループの優れた例です。上記のサイクルは、テストの失敗と合格を赤と青のプログレスバーで表示する単体テストツールにちなんで、**レッド・グリーン・リファクタ**（*red-green-refactor*）サイクルと呼ばれています。

あなたがテストファーストのマントラを尊重していないとしても、フィードバックループを短く保って、コードの一部を書いている途中もしくは直後に単体テストを書いてください。単体テストは、設計を導くのに役立ちます。すべてを機能的に正しく保ち、退行を防ぐだけではなく、クラスのAPIが製品コードでどのように使われるかを知るための優れた方法です。これは、貴重なフィードバックです。また、クラスが一旦完成したら、テストはそのクラスの使い方に関する有益なドキュメントにもなります。

**要点▶** テスト対象のコードを書きながらテストを書いてください。テストを書くことを先延ばしにしないでください。先延ばしすると、テストは効果的ではなくなります。

早い段階で頻繁にテストを行うことは、単体テスト、インテグレーションテスト、システムテストの各レベルで実施できます。プロジェクトが自動化されたシステムテスト用の基盤を持っていなかったとしても、あなたが書いたコードを単体テストで、責任を持って検証することはできます。コストはかかりませんし、コードの構造が優れていれば、単体テストを書くことは簡単です[†2]。

テストを書くためのもう一つの最も重要な時期は、製品コードのバグを修正しなければならない時です。コードの修正を急いで行うのではなく、バグの原因を明らかにし失敗する単体テストを最初に書いてください。それからバグを修正してテストを合格させてください。そのテストはテスト一式へ追加され、そのバグを再び出現させない役割を果たします。

†2　コードの構造が優れていなければ、テストを書くことが、優れた構造へと導くのに役立ちます。

## テストはいつ実行するのか

見ただけで多くを知り得ます。
——ヨギ・ベラ

TDDを使って開発すれば、実装が正しくて要求を満たしてることをテストによって証明しながら、個々の機能を開発できます。

しかし、それだけがテストコードの目的ではありません。

製品コード**だけではなく**そのテストをバージョンコントロールへ追加してください。テストを捨てるのではなく、現存のテスト一式に加えます。期待通りにソフトウェアが機能し続けるためにテストは残り続けます。後になって誰かがコードにひどい修正を行ったとしても、テストはすぐにその事実を警告します。

すべてのテストは**継続的インテグレーション**（*continuous integration*）のツールチェーンの一部としてビルドサーバで実行されるべきです。単体テストは、開発者によって彼らの開発マシン上で頻繁に実行されるべきです。単体テストを容易に起動するためのショートカットを提供している開発環境もあります。ファイルシステムを走査してファイルに変更があった場合に単体テストを実行するシステムもあります。しかし、私はテストをビルド／コンパイル／実行のプロセスに組み込むことを好みます。もし単体テスト一式が失敗したら、コードのコンパイルは**失敗した**と見なされ、ソフトウェアは実行できません。こうすることで、テストを無視できなくなります。テストは、コードがビルドされるごとに実行されます。手作業でテストを実行する場合、開発者はテストの実行を忘れることがあったり、開発中にはテストが面倒だと避けたりします。

テストを直接ビルドシステムへ組み込むことは、テストを小さく保ち、速く実行させることも促進します。

> **要点▶** テストを早い段階で頻繁に実行してください。ビルドシステムにテストを組み込んでください。

インテグレーションテストとシステムテストは、コンパイルごとに開発者のマシンで実行するには時間がかかりすぎるかもしれません。その場合、CIのビルドサーバだけで実行するのが妥当かもしれません。

コードレベルの自動化されたテストがあっても、ソフトウェアのリリース前に実施されるQAチームによるレビューが不要になるわけではありません。どれだけ多くの単体テスト、インテグレーションテスト、システムテストを行っているかに関係なく、テストの専門家による探索的テストも大変重要です。容易に修正可能で防げる誤りはQAの時間を浪費します。自動化されたテスト一式はそのような誤りが入り込むのを防ぎます。つまり、QAの人達が見つけるものは、単純なバグではなく、**本当に**たちの悪いバグであるべきです。

**要点▶** 開発テストが優れていても、周到なQAのテストを置き換えるわけではありません。

## 何をテストするのか

アプリケーションで重要なことは何でもテストしてください。アプリケーションに対する要件を確認してください。

当然ながら、テストは個々のコード単位が要求された通りに振る舞い、正確な結果を返すかを検査しなければなりません。しかし、アプリケーションにとって性能が重要な要件ならば、コードの性能を監視するためのテストを用意すべきです。ある時間内にサーバが応答する必要があれば、その条件に対するテストを含めてください。

テストケースが実行する製品コードの**カバレッジ**（*coverage*）を重要視したい場合、カバレッジを調べるためにツールを実行します。しかし、カバレッジは、指標としてはひどいものになりがちです。カバレッジを追い求めると、製品のすべての行を網羅しようと苦心してテストコードを書くことに、注意が大きくそらされます。テストでは、最も重要な振る舞いとシステムの特性に焦点を当てることが重要です。

## 優れたテスト

優れたテストを書くには、実践と経験が必要です。しかし、ひどいテストを書くことはあります。最初からそのことを過剰に心配しないでください。テストがひどいものになることを恐れて何もしないよりも、テストを実際に書き始めることが重要です。テストを書き始めてください。そうすれば学び始められます。

ひどいテストはお荷物になります。つまり、資産ではなく負債です。ひどいテストを実行するのに長い時間を要するのであれば、コードの開発を遅らせます。読むのが困難なテストが、単純なコードの変更により動作しなくなるのであれば、コードの修正を行うことは困難です。

テストの実行時間が長くなれば、テストを実行する頻度は少なくなり、テストも使うことが少なくなり、テストから得るフィードバックも少なくなります。その結果、テストが提供する価値も少なくなります。

私はかつて、大規模な単体テストを持つコードベースを引き継いだことがあります。最初は、テストがあることは素晴らしいと思えました。しかし実際には、それらのテストは製品コード以上にひどいレガシーコードでした。どのようなコードの修正でも、数百行のテストメソッドで何らかの失敗を引き起こしました。テストメソッドは込み入っており、理解するのが困難でした。幸い、このようなことを経験するのはまれです。

**要点▶** ひどいテストは負債であり、効果的な開発を妨げます。

優れたテストの特性は次の通りです。

- 短く明瞭な名前。したがって、テストが失敗したときには、何が問題であるかを容易に特定できる（たとえば、新たなリストが空）。
- 保守可能。つまり、書くのも、読むのも、修正するのも容易。
- 素早く実行できる。
- 更新されていて最新である。
- 事前のマシン設定なしで実行できる（たとえば、ファイルやディレクトリを準備したり、実行前にデータベースを設定したりする必要がない）。
- 以前に実行した、あるいは以後に実行する他のどのテストにも依存しない。また、外部の状態や共有された変数に依存しない。
- **本物の**製品コードをテストする（古くなっていた製品コードのコピーに対して動作している「単体テスト」を見たことがあります。そのようなテストは役立ちません。テストビルドでSUTに追加された特別な「テスト用」のロジックも見たことがあります。それも、実際の製品コードのテストではありません）。

逆に、ひどいテストの特性は次の通りです。

- 時々実行され、時々失敗するテスト（スレッドや特定のタイミングに依存して競合を起こすコード、外部の依存先、テスト一式内での実行されるテストの順序、あるいは共有された状態への依存によって失敗するコードです）。
- 見栄えがひどく、読むのも修正するのも困難なテスト。
- 大きすぎるテスト（大きなテストを理解するのは困難です。また、設定するために数百行のコードが必要なSUTは明らかにきちんと分離されていません）。
- 単一のテストケースで二つ以上のことを行っているテスト（一つの「テストケース」は**単一**の機能を確認すべきです）。
- クラスのAPIを、振る舞いごとではなく、関数ごとに確認しているテスト。
- 自分達で作成していないサードパーティのコードに対するテスト（サードパーティのコードが信頼できないなら行う必要はありません）。

- クラスの主となる機能や振る舞いを網羅しておらず、あまり重要ではないテスト群に埋もれているテスト（そうであれば、おそらくクラスが大きすぎます）。
- 意味のない細かすぎることを検査しているテスト（たとえば、プロパティのゲッターとセッター）。
- SUTの内部の実装詳細に関する知識、すなわち「ホワイトボックス」の知識に依存しているテスト（これは、テストを変更せずに実装の変更ができないことを意味します）。
- 特定のマシンでしか動作しないテスト。

ひどいテストの臭いは、ひどいテストを示しているだけではなく、テスト対象のコードがひどいことを示していることもあります。これらの臭いに気づいて、コードの設計を改善することに役立てるべきです。

## テストはどうのように見えるのか

使われるテストフレームワークによって、テストコードの書き方が決まります。テストフレームワークは、構造化された前処理や後処理の機構を提供したり、個々のテストを大きな**フィクスチャ**（*fixture*）へとグループ化する方法を提供したりします。

個々のテストでは慣習的に、何らかの準備を行い、それから操作を行い、そして最後にその操作の結果を検証します。これは、**アレンジ・アクト・アサート**（*arrange-act-assert*）パターンとして広く知られています。単体テストでは、アサートの段階で一つの検査だけを行います。もし、複数のアサーションを書く必要があれば、テストは単一のテストケースを行っていないのかもしれません。

次は、このパターンに沿ったJavaの単体テストメソッドの例です。

```
@Test
public void stringsCanBeCapitalised()
{
    String input    = "This string should be uppercase."; ❶
    String expected = "THIS STRING SHOULD BE UPPERCASE.";

    String result = input.toUpperCase();                  ❷

    assertEquals(result, expected);                       ❸
}
```

❶ アレンジ：入力を準備

❷ アクト：操作を行う

❸ アサート：操作の結果を検証する

このパターンを維持することで、テストが明確になり、読みやすく保つことができます。

もちろんこのテストでは、文字列の大文字化の利用と誤用など、すべての入力を網羅しているわけではありません。他の入力と期待値を網羅するには、もっと多くのテストが必要です。それぞれのテストは、一つのメソッド内に書かれるのではなく、新たなテストメソッドとして追加されるべきです。

## テスト名

よいテストは単純な文として読める名前を持っています。もし、テストケースに名前を付けづらいのであれば、おそらく、要件が曖昧か、複数のことをテストしようとしています。

テストメソッドがテストであるという事実は、(前に見た`@Test`などの属性から)暗黙的に示されているので、名前に単語`test`を加える必要はありません。前の例では、`testThatStringsCanBeCapitalised`と名付ける必要はありません。

テストがコードの仕様のように読めることを想像してください。つまり、テストのそれぞれの文は、SUTが行うことを示します。should(すべき)といった曖昧な言葉やmust(違いない)といった価値を付加しない言葉は避けてください。製品コードで名前を考える時と同じように、冗長で不必要に長い名前は避けてください。

ただし、テスト名は製品コードと同じスタイル規約に従う必要はありません。テスト名はそれ独自のドメイン固有言語を構成します。長いメソッド名やアンダースコアが使われるのをよく目にします。C#やJavaなどのアンダースコアがイデオム的ではない言語においてさえもです(その理由は、`strings_can_be_capitalised`の方が読みやすいということです)。

## テストの構造

テスト一式が、コードの重要な機能を網羅するようにしてください。「正常な」入力の場合、そしてよく発生する「エラーの場合」、代表的な例としては空あるいはゼロの状態である境界値で起きることを考慮に入れてください。システムテストとインテグレーションテストでシステム全体のすべての要件と機能を網羅し、単体テストですべてのコードを網羅することを目指すのが健全な目標です。しかし、それには努力が必要です。

まず、テストを複製しないでください。テストの複製は、労力、混乱、および保守コストを増加させます。個々のテストケースは一つの事実を検証します。つまり、二つ目のテストや他のテストの一部として再び検証する必要はありません。最初のテストケースがオブジェクトを構築した後に事後条件を検査しているのであれば、その事後条件は他のすべてのテストケースでは成り立っていると想定できます。つまり、オブジェクトを構築するごとにその検査を行う必要はありません。

よくある誤りは、五つのメソッドを持つクラスを見て、個々のメソッドを動作させるために個別のテストを五つ必要だと考えることです。これは単純すぎる取り組み方です。機能に基づくテストが有益なことはまれです。なぜなら通常、単一のメソッドを他から隔離してテストできないからです。そのメソッドを呼び出した後に、オブジェクトの状態を調べるために他のメソッドを使う必要があります。

代わりに、コードの特定の振る舞いを一通り実行するテストを書いてください。そうすることで、明瞭なテストの集まりになります。

## テストを保守する

テストコードは製品コードと同じくらい重要なので、その形と構造をよく考えてください。テストコードがひどいものになったら、リファクタリングしてきれいにしてください。

クラスの振る舞いを変更して、そのテストが失敗したときに、テストが実行されないようにコメントアウトしないでください。つまり、テストを保守してください。テストをきちんと動作させる努力を怠って、「時間を節約」するという誘惑に駆られるかもしれません。しかし、ここでの軽率な行為は、後でしっぺ返しとなって跳ね返ってきます。

あるプロジェクトで、私は同僚から一通の電子メールを受け取りました。それは、「私はあなたのXYZクラスに取り組んでおり、単体テストが動作しなくなったので、単体テストをすべて取り除きました」というものでした。私はこれに驚き、どのテストが取り除かれたかを調べました。残念ながら、それらは新たなコードの基本的な問題を指摘している重要なテストケースでした。したがって、私はテストコードを戻して、コードの修正も元に戻しました。それから、私達は要求された機能に対する新たなテストケースを一緒に作成し、古いテストと新たなテストを満たすバージョンを再実装しました。

**要点▶** テスト一式を保守し、テストが行っていることに注意を払ってください。

## テストフレームワークを選ぶ

単体テストやインテグレーションテストのテストフレームワークは、テストの作り方を決め、使えるアサーションと検査のスタイルやテストコードの構造を決めます（たとえば、任意の関数でテストが書けたり、テストフィクスチャのクラス内でメソッドとして書けたりです）。

したがって、優れた単体テストフレームワークを選ぶことが重要です。複雑で手に負えないようなフレームワークを選ばないようにしてください。単純なアサートで多くのテストが行えます。私は、たいてい`main`メソッドと一連の`assert`で、新たなプロトタイプのコードのテストを書き始めます。

ほとんどのテストフレームワークは、Kent BackによるSmalltalk SUnitから生まれた「xUnit」モデルに従っています。このモデルはSUnitが移植された（Java用の）JUnitで広まりました。現在では、NUnit（C#）やCppUnit（C++）のように、ほとんどの言語にはほぼ同じモデルの実装があります。この種のフレームワークが常に理想的とは限りません。xUnitスタイルのテストは、言語によっては慣用的ではないコードになってしまいます（たとえば、C++ではぎこちなく時代遅れです。もっとうまく機能するテストフレームワークがあります。たとえば、Catch[†3]を検討してください。）

---

†3 Catch単体テストフレームワーク（`https://github.com/philsquared/Catch`）。

成功と失敗を明確に示す赤と緑のバーを持つGUIを提供するフレームワークもありますが、これは好き嫌いがあります。私は、開発テストのために別のUIや異なる実行ステップを必要とすべきではないと考えています。理想的には、それらはビルドシステムに適切に組み込まれるべきです。フィードバックは他のコードエラーと同じように、直ちに報告されるべきです。

システムテストには別の形式のテストフレームワークを使うことが多く、Fit（`http://fit.c2.com/`）やCucumber（`https://cucumber.io/`）などのツールが使われています。これらのツールは、プログラミング的ではなく、人に分かりやすくテストを定義し、プログラマではない人達がテストや仕様の作成プロセスに参加できるようにしています。

## コードは孤島ではない

単体テストを書く場合、「テスト対象のシステム」内に、隔離されたコード単体を入れることを目指します。そうすることで、コード単体に対するテストはシステムの残りの部分がなくても実行できます。

一つのコード単体と外の世界とのやり取りは、二つの契約を通して表現されます。外部に提供するインタフェースと自身が期待するインタフェースです。単体テストは他の何ものにも依存してはいけません。特に、共有されたグローバルな状態やシングルトンのオブジェクトに依存してはいけません。

> **要点▶** グローバル変数とシングルトンのオブジェクトは、信頼性の高いテストに対しては禁物です。隠れた依存性を持つ単体をテストすることは容易ではありません。

コード単体が**提供**するインタフェースは、そのAPIにおける単なるメソッド、関数、イベント、プロパティです。おそらく、コールバックインタフェースも提供しています。

コード単体が**期待**するインタフェースは、そのAPI を通して協調するオブジェクトにより決まります。それらは、公開メソッドのパラメータ型や購読しているメッセージです。たとえば、`Date`パラメータを必要とする`Invoice`クラスは、`Date`のインタフェースに依存しています。

クラスが協調するオブジェクトは、コンストラクタのパラメータとして渡されるべきであり、**上位からのパラメータ化**（*parameterise from above*）として知られている方法です。この方法により、クラスの内部で他のコードに結び付くといった依存性を避けて、クラスの生成者によってその結び付きを設定できます。協調するオブジェクトが具象型ではなく**インタフェース**によって記述されているのであれば、テストできるつなぎ目を持っています。つまり、代替のテスト実装を提供できます。

これは、テストによってコードが優れた設計に至ることを示しています。テストは、直接の結び付きと内部的な結び付きが少ないコードを求めます。必要以上に多くの機能を提供しているクラス全体に依存するのではなく、特定の協調を記述している最小限のインタフェースに依存するのはよい習慣です。

**要点▶**　コードを「テスト可能」にすることは、優れたコード設計につながります。

外部インタフェースに依存しているオブジェクトをテストする場合、そのインタフェースの「ダミー」のバージョンをテストケースで使うことができます。テストの世界ではさまざまな用語が使われていますが、たいてい**テストダブル**（*test double*）と呼ばれています。さまざまな形式のダブルがありますが、最も よく使うのは次の通りです。

**ダミー**

ダミーオブジェクトは、たいてい中身が空です。つまり、テストはそれらを呼び出しませんが、パラメータのリストを満たすために存在しています。

**スタブ**

スタブオブジェクトはインタフェースの単純な実装であり、たいていあらかじめ用意された値を返します。また、呼び出しに関する情報を内部に記録することもあります。

**モック**

モックオブジェクトはテストダブル国の王様であり、さまざまなモックライブラリにより提供される仕組みです。モックオブジェクトは、名前付けされたインタフェースから自動的に生成できますし、SUTがどのように使うかを事前にモックオブジェクトに教えることもできます。SUTのテスト操作が行われた後に、SUTの振る舞いが期待通りであったかを検証するためにモックオブジェクトを調べることができます。

さまざまな言語がモックフレームワークに対するサポートを提供しています。リフレクション（*reflection*）を持つ言語でモックを合成するのが最も簡単です。

モックオブジェクトをうまく使えば、テストが簡潔で明瞭になります。しかし、多くの便利な機能を使いすぎることがあります。多くのモックオブジェクトを複雑に使うことでごちゃごちゃになっているテストは、理解するのが難しく、保守するのが困難になります。**モックマニア**（*mock mania*）とはひどいテストコードにある別の臭いであり、SUTの構造が正しくないことを示しています。

## 結論

品質を気にかけないのであれば、他のどのような要求でも満たせる。
――ジェラルド・M・ワインバーグ

テストは優れたコードを書くことを助けてくれます。そしてコードの品質を維持することを助けてくれます。テストはコードの設計を主導し、コードの使い方をドキュメント化する役割を果たします。しかし、テストがソフトウェア開発でのすべての問題を解決するわけではありません。Edsger Dijkstraは、「プログラムのテストはバグの存在を示すが、バグが存在しないことを示すためには使えない」と述べています。

完璧なテストはありませんが、テストの存在は、あなたが書くコードだけではなく、保守するコードに対しても自信をつける役割を果たします。ただし、開発テストに注ぎ込む努力にはトレードオフがあります。自信を得るためにテストを書くことにどれだけの努力を注ぎますか。全体としてのテスト一式の品質は、その中に含まれるテストの品質により決まります。重要なケースを見落としていることはあります。その結果、製品としてリリースされて、問題を流出させます。したがって、テストコードは製品コードと同じくらい注意深くレビューされるべきです。

それでもなお、結論は単純です。書く価値がある重要なコードであれば、それが十分にテストされることが重要です。したがって、製品コードに対して開発テストを書いてください。コードの設計を**主導する**ために開発テストを使ってください。製品コードを書きながらテストを書いてください。そして、それらのテストの実行を自動化してください。

フィードバックループを短くすることが大切です。

テストは基本であり重要です。この章ではテストの概要を簡単に説明し、テストを書くことを奨励したに止まっています。優れたテスト技法について、より深い知識とテクニックを身につけてください。

## 質問

1. 今までに触れたテストのスタイルは何種類ありますか。
2. テストファースト、あるいはコーディング後（直後）のテストでは、どちらが最善のテスト開発技法ですか。それはなぜですか。あなたの経験に照らし合わせるとどうですか。
3. 高品質なテスト一式を作成するために、専門の単体テスト作成エンジニアを雇用するのはよい考えですか。
4. なぜQA部門はあまりテストコードを書かずに、テストスクリプトを実施して探索的テストを行うのでしょうか。
5. 自動化されたテストが今まで行われていないコードベースに対して、テスト駆動開発を導入する最善の方法は何ですか。どのような問題に直面すると考えますか。
6. **振る舞い駆動開発**（*Behaviour-Driven Development*）を調査してください。それは、「伝統的な」TDDとはどのように異なっていますか。それはどのような問題を解決しますか。それはTDDを補完しますか、それとも置き換えますか。それは、あなたのテストが向かう方向ですか。

## 参照

- **21章 ゴールポストを抜ける**：プログラマによるテストは、テストを行うQAチームに渡すリリースに対して、自信を向上させます。

- **2章 見かけのよい状態を維持する**：優れたコードのレイアウトと表現は、製品コードと同じようにテストにおいて欠くことができません。
- **9章 予期せぬことを予期する**：コードが予期していない「起こりそうにない」シナリオに対してテストケースを含めることは重要です。
- **10章 バグ狩り**：デバッグのプロセスのガイドとしてテストを使います。
- **13章 二つのシステムの物語**：単体テストがコードの品質を改善するためにどのように役立つかの例です。

**やってみる**

まだ始めていないのであれば、今日からコードに対する単体テストを書き始めてください。すでにテストを使っているのであれば、テストがコードの設計について教えて、主導してくれることに注目してください。

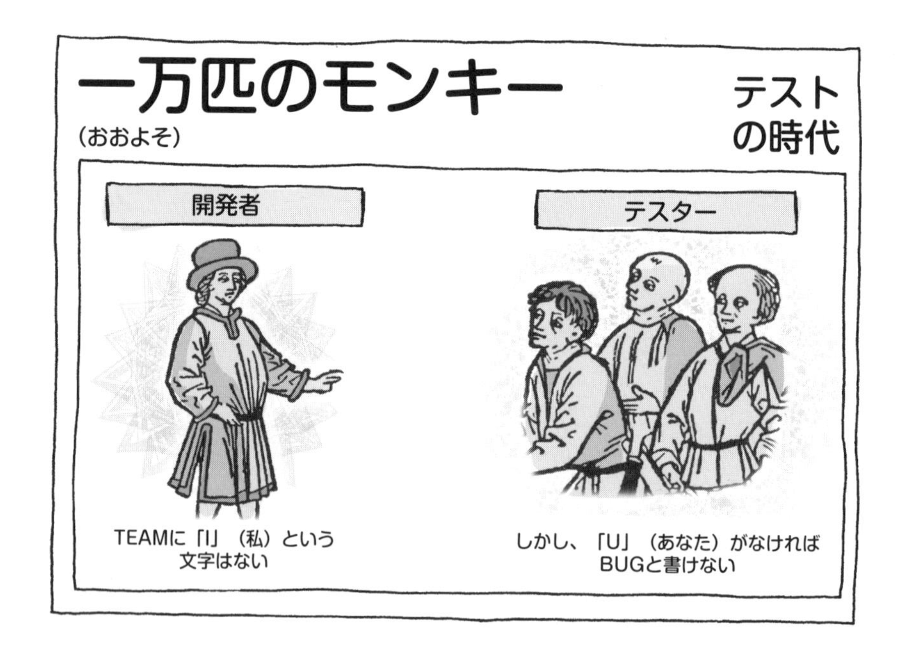

# 12章
# 複雑さに対処する

単純さは素晴らしい美徳であるが、単純さを達成するための努力と、
単純さの真価を認めるための教育を必要とする。
そして、物事を悪化させるには、複雑にするのがよい。
——エドガー・ダイクストラ

コードは複雑です。私達全員は、この複雑さと日々戦わなければなりません。

複雑なコードを書くことは簡単にできてしまいます。注意を払っていないときにも起きます。事前に十分に計画していないときにも起きます。「単純な」問題に取り組み始めたけれど、めったに発生しないケースを見つけたことで、それを反映するためにアルゴリズムを拡張した時にも複雑さは発生します。

私の観察では、ソフトウェアの複雑さは三つの原因から発生します。まず、ブロブ（*blob*）と線。

そして、それらを組み合わせたときに得られるもの、すなわち人です。

この章ではそれぞれを見ていき、優れたソフトウェアを書くために何を学べるかを見ていきます。

## ブロブ

私達が考えるべきソフトウェアの複雑さの最初の部分はブロブ、すなわち私達が書くコンポーネントに関連しています。このブロブの大きさと数が複雑さを決定します。

ソフトウェアの複雑さは、大きさによってもたらされる結果です。プロジェクトが大きくなればなるほど、必要なブロブの数は増えて、理解するのも扱うのも困難になります。これは、**必然的な**複雑さです。

しかし、多くの不必要な複雑さも面倒を引き起こします。私は、数千行からなる一つのクラス宣言をしているC++のヘッダーファイルに尻込みする経験を数え切れないほどしてきました。この怪物のようなクラスが何を行っているかについて、普通の人が理解できるわけありません。これは間違いなく不必要な複雑さです。

時々、これらの巨大な怪物は「ウィザード」により自動生成されています(顕著な例は、GUI構築ツールです)。しかし、非難すべきはツールだけではありません。危険なコーダー集団は、熟考せずにコードの怪物を生み出すことがあります。(実際、思考の欠如は、たいていこのような忌まわしい怪物が原因です。)

したがって、私達は**必要な**複雑さを管理する必要があります。

大きさそのものは敵では**ない**と認識することが重要です。三つのことを行わなければならないソフトウェアシステムであれば、それら三つのことを行うコードをシステムに入れる必要があります。もし、複雑さを減らすために入れるべきコードを取り除いたとしたら、別の問題を抱えます。(それは、単純というより**極端に割り切りすぎている**のであり、よいことではありません。)

大きさそのものは問題ではありません。要件を満たすのに十分なコードが必要です。問題はコードをどのように構築するかです。そして、その大きさをどのように分散させるかです。

あなたが強大なシステムに取り組み始めたと想像してください。そして、怪物のようなクラス構造が次のようなものだと知ったとします。

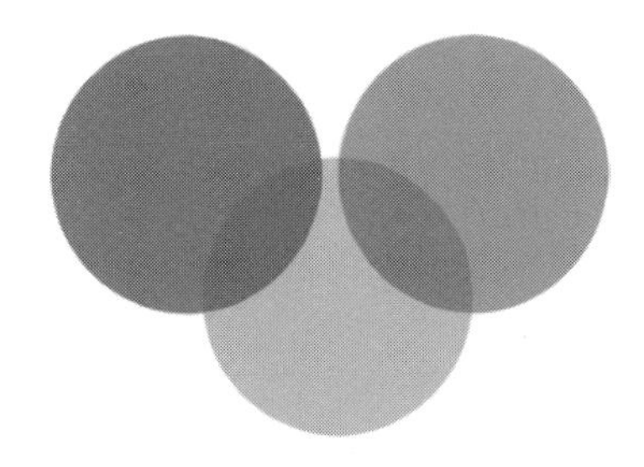

全部で三つのクラス。これは複雑なシステムですか。

一つのレベルでは、複雑にはみえません。三つの部品があるだけです。それを理解することが、どうして困難になるのでしょうか。

事実、これは美しくて単純な設計に見えます。数秒で他の人に説明できるでしょう。

しかし、これらの部品のそれぞれは大きくて難解でしょうし、おそらく内部の接続とスパゲッティのロジックをたくさん持っているので、それらに現実的に取り組むのが難しくなります。したがって、これは**極度に単純化された**設計の背後に隠された**複雑な**システムです。

優れた構造、つまり理解と保守が容易な構造は、これらの三つの部分を「モジュール」として見なし、さらに他の部品へと分割します。つまり、パッケージ、コンポーネント、クラス、すなわち意味がある抽象化へと分解します。次のようなものです。

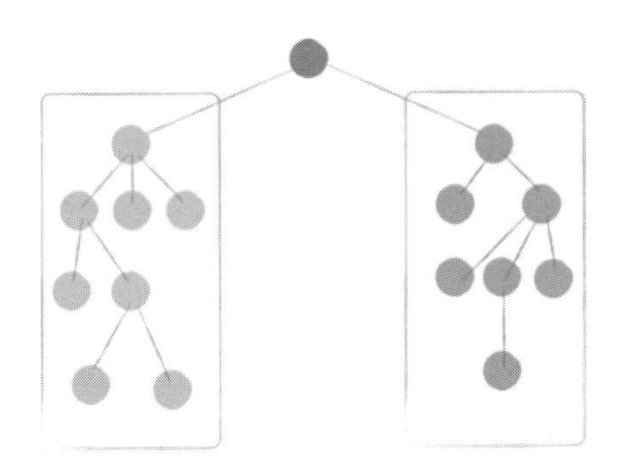

これは、よい感じです。大きな全体へと結び付けられた、多くの小さな（そのため理解可能で扱いやすいであろう）コンポーネントのように見えます。私達の脳は、問題をこのような階層に分割し、抽象化することで論理的に考えることに向いています。

このような設計は、深い理解と優れたモジュール性をもたらします（腕まくりをして単一の巨大なクラスに飛び込むのではなく、システムの機能の一部に関して、それが関係している小さな部分を特定することで取り組むことができます）。私達は、少ない数、なるべくなら一つだけを行う優れた凝集度を持つクラスを好みます。

このような設計が単純であるためには、個々のブロブに正しい**役割と責務**を持たせることです。すなわち、単一の責務が、システムに全体に広がっているのではなく、システムの単一の部分に存在することが重要です。

## ケーススタディ：ブロブの複雑さを減らす

私がソフトウェアの複雑さを減少させた経験で好きだったものは、二つの大きなオブジェクトを持つコードの複雑さを減らしたことです。それらは、相互に関連していてほぼ一つの同じクラスでした。

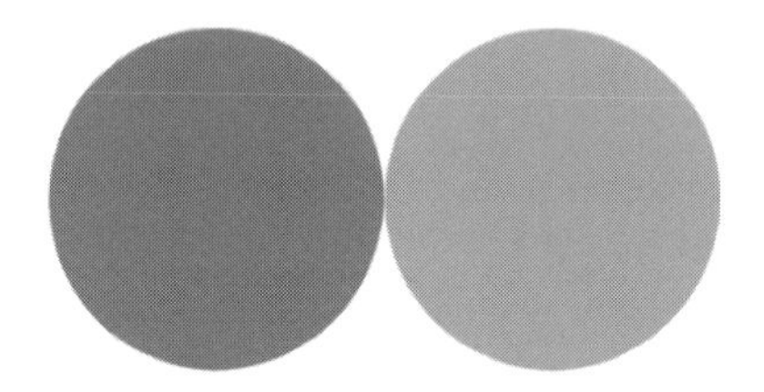

私はオブジェクトの一つを削り取り始めて、数百個の未使用の「ヘルパー」メソッドを含んでいたことに気づきました。そして、無慈悲にそれらを取り除きました。次が単純になったコードです。

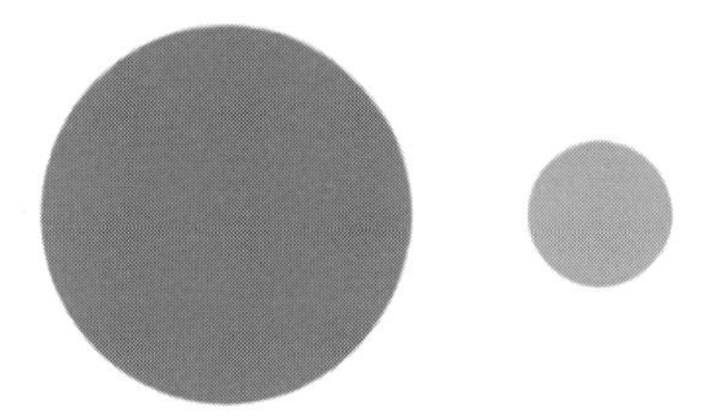

これで、オブジェクトの残りを理解できるようになり、メソッドの多くがもう一つのオブジェクトへ転送していたことがはっきりしました。したがって、私はそれらのメソッドを取り除いて、呼び出しているコードをすべて修正して、もう一つのオブジェクトを呼び出すようにしました。すると、二つのメソッドだけが残りました。一つはもう一つのオブジェクトに属しており、残りの一つは単純に非メンバー関数であるべきでした。

結果はどうなったのでしょうか。

単純なクラス設計です。これにはあなたも同感だと思います。

もちろん、次のステップは残ったブロブを分解することです。しかし、それは別の話です。(そして、面白いものではありません。)

# 線

ブロブについて考えてきました。つまり、作成するコンポーネントとオブジェクトです。ジョン・ダンの言葉[†1]を言い換えると、「コードは孤島ではない」です。複雑さはブロブから単独で生まれるのではなく、どのように結び付いているかによって生まれます。

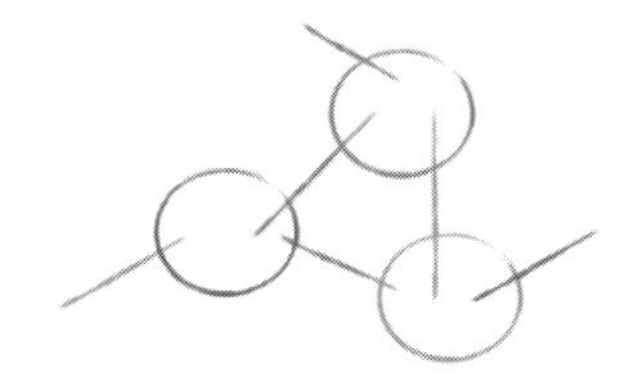

ソフトウェアの設計は、線が少ない時は単純です。ブロブ間に多くの接続があればあるほど(つまり、強い結合であれば)設計は硬直し、システムに取り組むときに理解しなければならないブロブ間の相互作用が増えます。

基本的なレベルでは、結び付きがないオブジェクトから構成されているシステムが最も単純です。しかし、それは、単一のシステムではなく、別々のシステムです。

接続を追加することで、実際のソフトウェアシステムを構築します。多くのブロブを追加して、その間の線を追加すれば、システムは複雑になります。

ソフトウェアの相互接続の構造は、取り組みやすさに劇的な影響を与えます。私が実際に取り組んだことのある、次の構造を考えてみてください。

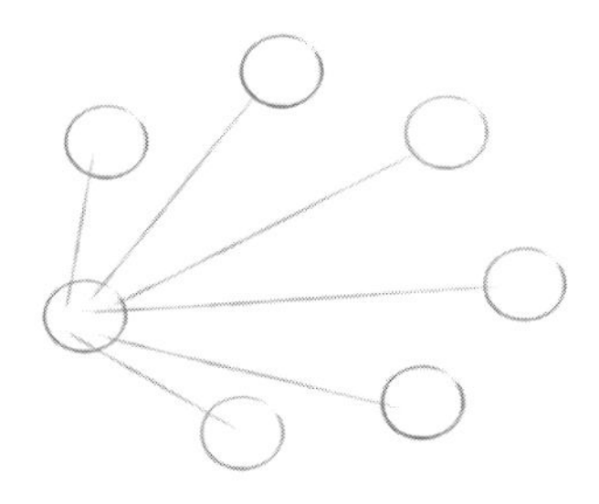

†1　訳注：ジョン・ダン(John Donne)の言葉「No man is an island(人間は孤島ではない)」を指す。人間は単独で存在する孤島ではないという意味。

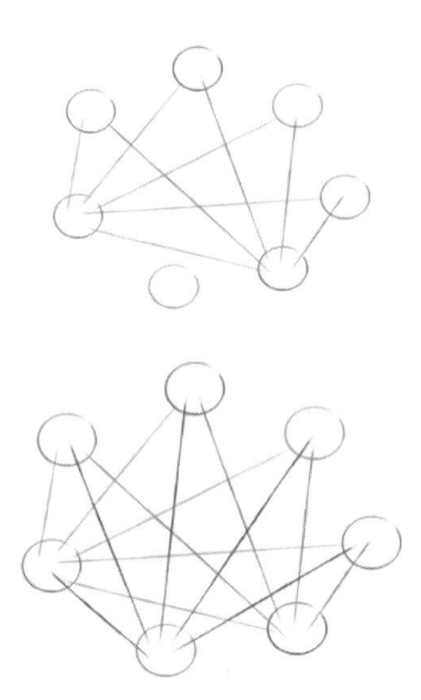

これらの図のどれが単純に見えますか。最後の構造に取り組んだときに、私の頭は爆発しました。

接続を詳細に示すことで、複雑さがグラフ内の循環から生まれていることが分かります。一般的に、循環した依存は最も複雑な関連です。オブジェクトが相互に依存している場合、それらの構造には柔軟さがなく、変更が容易ではありません。そして、たいてい取り組むのが困難です。一つのオブジェクトへの変更は、他のオブジェクトの変更を必要とします。複数のオブジェクトがほぼ一つのエンティティになります。その結果、保守するのが困難になります。

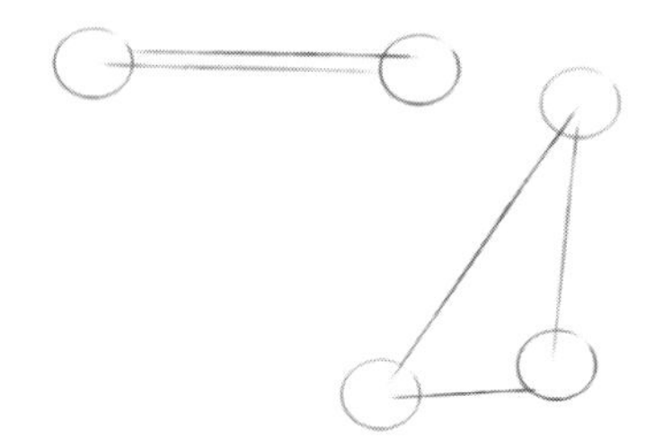

このような循環している関係は、接続の一つを断ち切ることで単純化できます。そして、オブジェクト間の結合を減らすために新たな抽象インタフェースを導入することによって断ち切れます。

このような構造は、組み立てやすさを向上させ、柔軟性をもたらし、テストをしやすくさせます（これらの抽象インタフェースの背後のコンポーネントのテスト版を作ることができます）。そして、これら

の関係を分かりやすくするために名前付けされたインタフェースを使います。

私が長い期間、取り組んだ最もひどいシステムの一つは、次のようなものでした。

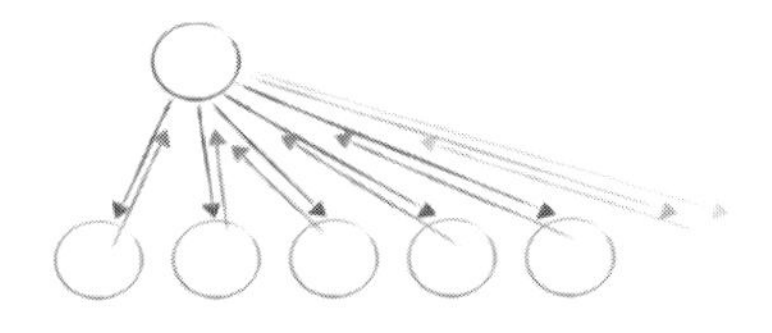

表面的には単純なモデルに思えます。一つの親オブジェクトが「システム」を表しており、子オブジェクトのすべてを作成しています。しかし、それぞれの子オブジェクトには、親オブジェクトへの逆参照が渡されているので、子オブジェクトは他の子オブジェクトへアクセスできました。この設計はほぼすべての子オブジェクトがすべての兄弟に依存し、密な結合を可能にし、システム全体を一つの硬直した形に固定していました。

Michael Feathersはこのことを、既知のアンチパターンである「分散した自己（*distributed self*）」だと私に説明してくれました。それに対して私は別の名前を持っていましたが、その名前を示すのは礼儀に反するのでここでは示しません。

## そして最後に、人々

ソフトウェアの複雑さは、ブロブと線の構造に依存しています。

しかし、ブロブと線は自ら生まれてくるのではないことに注意してください。構造自体に問題はありません。責任は、そのコードを**書いている人**にあるのです（そう、それは温和な読者であるあなたです）。複雑さを生み出したり、やっかいな問題を単純な解法へと導く力を持っていたりするのはプログラマです。

人々は、複雑なコードを書くことを目指してはいません。堕落した同僚があなたの人生に多くのストレスをもたらすことを計画していると考えるかもしれません。しかし、複雑さは偶発的であり、誰かが故意に追加することは**まれ**です。

ソフトウェアの複雑さは、多くは歴史的産物です。つまり、リファクタリングに許される時間がなくて、プログラマがシステムを拡張し続けるのです。あるいは、「捨てるべきプロトタイプ」が製品システムになるのです。そして、再び作り直す機会がないまま、使われるようになります。

ソフトウェアの複雑さは、実世界で働いている人間によって引き起こされます。複雑さを減らす唯一の方法は、仕事上のプレッシャーと戦いながら、コードの取り扱いが困難な構造にならないように責任を持って努めることです。

## 結論

ソフトウェアの複雑さの領域を少し散歩して、ブロブ（ソフトウェアのコンポーネント）や線（コンポーネント間の接続）から複雑さが発生していることを見てきました。しかし、ソフトウェア怪物を作り出している人が、最大の原因であることも見てきました。

もちろん、複雑さはシングルトン（*Singleton*）のデザインパターンからも生まれています。もう、誰もこのパターンを使ってはいませんよね。

### 質問

1. コード設計では、単純であることがなぜ優れているのですか。設計における単純さとコード**実装**における単純さの間に違いはありますか。
2. コードにおける単純さを得るためにはどのように努力しますか。単純さを達成したとどのようにして分かりますか。
3. 接続の性質は、接続の数と同じように問題になりますか。どの接続が他の接続よりも「優れて」いますか。ソフトウェアの複雑さが人と人との間の問題から生まれるのであれば、どのように対処できますか。
4. **必要な**複雑さと**不必要な**複雑さの違いをどのように説明できますか。
5. 多くのプログラマが自分のソフトウェア設計がもっと単純であるべきだと分かっているとしたら、単純なコードを作らせるためには、どのような後押しができますか。

### 参照

- **16章 単純に保つ**：複雑さの反対側、すなわち単純さです。この章では単純な設計を構築するための考え方を説明します。
- **34章 人々の力**：複雑さを作り出すのは人です。無秩序を促進するのではなく、減らす人達と働くことを目指してください。
- **7章 汚物の中で転げ回る**：不必要な複雑さは、理解するのが難しく始末に負えないコードを生み出します。
- **19章 コードを再利用するケース**：コードを再利用するための正しい戦略を活用することは、複雑さを減らすのに役立ちます。誤った戦略は、複雑な塊を作り出します。
- **13章 二つのシステムの物語**：単純な設計と対比した複雑な設計の例と、それぞれの設計の結果を示します。

### やってみる

最近、あなたが不必要な複雑さをどのようにしてコードに入れてしまったかを振り返ってみてください。それに対してどのように対処できますか。

# 一万匹のモンキー
（おおよそ）

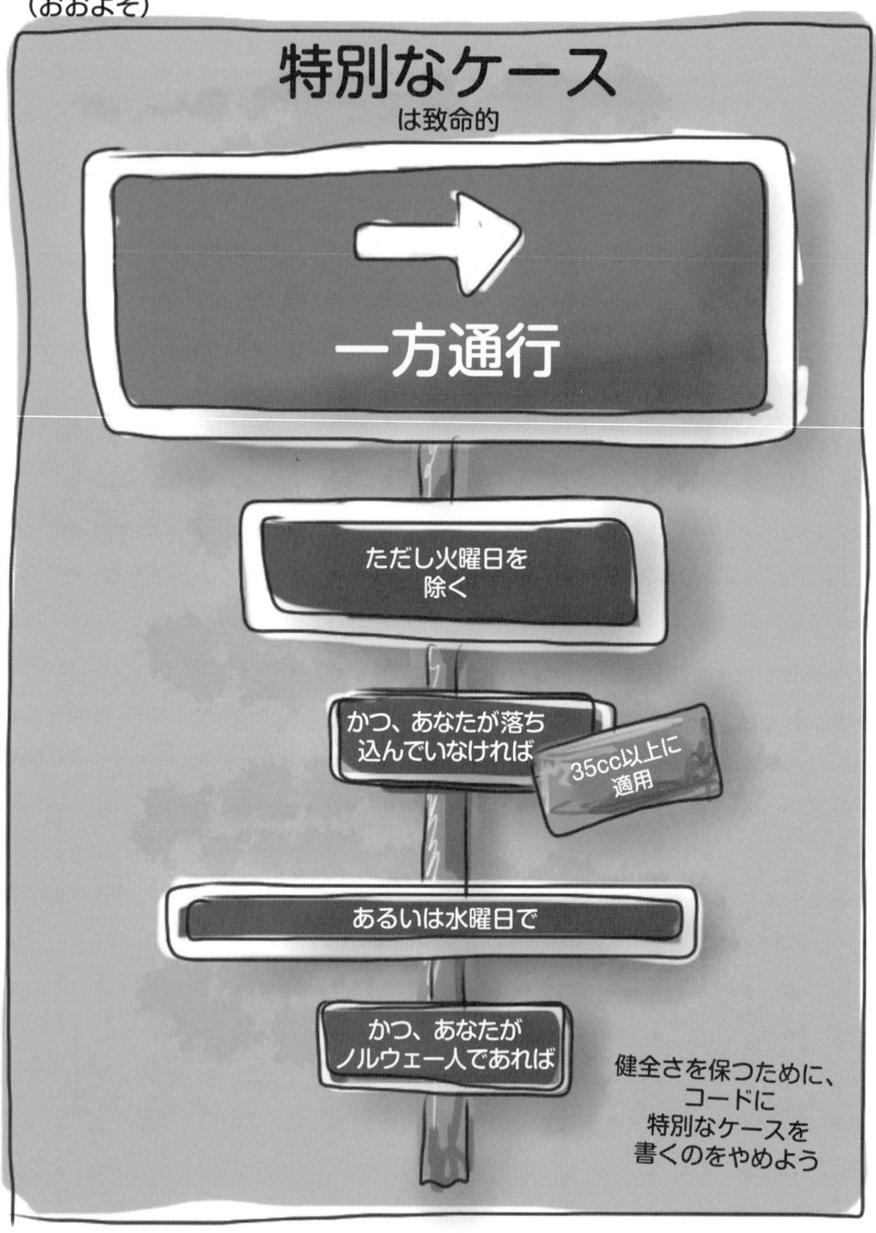

# 13章
# 二つのシステムの物語

建築は、空間を無駄にする方法の芸術である。
——フィリップ・ジョンソン

ソフトウェアシステムは都市のようなものです。幹線道路とホテル、裏道とビルの複雑なネットワークです。混雑した都市では多くのことが行われています。制御の流れは継続的に生まれ、流れは都市の中に流れ込み、そして消えていきます。多くのデータが集められ、蓄えられ、そして破棄されます。さまざまなビルがあります。高く美しいビルやずんぐりだけれど機能的なビルもあります。しかし、他のビルは老朽化し荒廃しています。データがビルの回りを流れる際に、交通渋滞、ラッシュアワー、道路工事に遭遇します。ソフトウェア都市の品質は、その中にどれだけ多くの都市計画が盛り込まれたかにより決まります。

中には幸運なソフトウェアシステムがあります。経験を積んだアーキテクトにより綿密に設計されているのです。優雅さと調和の感覚を持って構築されています。きちんと地図が描かれており、通行が容易です。しかし、他のソフトウェアシステムはそれほど幸運ではありません。何らかのコードを偶然集めたものの上に広がったソフトウェア居住地です。交通基盤は不適切であり、ビルは魅力がなく退屈です。その中に入り込むと、出口を見つけようとして迷子になります。

コードはどこに住むのがよいのでしょうか。どのような種類のソフトウェア都市を構築したらよいのでしょうか。

この章では、二つのソフトウェア都市の物語を話します。それは実話であり、すべての逸話と同じように、物語の最後に教訓があります。**経験は優れた教師**だと言われますが、他人の経験の方が優れていることもあります。この章で述べられるプロジェクトの失敗と成功から学ぶことができれば、あなた自身とあなたのソフトウェアから多くの苦痛が減るかもしれません。

二つの都市のシステムは興味深いです。表面的には似ており、コードの大きさ、製品領域、およびエンジニアの経験レベルがほぼ同じであるにもかかわらず、異なる結果になっています。

この物語では、罪を犯していない人達や犯した人達を守るために名前を変えてあります。

# 混乱したメトロポリス

土を盛り上げよ、あなた方は土を盛り上げよ！
道を整えよ。わたしの民の道から障害物を取り除け。
——イザヤ 57:14

これから見ていく最初のソフトウェアシステムは、「混乱したメトロポリス（*The Messy Metropolis*）」です。それは、私がなつかしく思い出すシステムです。優れていたとか、取り組むのが楽しかったからではなく、そのシステムに最初に出会ったときに、ソフトウェア開発に関して貴重な教訓を得たからです。

メトロポリスプロジェクトが「成熟」しつつあるときに、私はプロジェクトに参加しました。それは複雑なコードベースであり、学ぶには時間を要しました。細かいレベルでは、コードはいい加減で首尾一貫していませんでした。大まかなレベルでも、設計はいい加減で首尾一貫していませんでした。

すべてのコードがどのように動作しているかを知っている人は、チームには誰もいませんでした。コードは数年の間に「有機的に」成長していました（つまり、誰もアーキテクチャ設計を記録しておらず、さまざまなことが深く考えられることなく時間の経過と共に埋め込まれていました）。誰もコードに対して健全な構造を強制するために立ち止まったりしませんでした。つまり、コードは機能が無節操に追加されることで成長していました。これは、アーキテクチャ設計がなされていないシステムの典型的な例です。しかし、コードベースがアーキテクチャを持っていないわけではありません。貧弱なアーキテクチャを持っているだけです。

メトロポリスの状況は、それを構築した会社の歴史をみれば理解できました（しかし、容認はできませんでした）。それは、新たなリリースを迅速かつ頻繁に行うことが強いられ、多大なプレッシャーにさらされていたスタートアップ企業でした。迅速にリリースをしなければ、彼らは財務的に破綻していたでしょう。ソフトウェアエンジニアは、可能な限りの速さで（今すぐ）コードを出荷するように駆り立てられていました。狂ったように突進しながら、コードは一斉に投入されていました。

**要点▶** 貧弱な会社の構造と不健全な開発プロセスは、貧弱なソフトウェアアーキテクチャとして映し出されます。

メトロポリスにおける都市計画の欠如は多くの結果を引き起こしていました。それらをここで見ていきます。それらの結果は、ひどい設計によりもたらされると予想できるものよりも深刻でした。

## 理解不可能

強制された構造を持たないメトロポリスのアーキテクチャは、理解することが著しく困難で、修正が不可能なソフトウェアシステムをもたらしていました。プロジェクトに入ってくる（私のような）新たなメンバーは、その複雑さに肝をつぶし、何が行われているのかを理解できませんでした。

ひどい設計が、その上にさらにひどい設計をもたらしていました。実際、文字通りひどい設計を強いていました。なぜなら、健全な方法で設計を拡張する手段がなかったからです。取りかかっている仕事を片付けるために最も困難が少ない方法が常に選択されていました。つまり、構造的問題を修正するための明らかな方法がないので、新たな機能は面倒が少ないところへ放り込まれていました。

**要点▶** ソフトウェア設計の品質を維持してください。ひどい設計は、さらにひどい設計を生み出します。

## 凝集度の欠如

システムのコンポーネントの凝集度は低かったです。個々のコンポーネントはきちんと決まった役割を一つだけ持つべきなのに、関連していない機能の寄せ集めでした。その結果、各コンポーネントが存在する理由が不明瞭になっていました。さらに、さまざま機能がシステムのどこで実装されているかを知るのは困難でした。

したがって、バグの修正は悪夢でしたし、この状況はソフトウェアの品質と信頼性に深刻な影響を与えていました。

機能とデータの両方がシステム内の誤った場所に置かれていました。「コアのサービス」と見なされる多くの機能が、システムの中心には実装されておらず、遠く離れた場所のモジュールが（苦労して）提供していました。

ソフトウェア考古学を実施して、このようになっている理由が分かりました。元のチームには闘争があり、数名の主要なプログラマがそれぞれ独自の小さなソフトウェア帝国を構築し始めていたのです。彼らは、格好よいと考える機能を奪い取って、その機能が属する場所ではなくても、各人のモジュールに入れていったのです。その結果、正しい場所へ制御を戻すための手の込んだ通信機構が作り込まれていました。

**要点▶** 開発チーム内での人間関係の健全さは、ソフトウェア設計に直接反映されます。不健全な関係と慢心した自尊心は不健全なソフトウェアをもたらします。

### 凝集度と結合度

ソフトウェア設計の主要な品質は、**凝集度**（*cohesion*）と**結合度**（*coupling*）です。これは、最新流行の「OO（オブジェクト指向）」の話ではありません。開発者は、（1970年代前半の構造化設計の登場以来）長年これらについて話してきました。私達は、次の性質を持つコンポーネントでシステムを設計することを目指しています。

**強い凝集度**

凝集度とは、関連する機能がどのように一緒にまとめられて、モジュール内の部品が全体としてどの程度うまく機能しているかの尺度です。凝集度は、モジュールをまとめている糊です。

弱い凝集度のモジュールは、機能の分割がうまく行われていない兆候です。個々のモジュールは明瞭に決まった一つの役割を持たなければならず、関係のない機能の寄せ集めであってはいけません。

**疎結合**

結合は、モジュール間の相互依存度の尺度です。つまり、モジュールからモジュールへの接続の量です。最も単純な設計では、モジュール間に結合はなく、互いに依存していません。モジュールを全体として疎結合にできないのは明らかです。全体的に疎結合なら、モジュール同士は一緒に機能しないでしょう。

モジュールは、多くの方法で直接的あるいは間接的に相互に結び付いています。一つのモジュールは他のモジュールの関数を呼び出せますし、他のモジュールから呼ばれることもあります。モジュールは、他のモジュールが公開しているウェブサービスを使うことがあります。他のモジュールのデータ型を使ったり、何らかのデータ（おそらくは変数やファイル）を共有したりすることもあります。

優れたソフトウェア設計は、通信ラインを最低限必要なモジュール間に限定します。通信ラインが、アーキテクチャを決める要因の一つです。

## 不必要な結合

メトロポリスは明確な階層構造を持っていませんでした。モジュール間の依存性は一方向ではなく、結合はたいてい双方向でした。コンポーネントAは、一つの処理を行うためにコンポーネントBの内部へアクセスしていました。他の場所では、コンポーネントBはコンポーネントAへの呼び出しを直接記述していました。最下位層やシステムの中心部分はありませんでした。メトロポリスのソフトウェアは、一枚岩のブロブ[†1]でした。

システムの個々のコンポーネントが強く結び付いているので、すべてのコンポーネントを生成しなけ

†1　訳注：用語ブロブ（*blob*）については「12章 複雑さに対処する」を参照してください。

ればシステムは起動できませんでした。一つのコンポーネントのどのような変更も他のコンポーネントへ波及し、多くの依存しているコンポーネントの変更を必要としました。各コンポーネントは、機能を独立して提供していなかったのです。

このことから、低レベルのテストを行うことは不可能でした。コードレベルの単体テストを書けないだけではなく、コンポーネントレベルのインテグレーションテストも構築できません。すべてのコンポーネントが他のすべてのコンポーネントにほぼ依存していたからです。さらに、その会社ではテストを行うことの優先順位は高くなかったのです（テストを行うための十分な時間はどこにもありません）。つまり、テストの優先順位が低いことは、その会社では「問題ではなかった」のです。その結果、ソフトウェアの信頼性が高くなることはありませんでした。

**要点▶** 優れた設計は接続機構とコンポーネント間の接続の数（と性質）を考慮しています。システムの個々の部品は、単独で動作すべきです。強い結合はテスト不可能なコードを生み出します。

## コードの問題

トップレベルのひどい設計にかかわる問題は、コードレベルまで入り込んでいました。問題が問題を生み出していたのです。共通の設計や全体的なプロジェクトの「スタイル」はなかったので、誰も、共通のコーディング標準、共通のライブラリの利用、あるいは共通のイデオムに関心を払っていませんでした。コンポーネント、クラス、あるいはファイルの命名規約はありませんでした。さらに、共通のビルドシステムもありませんでした。つまり、makefileおよびVisual Studioのプロジェクトファイルと一緒に、ダクトテープ、シェルスクリプト、Perlスクリプトが一緒にあっただけです。そして、この怪物をコンパイルすることは、開発者が避けて通れない通過儀礼だと見なされていました。

深刻で油断のならないメトロポリスの問題の一つは複製でした。明確な設計がなく、機能が存在すべき明確な場所がないため、コードベース全体に渡って車輪が再発明されていました。よくあるアルゴリズムやデータ構造などの単純なものが、多くのモジュールで繰り返し実装され、個々の実装は分かりにくいバグを抱え、癖のある振る舞いをしていました。外部通信やデータキャッシュなどの重要な機能も、複数回実装されていました。

さらにソフトウェア考古学を実施してその理由が分かりました。メトロポリスは各コンポーネントが別々のプロトタイプとして始まって、捨て去られるべきときに、一緒に結び付けられてしまったのです。メトロポリスは、事実、偶発的な集合都市でした。一緒に縫い付けられたときに、コンポーネントは適切に縫い合わせられませんでした。時間が経過すると、ぞんざいな縫い目がほころび始めたので、コンポーネントが他のコンポーネントの反対方向に引っ張られ、協調して動作せずに、コードベースにあつれきが生じていました。

**要点▶** 曖昧なアーキテクチャは、下手に書かれた上に一緒にはうまく噛み合わない個別のコンポーネントを生み出します。その結果、同じようなコードが作成され、余分な労力が費やされます。

## コード外の問題

メトロポリス内の問題はコードベースから流れ出し、会社内の他の場所で大混乱を引き起こしていました。開発チームにも問題がありましたが、アーキテクチャ的な腐敗は、製品をサポートする人々や使う人々にも影響を与えていました。

### 開発チーム

プロジェクトに参加した（私のような）新たなメンバーは、その複雑さに肝をつぶし、何が起きているかを理解できませんでした。そのために、入社してからの期間が短くても会社に留まる新たなメンバーはほとんどいませんでした。つまり、スタッフの離職率は高くなっていました。

残った人達は、過酷に働かなければなりませんでした。プロジェクトによるストレスのレベルも高くなっていました。新たな機能が計画されると、人々は恐れました。

### 遅い開発サイクル

メトロポリスの保守はぞっとする仕事であり、単純な変更あるいは小さなバグ修正でさえ予測できない時間を要していました。ソフトウェアの開発サイクルを管理することは困難であり、開発期間を計画することも困難で、リリースのサイクルは長くて遅くなっていました。重要な機能を待っていた顧客は置き去りにされ、ビジネス要件を開発チームが満たすことができないことに経営陣は徐々に不満を持ち始めていました。

### サポートエンジニア

製品のサポートエンジニアは、比較的小さなソフトウェアリリース間での難解な振る舞いの違いに苦労しながら、あまりあてにならない製品をサポートしようと多くの時間を費やしていました。

### サードパーティーサポート

他の機器がメトロポリスを遠隔から制御できるように、外部制御プロトコルが開発されていました。それは、ソフトウェアの内部に対する薄いレイヤーだったので、メトロポリスのアーキテクチャを反映していました。つまり、ごちゃごちゃしていて理解するのが困難で、手当たり次第に失敗しがちで、使うことが不可能でした。サードパーティーのエンジニアの人生もまた、メトロポリスの貧弱な構造により悲惨なものになっていました。

#### 会社内の政治

会社内の政治開発の問題は、会社内のさまざまな組織の間にあつれきをもたらしていました。開発チームはマーケティング部門と販売部門との関係をこじらせていましたし、製造部門はリリースが差し迫ってくるごとに、常にストレスにさらされていたのです。管理者達も絶望していました。

**要点▶** ひどいアーキテクチャの結果は、コード内に閉じこもっていません。その結果は外に流れ出して、人々、チーム、プロセス、期間に影響を与えます。

## メトロポリスからの絵はがき

メトロポリスの設計は、ほぼ望みのないものでした。しかし、信じられないかもしれませんが、私達は設計を修正しようと試みました。コードの構造の問題を手直しし、リファクタリングを行い、修正するために費やした労力の量は大きなものになりました。書き直しは、安くはつきませんでした。

メトロポリスの「設計」の必然的な結果として、状況は容赦なく悪化していきました。新たな機能を追加することは困難であったため、人々はぶざまな修復を行い、しっくいを塗るようにごまかしを行うだけでした。コードに取り組むことを楽しむ人はおらず、プロジェクトは下方スパイラルに陥っていました。設計の欠如はひどいコードとなり、ひどいコードはチームのひどいモラルとなり、開発サイクルが徐々に長くなっていきました。最終的に、会社は深刻な財政難に陥りました。

ひどいアーキテクチャは甚大な影響を与え、深刻なしっぺ返しをしたのです。混乱したメトロポリスでは、洞察力の欠如と設計の欠如により、次のことがもたらされたのです。

- まれにしかリリースされない低い品質の製品
- 変更や新たな機能の追加に適応できない柔軟性を欠くシステム
- 広く蔓延しているコードの問題
- 人員の配置問題（ストレス、モラル、離職）
- 多くのやっかいな社内政治
- 成功しない会社
- ひどい頭痛と夜遅くまでのコードとの格闘

## デザインタウン

形式は、常に機能の結果として生まれる
――ルイス・ヘンリー・サリヴァン

デザインタウン（*The Design Town*）プロジェクトは、表面的には混乱したメトロポリスに似ていました。それは、同じ技術で実装された類似の製品でした。しかし、異なる方法で構築され、内部構造は異なった結果となっていました。

デザインタウンのプロジェクトは少数のプログラマによって一から書かれました。メトロポリスと同様に、そのチームの構造はフラットでした。チーム内においては、個人間のライバル関係、すなわち権力闘争は幸いありませんでした。最初からはっきりとしたビジョンと最初の製品に対する要件が揃っていました。

最初の設計の方向性は決められていました（前もっての大きな設計ではなく、機能するのに十分な設計でした）。主要な機能領域は境界がはっきりしており、スレッドモデルなどの中心となるアーキテクチャの重要な機能は概要が決められていました。最も重要な機能の領域は、初期設計で考慮されていました。

コードが容易に高い凝集度を持って成長するように、基本的な維持管理に関する決定は初期に行われていました。つまり、トップレベルのファイル構造、名前の付け方、共通のコーディングイデオムを持つ表現スタイル、単体テストのフレームワークの選択、そして基盤です。これらの**細部**の要素は重要であり、後の設計に関する多くの決定に影響を与えました。

設計とコードは、正しい成果になるように二人一組で行われるか、注意深くレビューされました。設計とコードが開発され、時間が経過すると共に成熟していきました。そして、デザインタウンの物語が進展するにしたがって、結果が伴っていきました。

## 機能の場所を見つける

最初からシステム構造のはっきりとした概要が示されていたので、新たな機能は、コードベース内の機能的に正しい領域に矛盾なく追加されました。コードがどこに属すべきかについての疑問はありませんでした。拡張するため、あるいは問題を修正するために、既存の機能の実装を見つけるのも容易でした。

機能は提供できるがふさわしくない場所に入れるよりも、**正しい**場所へ新たなコードを入れる方が困難な場合もありましたが、アーキテクチャの青写真が存在するので、開発者は正しい場所へ入れることに一層努力しました。この追加の努力の見返りは、後でシステムを保守あるいは拡張する際に**かなり**楽な作業となったことでです。そして、苦労する障害はほとんどありませんでした。

アーキテクチャは、機能がどこで実装されているかを知るのに役立ちます。機能を追加したり、修正したりするのにも役立ちます。アーキテクチャは、機能を入れるための雛型とシステムの案内図を提供します。

## 首尾一貫性

システム全体は首尾一貫していました。あらゆるレベルの決定は、全体設計に照らして行われました。開発者達は最初から意識して決定を行っていたので、作成されたすべてのコードは設計に一致していて、他のコードすべてとも一致していました。

プロジェクトの開発期間を通して、コードの個々の行からシステム構造のコードベースの全範囲にわたるまでの変更が多かったにもかかわらず、すべてが元々の設計の雛型に従っていました。

> **要点▶** はっきりとしたアーキテクチャ設計は、首尾一貫したシステムをもたらします。すべての決定事項は、アーキテクチャ設計に照らして行われるべきです。

トップレベルの設計が持つ優れたセンスと簡潔さは、低いレベルまで伝わっていました。最も低いレベルでさえ、コードは均一できちんとしていました。はっきりと定義されたソフトウェアの設計は、複製がなく、全体によく知られたデザインパターンが使われ、よく知られたインタフェースのイデオムが取り入れられ、異常なオブジェクトの寿命や奇妙な資源管理の問題はありませんでした。コードは、市街地計画に照らし合わせて書かれていました。

> **要点▶** はっきりとしたアーキテクチャは、機能の重複を減らします。

## アーキテクチャを成長させる

新しい機能領域が、システムの「全体像」に追加されました。たとえば、ストレージ管理や外部制御機構です。メトロポリスのプロジェクトでは、新たな機能領域の追加は壊滅的な打撃であり、行うことが信じられないほど困難でした。しかし、デザインタウンでは物事はうまく行われていました。

コードと同様に、システム設計には順応性があり、リファクタリングが可能と考えられていました。開発チームの重要原則の一つは、素早くあることでした。つまり、すべてが変更できるということでした。アーキテクチャも必要なときには変更されるべきです。これは、設計を単純にし変更を容易にすることを促していました。結果としてコードは迅速に成長でき、優れた内部構造も維持できました。新たな機能への対応は、問題ではありませんでした。

> **要点▶** ソフトウェアのアーキテクチャは、変更できるものです。必要なら変更してください。変更可能であるためには、アーキテクチャは単純でなければなりません。単純さを壊す変更に抵抗してください。

## 設計の決定を遅らせる

デザインタウンの品質を向上させたXP原則は、YAGNI（**必要としないのであれば**何も行わない）[†2]でした。それにより、早い時期から重要なことだけが設計され、残りの決定は先延ばしされていました。要件とシステムがどのように合致するのが最善なのかについて明確な全体像が得られるときまで、設計の決定は先延ばしされました。これは、素晴らしい設計方法であり、かなりの自由度をもたらしました。

- 最悪な行為は、理解できていないものを設計することです。問題が何であるかと、設計をどのように適用すべきかが分かるまで、YAGNIはあなたに待つことを強制します。それは当てずっぽうを排除し、設計を正しくします。
- ソフトウェア設計を最初に行ったときに、必要となるかもしれないすべてのものをソフトウェア設計に追加することは危険です。設計は無駄な努力となり、そのソフトウェアが存在する限りサポートしなければならない余計なお荷物になります。最初に多くのコストを必要とし、プロジェクトの全期間にわたってコストがかかり続けます。

**要点▶** 設計上の決定を行う必要があるときが来るまで、決定を遅らせてください。要件が分かっていないときに、アーキテクチャ上の決定を行わないでください。当てずっぽうでやらないでください。

## 品質を維持する

デザインタウンのプロジェクトは、最初から次の品質管理プロセスを導入していました。

- ペアプログラミングを行う。
- ペアプログラミングされていないものは、すべてコードレビューや設計レビューを行う。
- すべてのコードに対して単体テストを作成する。

これらにより、間違った変更がシステムへ適用されることはありませんでした。ソフトウェア設計と一致しないものは、すべて拒否されました。厳格に聞こえるかもしれませんが、これらは開発者達が持ち込んだプロセスでした。

この積極性は重要な態度です。つまり、開発者は設計を信じ、それを守ることが重要だと考えていました。彼らは設計を所有し、設計に対して責任を持っていました。

†2 YAGNI：*you aren't going to need it*

**要点▶** 設計の品質を維持しなければなりません。品質は、責任が開発者に与えられて、開発者が真剣に受け取っている場合にだけ維持されます。

## 技術的負債に対処する

これらの品質管理手段にもかかわらず、デザインタウンの開発は現実的でした。締め切りが近づくと、プロジェクトを期日通りに出荷するために多くの細かな機能が削られました。機能をすばやく動作させるため、あるいはリリース間近のリスクの高い変更を避けるために、（複製といった）小さなコードの過ちや（不適切といった）小さな設計の短所がコードベースへ入れられることが許されていました。

しかし、混乱したメトロポリスのプロジェクトとは異なり、そのような過ちや短所などのその場しのぎの箇所は**技術的負債**（*technical debt*）として記録されて、後のリビジョンで修正することが予定されました。そのようなその場しのぎは、はっきりと目に付くようになっており、対処するまでは開発者達はうれしくありませんでした。ここでも、開発者達が設計の品質に責任を持っていることが分かります。

### 技術的負債

**技術的負債**は、Ward Cunninghamが作り出した用語であり、今日のソフトウェア業界では広く使われています。その比喩は、金融の世界に拠っています。つまり、ソフトウェアを素早く出荷するのに役立つ決定を行うことは、融資を受けることに似ています。融資を受けなかったらできなかったことが可能になります。

しかし、融資を無視することはできません。必ず返済しなければなりません。返済に長い時間を要するほど、高くつきます。期限に間に合うように返済ができなければ、融資に対する利息を支払うのに精一杯となり、購買力が落ちてしまいます。

ソフトウェアの世界での返済とは、更新するためにコードへ立ち返ることです。そうしなければ、未払いの負債でコードが身動きできなくなるにしたがって、開発の進捗が遅くなっていきます。これは重要なことです。長期的には、低い品質のままのコードに起因する長い開発期間を意味します。しかし、責任を伴う短期の負債は、開発の速度を上げることができます。

技術的負債は、先延ばしにされたリファクタリング、発見したことを反映するための設計の調整、次の主要リリースの後までライブラリやツール類の更新を待つこと、あるいは、ログやデバッグの骨組みを合理化することかもしれません。

技術的負債は、乱用されやすい比喩です。技術的負債は、何かを下手に行うことを意味しているのではありません。ひどいコードを書くことが「現実的」として正当化されることもありますが、現実的な選択とずさんな選択は異なります。

意識して技術的負債に対処することは、開発兵器庫における強力な武器です。負債を重ねず、常に負債が見えるようにしておいてください。実際の融資のように過剰な利息と手数料で苦しむことを避けるために、できるだけ早い段階で返済してください。

## テストが設計を形作る

私達の重要な決断の一つは、コードは単体テストされるべきであり、システムはインテグレーションテストと受け入れテストで網羅されるべきだということでした。単体テストは多くの利点をもたらします。その一つは、他の何かを壊す心配をせずにソフトウェアの一部を変更できることです。

システムの残りの部分を壊していないという確信を単体テストが与えてくれたので、デザインタウンの内部構造の領域によっては大幅なやり直しが行われました。たとえば、スレッドモデルとデータパイプラインの接続インタフェースは根本的に変更されました。これは、そのサブシステム開発後の重大な設計変更でしたが、そのパイプラインとインタフェースを使っている他のコード部分は完璧に動作し続けていました。テストが、設計の変更を可能にしたのです。

この種の「主要な」設計変更は、デザインタウンが成熟するに従って少なくなっていきました。ある規模のやり直しの後、物事は落ち着いて、その後は小さな設計変更しかありませんでした。反復プロセスでシステムは素早く開発され、比較的に安定したレベルに達するまで反復ごとに設計は改善されました。

**要点▶**　システムに対して自動化された優れたテスト一式を持つことで、最低限のリスクで基本的なアーキテクチャを変更できます。それは仕事をするための自由を与えてくれます。

単体テストの別の重要なメリットは、コードの設計を適切に整えることです。単体テストは優れた構造を強制しました。個々の小さなコンポーネントは、独立し、きちんと定義されたエンティティとして作成されました。つまり、コンポーネントの周りにシステムの残りの部分を構築する必要なしに、単体テスト内でコンポーネントは組み立て可能でなければなりませんでした。単体テストを書くことで、コードの個々のモジュールが内部的に凝集されて、システムの残りからは疎結合されていました。単体テストは、個々の単体のインタフェースについて注意深く考えることを強制し、インタフェースのAPIに意味を持たせて内部的に首尾一貫することも強制していました。

> **要点▶** コードの単体テストは優れたソフトウェア設計をもたらすので、テストが可能になるように設計してください。

## 設計のための時間

デザインタウンの成功に寄与した要因の一つは、割り当てられた開発期間でした。長すぎることも、短すぎることもありませんでした。プロジェクトには、成功するための環境が必要です。

多すぎる時間が与えられると、プログラマはたいてい独自の高性能な作品を作りたがります（常にほぼ準備できているが、実現することがないような種類のもの）。少しのプレッシャーはよいことであり、差し迫った感覚が物事を終わらせるのに役立ちます。しかし、あまりにも少ない時間しか与えられないと、それは価値がある設計を行うことが不可能というだけではなく、メトロポリスと同じように、中途半端な解決策を急いで作るだけになります。

> **要点▶** 優れたプロジェクト計画は、優れた設計をもたらします。アーキテクチャの名作を作り出すために十分な時間を割り当ててください。名作が即座に生まれることはありません。

## 設計と共に活動する

デザインタウンのコードベースは大きいものでしたが、理路整然としていて容易に理解できました。新たなプログラマはコードベースを取得して、比較的容易に仕事ができました。不必要に複雑な結合はありませんでしたし、問題をきちんと解決せずに避けている奇妙な古いコードもありませんでした。

コードにはほとんど問題がなく、取り組むのも楽しく、チームメンバーの離職はありませんでした。それは、設計を所有し、設計を継続的に改善したいと思っている開発者達のおかげでした。

開発チームの力学がどのようにアーキテクチャに従っていたかを観察することは興味深いものでした。デザインタウンのプロジェクト原則は、設計のどの領域を誰も所有せず、どの開発者であってもシステムのどの領域でも開発できることを義務付けていました。誰もが高い品質のコードを書くことが期待されていました。メトロポリスは、協調性を欠き、けんか腰の多くのプログラマによって作られたぞんざいな収拾の付かないものでしたが、デザインタウンはきれいで、凝集され、しっかりと協力する仲間達によって作られたきちんと協調するソフトウェアコンポーネントでした。多くの点でコンウェイの法則とは逆に機能し、ソフトウェアがまとまっていくに従ってチームは一団となっていきました[†3]。

> **要点▶** チームの構成は、チームが作り出すコードに避けがたい影響を与えます。時間の経過と共にアーキテクチャも、チームがどのようにうまく一緒に活動するかに影響を与えます。チームが仲たがいしているときには、コードは相互にぎこちなく作用します。チームが一緒に活動しているときには、アーキテクチャはうまく統合されます。

## 次にどうする

二つのソフトウェアシステムに関する物語は、ソフトウェアのアーキテクチャに関する網羅的な話ではないことは確かです。しかし、アーキテクチャがソフトウェアのプロジェクトに深く影響することを示しました。アーキテクチャは、それに触れるすべての事柄に影響を与え、コードベースの健全さと周りの領域の健全さを決定づけます。成長する都市が繁栄し、その地域に名声をもたらすように、優れたソフトウェアのアーキテクチャは、プロジェクトを成功させ、そのプロジェクトに依存している人々にも成功をもたらします。

優れたアーキテクチャは、多くの要因の成果です。代表的な要因は次の通りです（しかし、以下に限定されているわけではありません）。

- コードを書き始める前に、意図して事前の設計を行うこと。多くのプロジェクトは、実際に開始する前にこの点で失敗しています。そこには対立する緊張があります。設計が足りなさすぎず、そのうえ過剰設計ではないことです。
- 設計者の資質と経験。（正しい方向に向けるために少しの間違いを事前にしておくことは役立ちます。メトロポリスのプロジェクトは、私に経験をもたらしました。）
- 開発を進めながら、設計を明瞭に維持し続ける。
- ソフトウェアの全体設計の責任が与えられて、責任を持つチーム。
- 設計を変更することを恐れないこと。永久に変わらないものはありません。
- チームにふさわしい人々を入れること。設計者、プログラマ、マネージャが含まれます。開発チームを適切な大きさにしてください。彼らが健全な関係になるようにしてください。彼らの関係は必然的にコードの構造へ反映されてしまいます。
- 設計上の決定を、決定するためのすべての情報を分かっている適切な時期に行う。まだ行えない設計に関する決定を遅らせましょう。

---

†3　コンウェイの法則は、コードの構造はチームの構造に従うと述べています。分かりやすくいうと、**四つのグループで一つのコンパイラに取り組むと、四つのパスから構成されるコンパイラが作られる**ということです。

- 的確な種類の締め切りを持つ、優れたプロジェクト管理。

## 質問

1. 今までに見た最善のシステムアーキテクチャは何ですか。
   - それが優れているとどのようにして認識したのですか。
   - コードベースの内外で、そのアーキテクチャの結果は何でしたか。
   - 何がそのきちんと設計されたアーキテクチャを主導していましたか。
   - そのアーキテクチャから何を学びましたか。
2. 今までに見た最悪のアーキテクチャは何ですか。
   - それがひどいとどのようにして認識したのですか。
   - コードベースの内外で、そのアーキテクチャの結果は何でしたか。
   - そのアーキテクチャは、どのようにしてひどい状態になったのですか。
   - そのアーキテクチャから何を学びましたか。
   - あなたなら、そのアーキテクチャの問題をどのように解決しますか。
3. あなたの現在のプロジェクトは、最悪と最善のアーキテクチャの間のどの辺りに位置していますか。あなたが構築するコードやプロセスを改善するために、以前のどの経験をもとに進めますか。

## 参照

- **12章 複雑さに対処する**：複雑な設計への対処方法（と避ける方法）。
- **16章 単純に保つ**：単純なコードの形。
- **5章 コードベースの過去の幽霊**：既存のコードから学習すること。システムがどれだけ優れているかに関係なく、既存のシステムから学ぶことで、次の設計ではシステムを改善できます。
- **11章 テストの時代**：単体テストは、デザインタウンがきちんと分割されて信頼できる方法で開発されるのに役立ちました。

### やってみる

現在のあなたのプロジェクトを外部の人間にどのように説明するかについて考えてみてください。何が自慢できますか。何が改善できますか。あなたのチームは、あなたが行っている優れたことをどのように褒めたたえていますか。あなたの弱い領域を強くするために、今何ができるかを考えてください。

一万匹のモンキー
(おおよそ)
二つ目の
システム効果
ビャーネ・ストロヴストルップ
コンピュータが電話のように
簡単に使えることを願ってきた
電話の使い方がわからなくなったので、
私の願いは叶った

# 一万匹のモンキー
（おおよそ）

# 第Ⅱ部

# 練習することで完璧になる

ここからは、コードから一歩下がって、広い視野で見ていきます。優れたプログラミングにとって重要な実践方法を見ていきます。

第Ⅱ部では、優れたコードを書くための重要な技法、実践、取り組み方を説明します。ソフトウェア開発プロセスへの取り組み方の規則、コーディングへの取り組み方、他の開発チームのメンバーとの協業に役立つ技法を紹介します。

# 14章
# ソフトウェア開発とは

俗世間を離れたここでの暮らしは、木々に言葉を聴き、
小川のせせらぎを書物として読み、小石の中に神の教えを、森羅万象（しんらばんしょう）に善を見出す。
——ウィリアム・シェイクスピア
『お気に召すまま』[†1]

私の鋭く磨がかれた知性が永久に持続しないことは、悲しいですが事実です。いずれ、私の才覚はあせていき、今のように鋭く、博学で、謙虚な天才ではなくなります。したがって、私には年金プラン、つまり、歳を取っても贅沢に暮らしていけるようにお金を稼ぐ方法が必要です。

富を得るための私の当初の計画は失敗など考えられないほど単純に思えました。その答えは炭酸ミルクです。炭酸入りのミルクが富をもたらすはずです。しかし、レシピの細かな詳細に取り組む前に、衝撃的な事実を知りました。炭酸ミルクがすでに発明されていたのです。特許権を得る夢はついえ、すっかり落ち込んでしまいました。そして、新たな年金プランを考えるために最初からやり直しました。今度こそ素晴らしい計画だと思えました。

この計画の独創的なところは、私が若い頃によく食べていたもの、つまりカスタードとアルファベットスパゲッティ（*Alphabetti Spaghetti*）に着目したことです。そうです、**アルファベットカスタード**（*Alphabetti custard*）です。最初の実験で、見込みがあることが証明されました。口に合うものでしたし、少し粉っぽいライスプディングのようでした。正直なところ、それは好きになるまで時間がかかるタイプのものでしたが、次第に人気を得られるだろうと考えました。

## ソフトウェアの作り方

今日の多くのソフトウェアは、私のアルファベットカスタードのようです。つまり、**誤った方法**で書かれた**誤ったもの**です。

†1　訳注：松岡和子 訳『お気に召すまま』より。

アルファベットカスタードを「正しい」方法で作るためには、最初に手でパスタを作り、手でカスタードを混ぜるでしょう。ごまかしを使った誤った方法は、パスタの缶を買ってきて、ソースを捨てて上からインスタントカスタードを注ぐことです。

一つは、確かな作り方のレシピです。もう一方は、よくてもプロトタイプのための適切な方法ですが、大規模な製造を行うための方法ではありません。

誠実なソフトウェア開発者として、**正しい方法**で**正しいもの**を作りたいと熱望すべきです。優れたプログラマの重要な特性の一つは、作るソフトウェアとその書き方を気にかけていることです。私達は、愛情を込めて作り上げられた職人技のコードを必要とし、意味のない缶のスパゲッティは必要ありません。

この章では、作成するソフトウェアの性質と、アルファベットスパゲッティを書かないようにする方法を考えていきます。学んだ教訓を適用するために、途中で一連の質問を問いかけます。最初の質問は、「あなたは、プログラマとして向上したいですか。正しい方法で正しいものを実際に作ってみたいですか」です。

答えが「いいえ」なら、ここで、この本を読むのを止めてください。

では、ソフトウェア開発とは何でしょうか。ソフトウェアは複雑であり、多くの絡み合った側面を持っています。この章はソフトウェア開発に関する包括的な文章ではありませんが、ソフトウェア開発の側面を考えます。それは、科学、芸術、ゲーム、スポーツ、その他の事柄といった側面です。

## ソフトウェア開発は芸術

優れたプログラマは、優れた芸術家である必要があります。しかし、プログラミングは芸術でしょうか。これは、ソフトウェア開発の世界で長く行われてきた議論です。人によっては、プログラミングはエンジニアリングの規律であり、芸術であり、**技能**（*craft*）です。もしくはそれら三つの中間に位置するものであると考える人もいます（私は自分の最初の本に『*Code Craft*』というタイトルを付けました）。

Donald Knuthはおそらく芸術としてのソフトウェアを推進する最も有名な人物であり、彼の著名なシリーズ本に『*The Art of Computer Programming*』というタイトルを付けています。彼は、「プログラムによっては、優雅で、素晴らしく、生き生きとしている。私の主張は、壮大なプログラム、崇高なプログラム、真に格調の高いプログラムを書くことが可能だということだ」と述べています。

ビットやバイト、角括弧や中括弧などを超えるものがコードにはあります。構造と優雅さがあります。落ち着きと均衡があります。美的感覚があります。

> **要点▶** ひときわ優れたコードを書くために、プログラマには優れた美的感覚が必要です。

ソフトウェア芸術の作成に似て、ソフトウェア開発のプロセスは多くの要素から構成されます。そのプロセスは次の通りです。

**創造的**

創造性が必要です。ソフトウェアは巧みに構築され、正確に設計されなければなりません。プログラマは作成するコードに対してビジョンと作り方の計画を持たなければなりません。それは多くの創造性を必要とします。

**美的**

優れたコードは、優雅さ、美しさ、調和によってはっきりと示されます。優れたコードはある種の文化的なイデオムの枠組みに収まります。私達はコードの形式をその機能と一緒に重んじます。

**職人的**

芸術家として、私達は特定のツール、プロセス、技法を用いている環境で活動しています。寛大な後援者からの委任のもとで働いています。

**チームが主体**

芸術の多くの形態は、一人だけの活動ではありません。すべての芸術の形態において、芸術家がアトリエで一人座って、傑作が完成するまで昼夜とあくせく働いているとは限りません。見習いを持つ彫刻家の親方を考えてみてください。演奏者をまとめているオーケストラの指揮者を考えてみてください。演奏者が解釈する曲を書く作曲家を考えてみてください。あるいは、建設業者のチームが建設するビルを設計する建築家を考えてみてください。

多くの点で、芸術家の技能範囲はプログラマのものに似ています。

ミケランジェロは典型的なルネサンス時代の人でした。つまり、画家、彫刻家、建築家、詩人、そしてエンジニアでした。おそらく、彼は素晴らしいプログラマになったことでしょう。有名な作品の一つであるダビデ像をどのように制作したのかと問われたとき、ミケランジェロは「石を見つめ、ダビデがそこに見え、そしてダビデ以外を削り取っただけ」と述べています。

ミケランジェロのように、あなたは問題空間の複雑さを減らして、目指す美しいコードが現れるまで複雑さを取り除いていますか。

次は、芸術としてのソフトウェアのテーマに関する、あなたへの質問です。

- ソフトウェア開発の創造的な側面を考慮していますか。あるいは、機械的な活動だと見なしていますか。
- 自分のコードで優雅さと美しさの鋭い感覚を伸ばすべきでしょうか。機能を満たし目の前の問題を解決する以上のものを思い描くべきでしょうか。
- 「美しい」コードという考えを本音だと考えていますか。芸術性をチームの営みだと見なすべきでしょうか。

## ソフトウェア開発は科学

私達はコンピュータ科学（*computer science*）について議論しています。したがって、漠然とした科学的な何かがどこかで行われているに違いないです。しかし、ほとんどの開発組織では、科学的なことは少なく、起きていることを経験しているだけです。

よく知られている科学者のアルベルト・アインシュタインは天才というだけではなく、今までに最も引用された人々の一人でもあります（そのことは、作家達の助けとなっています）。

彼は、「知的な馬鹿は、物事を大きく、複雑に、そして暴力的にできる。逆方向に向かうには、少しの才能と多くの勇気を必要とする」と述べています。

これは深い洞察です。不適切な複雑さは、ほとんどのソフトウェアのプロジェクトを失敗させてしまいます。

アインシュタインは審美眼のある人でした。彼は、自分の理論の優雅さと美しさを高く評価していましたし、物事を理路整然とした完全なものへ導くことを目指していました。彼は、「私は想像で自由に描ける芸術家である。想像は知識よりも重要である。知識は限られている。想像が世界を取り囲んでいる」と述べています。

したがって、もしソフトウェア開発が科学のようだとしたら、何を意味するのでしょうか。それは次のようなことを意味します（むしろ意味すべきです）。

**厳密さ**

私達は、常に動作するバグがないコードを求めています。すべての正当な入力に対して動作しなければならないし、不正な入力に対して適切に応答しなければなりません。優れたソフトウェアは正確で、検査され、評価され、テストされ、そして検証されていなければなりません。

これをどうようにして達成するのでしょうか。優れたテストが鍵です。私達は、単体テスト、インテグレーションテスト、システムテストを求めています。なるべくなら人による誤りのリスクを取り除くために自動化されているテストです。経験に基づいたテストも求めています。

**体系的**

ソフトウェア開発は、行き当たりばったりで行うことではありません。動作するようになるまで手当たり次第にコードの塊を結合させることでは、きちんと組み立てられた大きなコンピュータシステムを作ることはできません。計画、設計、予算、そして体系的な構築が必要です。

それは、知的で、論理的で、理性的なプロセスです。つまり、問題空間と設計の選択肢という混沌の中から、秩序を引き出し理解することです。

**洞察に満ちている**

ソフトウェア開発は、知的努力と鋭い分析力を必要としています。やっかいなバグを調査するときには特に必要です。科学者達と同様に、私達は仮説を立て、科学的手法に似たものを適用します（仮説を立て、実験方法を考え、実験を行い、そして理論を確認します）。

> **要点▶** 優れたソフトウェア開発は、思い付いた最初のコードを投げ込むような無節操なコーディングではありません。

これらに基づいて、次の質問を自問してください。

- 私のソフトウェアは常に正しくて正確だろうか。それをどうしたら改善できるだろうか。正しくて正確なことを、今と将来でどうしたら明示できるだろうか。
- 混沌から秩序をもたらすように努力しているのだろうか。数個の小さな統一された部品になるまで、コード内の複雑さを潰しているだろうか。
- 問題に系統的に思慮深く取り組んでいるだろうか。あるいは、系統的ではない方法で向こう見ずに問題に突進しているのだろうか。

## ソフトウェア開発はスポーツ

ほとんどのスポーツは高いスキルと努力を必要とします。つまり、粘り強さ、訓練、規律、チームワーク、コーチング、そして自意識です。同様にソフトウェア開発には以下のことが伴います。

**チームワーク**

一緒に働くさまざまなスキルを持つ多くの人達の調和が必要です。

**規律**

個々のチームメンバーは、チームと強く結びついていなければなりませんし、最善を尽くす意欲がなければなりません。これは、献身、勤勉、そして多くの訓練を必要とします。

ソファに座ってサッカーの練習ビデオを見ることでサッカーがうまくなることはありません。実際、ビールとポップコーンを手にして行えば、サッカーが下手になります。実際にサッカーを行い、競技場で人々と一緒にスキルを磨かなければなりません。そうしたら、うまくなります。練習しなければなりませんし、向上する方法を助言してくれる人が必要です。

チームは一緒に練習しなければなりませんし、チームとして競技する方法を考えなければなりません。

**規則**

私達は、ひと揃いの規則と特定のチーム文化に従って競技（開発）をしています。それは、私達の開発プロセスと手続きとして具体化され、さらにソフトウェアチームとツールによる作業の流れの作法として具体化されます（ソースコントロールシステムなどのツールを用いて、どのように共同して働いているかを考えてみてください）。

チームワークとの類似は、サッカーなどのスポーツで明らかです。明確に決まっている規則に従って、密接に役割を果たす人々のグループで競技します。

7歳の子供達のチームがサッカーを行っているのを見たことがありますか。ゴールの入り口に一人残されて立っている小さな子がいて、他の子供達はボールを追いかけながら一生懸命グランドを走り回っています。そこには、パスはありません。コミュニケーションはありません。他のチームメンバーを意識することもありません。小さな転がっている球体に集まっている子供達の群れがあるだけです。

これを、高い技術を持つトップリーグのチームと比較してください。彼らは、はるかにまとまりのある方法で競技を行います。誰もが自分の責務を分かっており、チームは団結して競技を行います。そこには、共有されたビジョンがあり、チームはそのビジョンに向かって競技し、高機能でうまく調整された統一体を形成しています。次の質問を自問してください。

- 私は、これらのスキルをすべて持っているだろうか。チーム内でうまく活動しているだろうか。あるいは、領域によっては向上できただろうか。
- 私は、すべての人のために喜んで働き、チームへ強く結び付いているだろうか。
- 私は、ソフトウェア開発について今でも学んでいるだろうか。他の人達から学んでいるだろうか。そして、チームスキルを向上させているだろうか。

## ソフトウェア開発は子供の遊び

私にとっては、この所見が適切に思えます。本当のところ、私は実際子供にすぎません。私達みんながそうです。

子供がどのように成長して学んでいき、子供達の世界観がどのように変化し、新たな経験ごとにどのように世界観が形成されていくかを見るのは面白いです。子供の学び方や世界への反応の仕方から多くのことを学ぶことができます。

私達のソフトウェア開発にどのように適用できるかを考えてみましょう。

### 学習

子供は、自分が学習していることを認識していますし、すべてを知らないことも認識しています。それには単純な特性が必要です。つまり、謙虚さです。一緒に働くのが最も困難であったプログラマの何人かは、彼らはすべてを知っていると考えていました。知る必要がある新たな事柄があると、彼らは本を読んで、そして自分が専門家だと考えるのです。謙虚さはありませんでした。

子供は絶えず新たな知識を吸収しています。向上したいのなら学ぶ必要性を認識しなければなりません。そして、知っていることと知らないことに関して、現実的でなければなりません。

学ぶことを楽しみ、新たな知識の獲得を好きになってください。練習して技能を向上させてください。

**要点▶** 優れたプログラマは謙虚さを持って活動します。優れたプログラマは、すべての事柄を知っているわけではないことを認めます。

**単純さ**

あなたは、最も単純なコードを可能な限り書いていますか。すべてを、理解しやすくコードとして簡単に書けるように、複雑ではない形式へ変えていますか。

私は、子供達が独自の限られた視点から物事を理解し、物事の真相を理解しようとするやり方が好きです。子供達は常に理由を尋ねます。たとえば、娘が六歳の時に私と次のような会話をしました。「ダディ、ミリーはなぜ私のお姉ちゃんなの？」「アリス、君はミリーと同じ家族だからだよ」「どうして？」「お母さんとお父さんが同じだろう」「どうして？」「まあ、分かるだろう、鳥と蜂がいて……。さあ行って、本を取ってきなさい」「（考えながら）どうして？」

私達は絶えずなぜと問うべきです。行っていることとその理由を問うべきです。問題をよく理解し最善の答えを求めるべきです。そして、ソフトウェア開発では単純さを求めて努力すべきです。つまり、可能な限り単純で処理能力のないコードではなく、適切に複雑ではないコードを書くということです。

**楽しむ**

それでもダメなら、楽しむことに何も悪いことはありません。すべての優れたプログラマは、遊ぶ時間を楽しんでいます。私のオフィスには一輪車と簡易クリケット場があります。

ここまでのことを心に留めて、次のことを自問してください。

- 私は、できるだけ単純なコードを書くように努力しているだろうか。あるいは、心に浮かんだものをタイプして、共通性、リファクタリング、あるいはコード設計について考えていないのではないのだろうか。
- 私は、今も学んでいるだろうか。何を学べるだろうか。何を学ぶ必要があるだろうか。
- 私は、謙虚なプログラマだろうか。

## ソフトウェア開発は退屈な仕事

ソフトウェア開発の仕事の多くは、楽しくありません。魅力的でもありません。順風満帆の航海でもありません。プロジェクトを完了させるために成し遂げなければならない単調で嫌な仕事にすぎません。

有能なプログラマであるためには、退屈な仕事を恐れてはいけません。プログラミングはきつい仕事だと認識してください。最新の製品のバージョンに対して洗練された設計を行うことは素晴らしいことです。しかし、退屈なバグ修正を行ったり、商品を出荷してお金を稼ぐために古くてひどいコードを掘り返す必要があったりもします。

時には、私達はソフトウェアの清掃員にならなければならず、次のことが求められます。

**きれいに掃除**

問題を見つけて取り組まなければなりません。どこが壊れていて、適切な修正は何であるかを知らなければなりません。その修正は適切な時期に、壊さないように行われなければなりません。清掃員は、おもしろくない仕事を他の誰かに残すようなことはせずに、責任を持って清掃します。

**裏方で働く**

清掃員はスポットライトを浴びては働きません。おそらく、英雄的な努力はほとんど認識されません。これは支援的な役割であり、主役ではありません。

**保守**

ソフトウェアの清掃員は、死んでいるコードを取り除き、壊れたコードを修復し、リファクタリングを行い、そして不適切な作品を作り直します。そして、荒廃した状態にならないようにコードを整えてきれいにします。

次のことを自問してください。

- 私は、コードの退屈な仕事を行って幸せだろうか。あるいは、私は魅力的な仕事をしたいだけなのだろうか。
- 私は、取り散らかしたコードに対して責任を持ってきれいにしているだろうか。

## 比喩の過重荷

私達は、ソフトウェア開発の行為に対してたびたび比喩を考え出します。私達が集めた多くの洞察は有益です。しかし、完璧な比喩はありません。ソフトウェア開発はそれぞれ特別な活動であり、ソフトウェアを作り出す行為は他のどの規律とも同じではありません。今でも探求されながら洗練が行われている領域です。誤っている比較から、ゆがんだ結論を導き出さないようにしてください。

優れたコードと優れたコーダーは、正しい方法で正しく書きたいという願望から生まれるのであって、アルファベットカスタードのような安易なアイデアからは生まれません。

## 質問

1. この章で示したどの比喩が、最もうまく表現していると思いますか。今のあなたの活動を最も正確に反映しているのはどれですか。
2. ソフトウェア開発に対して他の比喩を考え出せますか（たとえば、ガーデニングや羊飼い）。それらは新たな洞察を示しますか。
3. あなたなら、どのようにアルファベットカスタードを作りますか。

## 参照

- **1章　コードを気にかける**：正しいソフトウェアを正しい方法で作ることを気にかけなければなりません。
- **34章　人々の力**：ソフトウェア開発のチームワークを表現している比喩を見てきました。プログラミングは人の営みです。

> **やってみる**
> この章のあなたへの問いを再考してください。あなたが今最も注力すべき領域はどれですか。

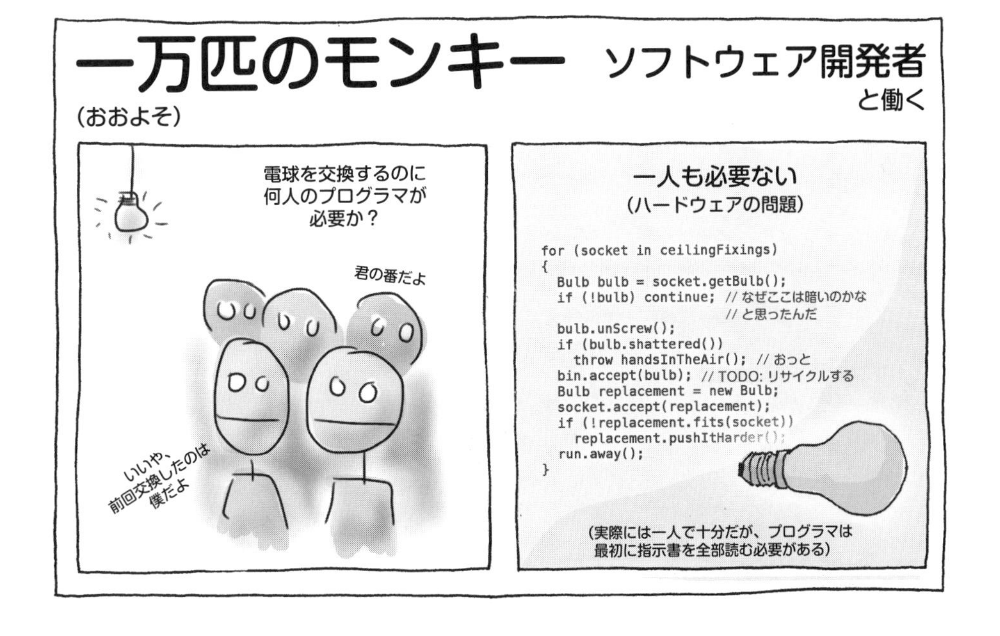

# 一万匹のモンキー
（おおよそ）

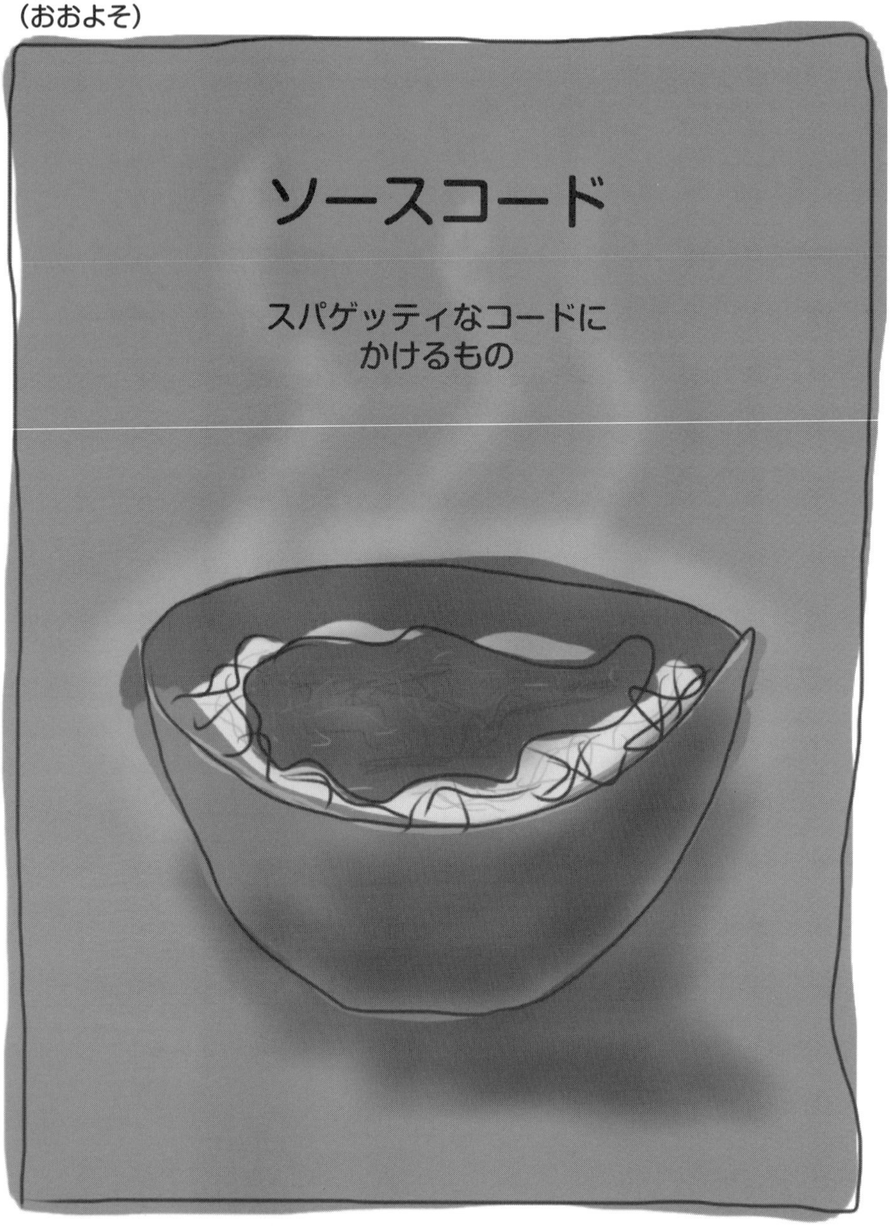

ソースコード

スパゲッティなコードに
かけるもの

# 15章
# 規則に従って競技する

規則を全部守っていたら、何も成し遂げられないわ。
——マリリン・モンロー

私達は多くの規則に従って生きています。そのことは、理想郷からかけ離れた人間性のない悪夢かもしれません。しかし、そうではありません。課せられる規則がある一方で、私達自身が設定する規則もあります。規則は、生活という歯車の潤滑油の役割を果たしています。

規則は、競技の方法を規定しています。つまり、誰がどのようにして勝利したかということです。規則のおかげで、スポーツを公平に楽しむことができますが、多くの（誤った）解釈を生み出します（サッカーのオフサイドがそうです）。

規則は旅にも影響を与えます。空の安全規則では、航空機には多くの液体や先が鋭いものは持ち込めません。交通規則はスピード制限や道路上で安全に走行する方法を規定します。このような規則はすべての安全を保証しています。

規則は社会規範も制限しています。たとえば、知らない人に初めて会ったときに、どれだけおいしそうに見えてもその人の耳をなめるのは適切ではありません。

そうです、私達は規則を守りながら生活しています。そのことに慣れすぎているので、規則についてはあまり考えません。

驚くことではありませんが、同じことが私達の開発業務にも当てはまります。コーディングの広範囲な規則。開発プロセスの規範。必須のツールチェーンとワークフロー。オフィスでのエチケット。言語構文。デザインパターン。これらはプロのプログラマとは何であるかを定義しており、他の人達と開発競技を行う方法なのです。

新たなプロジェクトへ参加するのであれば、従うべきさまざまな規則があります。責任を持って高品質なコードを作成するための規則。働き方のプロセスと実践を支配している規則。そして、プロジェクトと問題領域に関する特定の規則です。他の業界では、おそらく、金融取引で施行されている法規制、あるいは健康産業における安全性のガイドラインなどにあたるでしょう。

これらの規則は、私達が一緒になって活動するのに役立ちます。規則は私達の努力を組織化して調和させるのに役立っています。

## もっと多くの規則が必要

これらの規則は優れていますが、十分ではないこともあります。成熟していないプログラマにはもっと多くの規則が必要かもしれません。私達は規則を必要としています。

**自分達で決めた**規則が必要です。私達が所有権を持つ規則です。特定のチームにおける文化、およびうまく開発できる方法を決めている規則です。これらは、大きくて、扱いにくい厳しい規則である必要はありません。新たなチームメンバーがすぐに一緒に開発できるように、単純なものでよいです。つまり、それらは単なる方法やプロセスよりも詳しく何かを記述している規則であったり、コーディングの文化を記述している規則だったりします。すなわち、チームで優れた選手になるための方法を記述している規則です。

> **要点▶** プログラミングのチームは一揃いの規則を持ちます。それらの規則は、何をどのように行うかを明確にします。そして、コーディングの文化についても述べます。

健全だと思いませんか。私達は健全だと考えています。私達のチームの開発道（どう）は三つの短い補足的な規則にまとめられています。そこから、他のすべての実践が得られます。それらの三つ規則は、私達のチームの伝承では重要とされており、大きく親しみのある文字で印刷されて、私達の共同作業スペースに飾られています。それらは、私達が行うすべての行動を支配しています。選択をせざるを得ない、決めるのが難しい、あるいは白熱した議論に直面したときは、いつでも正しい答えを導くのに役立っています。

知恵を授かる準備はできていますか。優れたコードを書くための、三つの重要な規則は次の通りです。

- 単純に保つ（*Keep it simple*）
- 頭を使う（*Use your brain*）
- 変わらないものはない（*Nothing is set in stone*）

これだけです。素晴らしいですよね。

優れたソフトウェアをもたらし、優れたプログラマになるのに役立つと考えているので、これらの規則を定めています。この後の複数の章で、これらの規則が何を意味しているかを説明します。

これらの規則は、態度、共同体意識、およびチームの文化を完璧に述べています。規則は意図的に短く簡潔です。長ったらしい官僚的な命令や不必要な複雑さは好まれません。規則を解釈して従うのは開発者の責任です。私達はチームを信頼しており、規則がチームに力を与えています。これらの規則そのものが、コードベースに常に適用されるのです。つまり、私達は常に学び、常に改善を求めているのです。

## 規則を決める

前述の三つの規則は、プロジェクト内、会社内、そして業界内で、私達にとって意味があります。しかし、あなたにとっては同じ意味を持たないかもしれません。

あなたは、現在どのような規則に従って働いていますか。実施されているコーディング規約（公式、あるいは非公式）がありますか。開発プロセスの規則がありますか（たとえば、次のようなものです。スタンドアップミーティングを行うので午前10時前に出社すること。すべてのコードはチェックインされる前にレビューされなければならない。すべてのバグレポートは、開発者へ渡される前に明確な再現手順を含んでいなければならない）。

チームの文化を支配しているのはどのような規則ですか。あなたのチームにおいて、コードを共同で作成する方法やコードに取り組む方法で、非公式で明文化されていないことは何ですか。

コーディングの文化と一緒に、小さく単純な規則の集まりを言葉で表現してください。我々の三つの規則のように、簡潔なもので表すことができますか。

> **要点▶** 曖昧で記述されていないチームの「規則」に頼らないでください。暗黙の規則を明示して、コーディングの文化を統制してください。

我々の三つ目の規則の精神である、変わらないものはないということを忘れないでください。あなたの規則もそうです。規則は、結局のところ破られるために存在します。むしろ、規則は、作り直されるために存在します。時間の経過と共に、あなたのチームが学んで成長するに従って、規則が変わっていくのは当然なことです。今日適切なことは、将来もそうとは限りません。

### 質問

1. あなたのプロジェクトで現在使われているソフトウェア開発プロセスの規則をあげてください。それらの規則はどの程度強制され、守られていますか。
2. あなたが経験した以前のプロジェクトと現在のプロジェクトの文化はどのように異なっていますか。働くにはよいプロジェクトですか、それとも悪いプロジェクトですか。文化の違いは、規則にまとめたり、改善したりできますか。

3. あなたのチームは合意された規則のもとに結束すると思えますか。
4. あなたのコードの形、スタイル、品質が、プロジェクトのコーディングの文化に何らかの影響を与えていますか。チームがコードを形成していますか、それともコードがチームを形成していますか。

## 参照

- **16章 単純に保つ、17章 頭を使いなさい、18章 変わらないものはない**：効果的なソフトウェア開発において、我々のチームが持つ極めて重大な三つの規則について説明します。
- **37章 多くのマニフェスト**：規則作成の積極的な側面、すなわち、マニフェストです。
- **35章 原因は思考**：チームの規則に従うときには、他の人達と合意して責任を持たなければなりません。

> **やってみる**
>
> ソフトウェア開発に対するあなたのチームの「規則」を文書化してください。規則を印刷して、オフィスの壁に張ってください。

# 16章 単純に保つ

単純さは究極の洗練である。
——レオナルド・ダ・ヴィンチ

「*KISS*」という助言を以前に聞いたことがあると思います。つまり、「単純に保て、お馬鹿さん」(*Keep it simple, stupid*) です。それを読み間違えることはありません。単純さは優れた目的です。間違いなく、自分のコードに単純さを求めて努力すべきです。過剰に複雑なコードに取り組むことに憧れるプログラマはいません。単純なコードは透き通っています。その構造は明瞭であり、バグを隠していませんし、学ぶことも取り組むことも容易です。

では、すべてのコードがそうなっていないのはなぜでしょうか。

開発者の世界には、二種類の単純さがあります。誤った種類の単純さと正しい種類の単純さです。はっきり言えば、私達が追い求めている「単純さ」は、「できるだけ容易な方法でコードを書き、手抜きをし、厄介で複雑なものをすべて無視し（絨毯の下に押し込んで消えるのを願い)、間抜けなプログラミングであること」ではありません。

物事がこんなに単純であればどんなによいでしょう。多くのプログラマがこのような「単純な」コードを書いています。彼らは頭を働かせていないのです。プログラマによっては、悪いことを行っていることに気づいてさえいません。書いているコードについて十分に考えておらず、本質的に微妙な複雑さのすべてを正しく認識できていません。

このような頭を使わないやり方は単純なコードではなく、極度に単純化されたコードを生み出します。極度に単純化されたコードは、正しくないコードです。考え抜かれていないので、必要とされることを正確に行わないのです。たいていは、「主要な処理」だけを行い、エラー状態を無視したり、まれな入力を正しく処理しなかったりしています。このため、極度に単純化されたコードは、障害の温床です。これはひび割れになり、さらに極度に単純化されたコードで覆われます。このようなコードの修正は、一つずつ積み上げられ、最後にはコードが途方もないめちゃくちゃなものになっていきます。きちんと構造化された単純なコードとは、まさに対極の状態になっています。

単純さは、正しくないコードの言い訳にはなりません。

**要点▶** 単純なコードを設計するには努力を必要とします。それは、極度に単純化されたコードと同じものではありません。

この誤った「単純さ」の代わりに、できるだけ単純なコードを書くように努力しなければなりません。頭を働かせないで極度に単純化されたコードを書くことではありません。頭を使う活動なのです。皮肉なことに、単純なものを書くのは難しいのです。

## 単純な設計

単純な設計を示す確かなしるしが一つあります。それは、設計を手短に明瞭に説明でき、容易に理解できることです。単純な一文あるいは一つの明瞭な図で設計を要約できます。単純な設計は概念化することが容易です。

単純な設計は多くの顕著な特性を持っています。では、その特性を見ていきましょう。

### 使うのが容易

単純な設計は、そもそも使うのが容易です。少ない労力で使い方を知ることができます。

最初に学ぶべきことは多くないので、理解するのが容易です。最も基本的な機構から取り組み始めることができ、高度な機能を理解する必要が出てくると、きちんと制作された物語のように高度な機能が徐々に現れてきます。

### 誤用を防ぐ

単純な設計は、誤用や乱用が困難です。インタフェースをすっきりとさせて、ユーザに不必要な負荷を強いないことで、コードのクライアントへの負荷を減らします。たとえば、「単純な」インタフェースの設計は、ユーザが手作業で削除しなければならないような動的に割り当てられたオブジェクトを返したりしません。ユーザは削除を忘れます。そして、コードはメモリをリークさせるか失敗します。

秘訣は、複雑なことを正しい場所に置くことです。つまり、単純なAPIの背後に隠蔽します。

**要点▶** 単純な設計が目指しているのは、誤用を防ぐことです。単純な設計は単純なAPIを提供するために、その内部は複雑かもしれません。

## 大きさが重要

単純なコードは、コンポーネントの数が最小限となるように設計します。多くの動作部分をもつ巨大なプロジェクトは、当然ながら多数のコンポーネントを必要とします。しかし、多くの動作部分を持ちながら、一方で「できるだけ単純である」ことは可能です。

> **要点▶** 単純な設計は、できる限り小さくなります。しかも、小さすぎません。

## 短いコードパス

著名なプログラマ達の格言を思い出してください。それは、「すべての問題は、間接レベルを付け加えるとによって解決できる」というものです。多くの複雑な問題は、問題を隠蔽する不必要な間接レベルによって、巧妙に隠れていたり発生したりします。関数呼び出しの長い連鎖を調べなければならない場合や、多くのレベルの「取得（ゲッター）」関数、転送機構、そして抽象化層を通して、間接的なデータアクセスを調べなければならない場合、理解しようとする意欲をすぐに失うでしょう。人間的ではありません。不必要な複雑さです。

単純な設計は間接を減らし、機能とデータが必要な場所の近くにあるようにします。

単純な設計は、不必要な継承、ポリモフィズム、動的結合を避けます。これらの技法は正しいときに使われればよいものです。しかし、闇雲に適用されたときには、不必要な複雑さをもたらします。

## 安定性

単純な設計の確かなしるしは、大量の書き直しをせずに機能を追加したり拡張したりできることです。プロジェクトが成熟するにつれて、継続的にコードの一部をやり直しているのであれば、変わりやすい要件（よく起きますが、別の問題です）を抱えているか、設計が最初から十分に単純ではなかったことを示しています。

単純なインタフェースはどちらかといえば安定しており、あまり変更されません。新たなサービスで単純なインタフェースを拡張することがありますが、API全体を作り直す必要はありません。しかし、変更を受け入れないという意味であるべきではありません。つまり、インタフェースは石に刻まれる必要はありません。コードを不必要に固くしないでください。そうなることそのものが、単純ではありません。

# 単純なコード行

単純なコードは、読むのも、理解するのも容易です。したがって、扱うのも容易です。

コードが単純に見えるかどうかは、個人的な好みと慣れによる部分が多いです。人によっては、ある種のレイアウトのイデオムがコードを明瞭にするのに役立つと考えています。また、逆に邪魔であると考えている人もいます。いずれにせよ、一貫性が単純なコードを生み出します。広範囲に統一されていないスタイル、命名規約、設定方法、ファイル形式を持つコードは不必要に不明瞭です。

**要点▶** 一貫性は明瞭性を生み出します。

いかなる理由であっても、不必要に不明瞭なコードを書かないでください。つまり、雇用保障のため（これについては冗談でいうことがありますが、人によっては実際に行っています[†1]）、コーディングの腕前で同僚を感心させるため、新たな言語の機能を試すためといった理由で書かないでください。ありふれているけれど、明瞭なコーディングスタイルで受け入れられる実装を書けるのであれば、そうしてください。そうすることで、保守するプログラマはあなたに感謝します。

## 単純に保ち、愚かにならない

バグに出くわすと、それに対処する方法はたいてい二つです。

- 問題を解決する最も容易な方法を取ります。物事を単純に保つのです。見かけの問題を修正します。つまり、ばんそうこうを貼るだけで、奥深いところにある面倒な問題の解決まで考慮しません。この対処方法は、あなたにとって今のところ最も少ない努力ですが、以前に述べたような極度に単純化されたコードを生み出してしまいます。

これは、物事を単純にはしません。複雑にします。新たな問題を追加したのであり、根底にある問題を解決したのではありません。

- 修正を受け入れ、単純さを維持するためにコードを書き直します。適切にAPIを調整し、バグ修正のための正しいつなぎ目を作るためにロジックをリファクタリングします。あるいは、コードが想定していることが成立していないと気づいたので、大きな書き直しを行わなければならないかもしれません。

後者を選択すべきです。多くの努力を実際に必要としますが、コードを最も単純な形へと洗練することは長期的に利益をもたらします。

---

†1 訳注：自分にしか読めないようなコードを書くことで、そのコードが必要とされる限り、自分の雇用が保障されるようにする行為を指します。

**要点▶** 根本原因に対してバグ修正を適用します。それは、症状が現れる場所にではありません。症状を修正するばんそうこうを貼ることは、単純なコードへとは導きません。

## 想定は単純さを減少させる

コーディング中には、説得力に欠ける「単純化をもたらす」想定を行いやすいものです。そして、頭の中では複雑さを減少できているのですが、実際にはねじれたコードを構築していたりします。

単純なコードは、要件、問題領域、読み手、実行時環境、使われるツールチェーンなどについて不必要な想定は行いません。想定は単純さを減少させます。なぜなら、コードが意味をなすための追加の情報を読み手が知っていることを暗黙に要求するからです。

**要点▶** コードでは、暗黙の想定を避けてください。

しかし、想定は単純さを増加させることもあります。増加させるポイントは、どのような想定が行われているかを正確かつ明瞭に記述することです。たとえば、コードが設計されている制約と文脈です。

## 早まった最適化を避ける

最適化は、単純さとは正反対です。よく知られているようにDonald Knuthは「時期尚早の最適化は、プログラミングにおけるすべての悪の根源である」と述べています[†2]。

コードを最適化することは、素直で読みやすいアルゴリズムの実装を取り上げて、ぶち壊してしまうことです。つまり、アルゴリズムを壊して、特定の条件下の与えられたコンピュータ上で速く実行させることです。これは、必然的にアルゴリズムの形を変えて不明瞭にし、その結果、単純ではなくなります。

明瞭なコードを最初に書いてください。必要なときにだけ、複雑にしてください。

賢くする必要がないときには、単純で標準的なソートを使ってください。アルゴリズムの最も分かりやすい実装を書いて、それからさらに速くする必要があるかを知るために測定してください。そして再び、想定に注意してください。多くのプログラマは遅くなるだろうと想定する部分を最適化していたりします。ボトルネックはたいてい他のところにあります。

---

†2　彼の1974年のチューリング賞講演 *"Computer Programming as an Art"* にて

## 十分に単純

単純さは十分さと結び付いています。その結び付きについては、次の点に注意してください。

- あなたは最も単純な方法で活動し、できる限り単純なコードを書くべきです。しかし、十分な単純さを保ってください。過剰な単純化は、実際の問題を解決しません。私達の「単純な」解決法は「十分」でなければなりません。そうでなければ解決法ではありません。
- 問題を解決するのに必要なだけのコードを書くようにしてください。将来役立つと考える大量のコードを書かないでください。使われないコードはお荷物にすぎません。余分な負荷です。必要のない複雑さです。「十分な」量のコードを書いてください。書くコードが少ないほど、生み出すバグは少なくなります。
- 解決法を過剰に複雑にしないでください。当面の課題だけを解決してください。関係のない問題全体に対する、必要のない解決方法を作り出さないでください。

> **要点▶** 必要とされる量だけのコードを書くようにしてください。余分なものは、すべて重荷となる複雑さです。

## 単純な結論

私達全員が、美しく単純なコードは不必要に複雑なコードよりも優れていることを知っています。私達全員が、汚く、醜く、複雑な大量のコードを見てきましたが、そのようなコードを書くことを目指している人はいないでしょう。複雑さは、たいてい急ぎの変更と忘れられた規則により作られます。ばんそうこうによる修正。コードレビューの省略。「リファクタリングをする時間がない」。これらが多く行われた後には、コードは取り散らかされ、健全性を回復する方法を考えるのは困難です。

残念ながら、単純さを維持することは大変な活動なのです。

単純さは、開発者の間で広まっている多くの格言から生まれた理念です。YAGNI（*you aren't going to need it*：必要になることはない）は、機能の十分さについて述べています。DRY（*don't repeat yourself*：繰り返さない）は、コードの大きさについて述べています。高い凝集度と低い結合度が好まれるのは、設計における単純さについて述べているからです。

### 質問

1. 最近見た最も単純なコードは何ですか。今までに見てきた最も複雑なコードは何ですか。最も単純なコードは、最も複雑なコードとはどのように異なっていましたか。
2. どのような不必要な想定があって、コーダーはコードを複雑にしすぎるのでしょうか。どの想定が正当ですか。

3. 私達は、コードレベルの最適化についてはよく話します。設計レベルやアーキテクチャレベルでどのように最適化を行えますか。
4. コードの単純さを維持したままコードを最適化することは可能でしょうか。
5. コードが「単純」であるかどうかは、それを読むプログラマの能力に依存するでしょうか。経験の浅い保守を行うプログラマに対して、品質の高いコードで、かつ「単純に」見えるようにするために、経験を積んだプログラマはどのように行動すべきでしょうか。

## 参照

- **15章 規則に従って競技する**：「単純に保つ」は、我々のチームをまとめている三つの規則の一つです。
- **12章 複雑さに対処する**：単純さの反対の面である複雑さです。この章は、複雑さをどのように管理するかについてです。

> **やってみる**
>
> あなたが行っているコードの修正が、そのコードの単純さへ寄与しているかを調べてみてください。複雑さを追加することを避けてください。コードのエントロピーが増加しないように戦ってください。

# 17章
# 頭を使いなさい

「ラビットは賢い」とプーは考え込んで言った。
「その通り、ラビットは賢い」とピグレットは言った。
「それに脳を持っている」
「その通り、ラビットは脳を持っている」とピグレットは言った。
長い沈黙。「思うんだけれど」とプーは言って、
「だからラビットは何も理解しないんだ」
——A・A・ミルン
『クマのプーさん』

「頭を使いなさい」は、だらしない同僚をけなす言葉ではありません。むしろ、誠実なコーダーにとって重要な原則です。プログラミングに対して我々のチームが自ら選んだ規則の二つ目です。その規則は、日々のコーディングの多くの場面で適用されます。

## 愚かにならない

KISS規則についてはすでに述べました。「単純に保て、お馬鹿さん」です。ここでは、さらに一歩進めます。つまり、「愚かにならない（*don't be stupid*）」です。私達プログラマは、このことを何度も思い出す必要があります。

知的な人々が、信じられないほど愚かになります。目の前にある疑いの余地のない明らかな正しさを見落とします。

これは、典型的なギークの問題です。

わくわくするような新たなアルゴリズムを書いたり、巧妙なデータ構造を製作したりする願望は、単純な配列で十分であるという判断を鈍らせることがあります。リリースを急ぐと、標準以下のコードを大量に生み出しやすくなります。プレッシャーにより注意深く考えなくなります。**愚かな**コードを書いてしまいます。

コーディングの専門家でもやってしまうのですから、普通の人である私達がやってしまうのは当然です。自分のコードにある、あまりにも明らかなミスを見落とさないようにしてください。うっかりして設計を過剰に複雑にしないでください。容易に避けられる愚かさを付け加えないでください。

**要点▶**　立ち止まって考えてください。愚かなコードを書かないでください。

誰でも間違うことがあります。誰のコードも終始一貫して完璧であることはありません。したがって、無力だと感じたりしないでください。愚かなコードを書いたり、愚かな設計をしたと気づいたときに、自分を失敗者と考えないでください。

あなたが間違っているときは素直に認めて、作ったものを取りやめてください。そして優れた行動を取ってください。失敗を認めて過ちをやり直すには勇気がいります。そうすることは、機能不全なコードにすがって顔を潰さないようにするよりも、勇気のいることです。コードに敬意を払って扱ってください。あなたが取り散らかしたコードをきれいにしてください。

**要点▶**　あなたの間違いとひどいコーディングの判断を認めてください。そこから学んでください。

## 不注意を避ける

正直なところ、私達全員が、自動的な作業のようにプログラミングを行っています。

頭を使わないでプログラミングするのは簡単です。本当です。指がコードをたたき出すように単に指を動かことは簡単です。全体像を考慮せず、周りのコードやタイプしているものが実際に正しいかを考えずに、差し迫った（とあなたが考えている）問題を解決しようとして深みにはまることは容易です。

しかし、これは必ず愚かなコードを生み出します。冗長で過度に複雑なコード、すべての要件を満たさない正しくないコードを生み出します。そして、すべての場合を処理しないバグがあるコードを生み出します。

コーディングの課題に直面したときには、常に一歩さがって、別の解決方法がないかを検討してください。別の方法を考えずに、最初に思い付いた方法で先に進めていないかを確認してください。

**要点▶**　注意を払ってください。不注意にコードを書かないでください。

不注意の罠と私達自身の愚かさを避けるための最善の戦略は、説明責任を果たすことです。つまり、エディタを起動する前に設計レビューを行ってください。ペアプログラミングをしてください。コードレビューを行ってください。

## 考えてよいのだ！

「頭を使いなさい」は、何よりも、力を与えてくれる規則です。あなたは実際に頭を使うことが許されているし、推奨さえされています。

プログラマによっては、十分な責任を引き受けることができません。彼らは、自分自身で考えることなく、他の人の設計の中の空白を埋めたり、既存の構造とイデオムに従ったりするだけで、コードモンキー（*code monkey*）[†1]のような働き方をしています。

あなたは、コーディングの自動人形ではないのです。頭脳を持っています。頭を使ってください。

あるコード部分に取り組むときには、その形と構造に関して意識的な決断を行ってください。コードを所有してください。そのコードに対する責任を持ってください。要求された改善や変更を行うときには、先を見越して行動してください。

もし、既存のコードのパターンが怪しげであれば、変更すべきかどうかを検討してください。今がまさにリファクタリングする時であるかの判断を下してください。

応急処置のためにひどいコードになっていて、大幅な修正が必要になっているときに、同じような応急処置を行わないでください。このような種類の問題を受け入れるのは**あなたの責任**であることを理解してください。あなたは、コードを批判的な目で評価することが許されているのです。

意見を持ち、それを声に出すためには、勇気が必要です。コードを改善するために立ち上がってください。

> **要点▶** 頭を使う勇気を持ってください。コードを批判し、改善するために決断を下す力を持っていると感じてください。

### 質問

1. 単純なコードと**愚かなコード**の違いは何ですか。
2. あなたは愚かなコードを書かないことをどのようにして保証していますか。自分が、優れたコードの「常識」を持っていると思いますか。その答えが正しい理由を示してください。
3. 注意を払っていない人によってコードが書かれたと、すぐに分かる兆候は何ですか。
4. ひどいコードの部分をやり直すか、技術的負債として汚点を残して「現実的に」尻込みするかの選択の決め手は何ですか。

---

†1　訳注：設計は行わずに、与えられた仕様書に従ってコードを書くだけのプログラマを指します。

## 参照

- **15章 規則に従って競技する**：「頭を使いなさい」は、我々のチームをまとめている三つの規則の一つです。
- **33章 今度こそ分かった……**：一歩下がって、頭を使うときに関するケーススタディです。

> **やってみる**
>
> 仕事をしながら、注意を払ってください。もっとよく集中できて愚かなコードを書くことを避けるための二つの技法を考えてみてください。

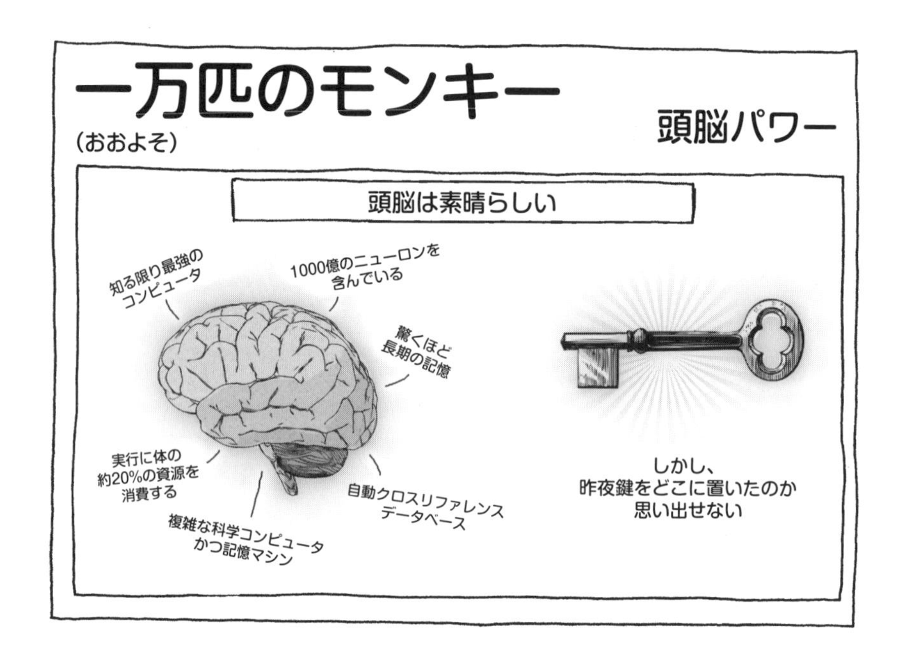

# 18章
# 変わらないものはない

時がものごとを変えるといわれるが、あなた自身が実際に変えなければならない。
——アンディ・ウォーホル

プログラミングの世界には、奇妙な話があります。何らかのコードを一旦書いてしまえば、コードは神聖であり、いかなるときでも変更されるべきではないというものです。

これは、他人のコードにも当てはまります。絶対触ってはいけないということです。

開発の最前線のどこか、おそらく最初のチェックインのとき、あるいは製品リリースの直後に、コードは防腐処置が施されます。つまり、コードの分類が変わり、コードは昇格します。下層階級ではなく、デジタルの王様になります。かつては疑わしかった設計が、突然申し分のないものと見なされ、変更できないものになります。コードの内部構造は、めちゃくちゃではないと見なされます。外部の世界に対するすべてのインタフェースが神聖であり修正できません。

プログラマはなぜこのように考えるのでしょうか。恐れのためです。間違ってしまう恐れ。壊してしまう恐れ。余分な作業に対する恐れ。変更のコストに対する恐れです。

すべてを理解していないコードを変更することから生まれる、現実的な不安があります。ロジックを徹底的に理解していない、何を行っているのか確信が持てない、変更によって生じる可能性があるすべての結果を理解できていないといった場合、プログラムを奇妙な方法で壊したり、めったに発生しない振る舞いに変更したりして、製品に分かりにくいバグを入れてしまいます。そんなことはしたくないですよね。

ソフトウェアは、ハードではなくソフトであるとされています。しかし、恐れから、ソフトウェアを壊すことを避けようとしてコードを固く凍らせてしまいます。これはソフトウェアの死後硬直です。

**要点▶** あなたのコードに防腐処置を施さないでください。製品に「変更不可能な」コードがあれば、製品は腐っていくでしょう。

元の作成者がプロジェクトから離れて、ビジネス的に重要な古いコードのすべてを理解している人がいなくなったときに、死後硬直が起きます。レガシーコードを扱うのが困難だったり、取り組むための高い精度の見積もりが困難だったりするときには、プログラマはコードの中核部分を避けます。そして、それは荒涼としたコードの荒野となり、手に負えないデジタルの怪物が闊歩しています。怪物を避けて、適切なタイミングで予想可能な方法で取り組むために、新たな機能は荒野の縁の外側に追加されます。

製品が製品サーバにリリースされて、日々多くの顧客に使われると死後硬直が起きます。最初のシステムのAPIに固定化されてしまいます。なぜなら、他のチームやサービスの多くが、今やそのAPIは依存しているからです。

コードはじっとしているべきではありません。神聖なコードや完璧なコードなどありません。どうしたらそうなるのでしょうか。世界は、コードの周りで絶えず変化しています。どんなに念入りに要件を捉えたとしても、要件は絶えず変化します。製品バージョン2.4は、バージョン1.6とは大幅に異なっているので、内部のコードの構造がほとんど異なっていることは十分にあり得ます。しかも、修正の必要がある新たなバグは、古いコードの中に絶えず見つかります。

コードが拘束服のようになっているときには、ソフトウェアを開発しているのではなく、ソフトウェアと格闘しているのです。壊死したロジックの周りを永久に踊り続けて、怪しげな設計の周りに神秘的な航路を描き続けます。

> **要点▶** あなたのソフトウェアの主人は、あなたです。あなたの支配下にあります。コードやコードを取り扱うプロセスに、コードの発展方法を支配されないでください。

## 何ものも恐れない変化

もちろん、ソフトウェアを壊すことを恐れるのは分別があることです。大きなソフトウェアのプロジェクトには、習得しなければならない無数の微妙な事柄や複雑さがあります。無謀な修正によってバグを生み出したくはありません。うっかり者だけが、何も考えずに、行っていることを実際に分からないまま変更を行います。それは、カウボーイのコーディングです。

では、勇気ある修正と間違いを入れてしまう恐れは、どのようにして折り合いをつけられるのでしょうか。

- 優れた変更を行う方法を学んでください。作業の安全性を高めて、エラーの可能性を減らす方法があります。修正が安全であるという確信から勇気が生まれます。
- ソフトウェアの変更を容易にする方法を学び、変更が容易なソフトウェアを作成することに努めてください。

- 日々コードを改善して、順応性を持たせるようにしてください。コードの品質について妥協しないでください。
- 優れたコードを生み出す健全な態度を受け入れてください。

しかし、究極的には、**変更を行うだけです**。**大胆不敵にです**。あなたは失敗するかもしれず、うまくいかないかもしれません。しかし、常にコードを動作する状態に戻して再び試みることができます。試みることを恥じる必要はありません。常に過ちから学ぶことができます。製品になる前に行うどのような変更でも、十分なテストとインスペクションによって担保されるようにしてください。

変化しないものはありません。設計は変化します。チームは変化します。プロセスは変化します。コードは変化します。このことを理解し、ソフトウェアの改善に対して、あなたができる役割を理解してください。

> **要点▶** コードを修正するには、勇気とスキルが必要です。向こう見ずとは異なります。

## 態度を変える

健全なコードの変更を「可能にする」には、プログラミングのチームは正しい態度を取らなければなりません。チームはコードの品質に尽力し、優れたコードを書きたいと実際に思わなければなりません。

びくびくして臆病にコーディングへ取り組んでいては成功しません。「これを書いたのは私ではない。がらくただ。私はそれに対して何もしたくない。できる限りこのコードには足を踏み入れない」といったことは避けてください。このような態度は、コーダーの人生を今は少しだけ楽にするでしょうが、設計の腐敗を生み出します。古いコードはよどんで腐っていき、新たな流木がその周辺に打ち上がっていきます。

> **要点▶** 「優れたコード」は、誰か他人の問題ではありません。それは、あなたの責任です。あなたは変更を行う力と改善を成し遂げる力を持っています。

コードの健全な成長に寄与する、チームと個人にとって重要な態度は次の通りです。

- 誤った、危険な、ひどい、複製された、あるいは不愉快なコードを修正することは、気晴らし、脱線、あるいは貴重な時間の浪費のいずれでもありません。積極的に推奨されることです。実際、期待されていることです。あなたは、もろい部分を長い間腐らせたままにはしたくはありません。恐ろしくて変更できないコードを見つけたら、その時は、そのコードを変更すべきです。
- リファクタリングを推奨します。コードの根本的な変更を適切に行う必要がある仕事を抱えているのであれば、その時は適切に行ってください。つまり、リファクタリングです。変更が必要であり、そのような問題を見つけたときには対応に少し長い時間を要するかもしれないことを、チームは理解しています。

- コードのどの領域も、誰にも「所有」されていません。どの領域でも、誰もが変更を行うことが許されています。コードを所有するといった制度は避けてください。それは、変更を抑制します。
- 間違いを犯すことや間違ったコードを書くことは（少なくとも故意でなければ）犯罪ではありません。誰かがあなたのコードを修正したり改善したりしたら、それはあなたが劣っているとか、他のプログラマが優れているとかを示しているのではありません。逆に、明日にはあなたが彼らのコードを修正しているかもしれません。物事はこのように進みます。学んで成長してください。
- 誰かの意見が、他の人の意見よりも重要だとは考えるべきではありません。コードベースのどの部分に対しても誰もが確かな貢献を行います。人によっては、ある領域では多くの経験を積んでいます。しかし、彼らはコードの「所有者」でもなければ、神聖なコードの門番でもありません。他の人よりも「正確」とか「優れている」として誰かの成果を取り扱うことは、その人達に誤った尊敬を与えたり、チームの残りのメンバーの寄与を低くみてしまいます。
- 優れたプログラマは変更を予期しています。なぜなら、それがソフトウェア開発のすべてだからです。あなたには鋼鉄の精神が必要です。足下で変動している地面を気にしてはいけません。コードは素早く変化しています。そのことに慣れてください。
- 私達は、説明責任を重視しています。つまり、レビュー、ペアプログラミング、テスト（自動化された単体テストとインテグレーションテスト、それとQAと開発者の優れたやり取り）が、コードが柔軟であるための重要な要素だと考えています。説明責任を持つことで、誤ったことを行いコードに硬直をもたらせば、問題になる前に発見できます。

## 変更を行う

真偽が定かではありませんが、ある国の村で道に迷った旅行者が村人に声をかけて、遠くの市にある町への方向を訪ねました。村人は慎重に考えて、ゆっくりと答えました。「私がそこへ向かっているのなら、ここから出発したりしません。」

奇妙に聞こえるかもしれませんが、多くの場合、旅を始める最善の場所は、あなたが今いるところ、つまりコードの泥沼ではありません。前進しようとすれば、沈んでいくかもしれません。代わりに、健全な地点まで戻って、地元の高速道路のルートへとコードを戻すことが最善かもしれません。そして、一旦高速道路へ戻ったら目的地へとアクセルを踏んでスピードを出してください。

コードへのルートを走行する方法を学ぶことが重要です。それは地図を描く方法、地図をたどる方法、そして予期しない副作用が隠れている場所を推測する方法です。

## 変更に備えて設計する

私達は、変更を推奨するコードを目指して努力しています。それは、形状と意図を表しているコードであり、単純さ、明解さ、首尾一貫していることを介して修正を推奨しているコードです。副作用を持つコードは、変更に対してもろいので避けます。二つのことを行っている関数を目にしたら、二つの部分に分けてください。暗黙の事柄を明らかにしてください。頑固な結合と不必要な複雑さを避けてください。

みにくく、頑固なコードベースが変更に抵抗している場合、戦闘のための戦略が必要です。つまり、コードを安全に保ちながら日々少しずつ変更を行うことで、ゆっくりと改善していきます。コードと全体の構造に変更を行います。ある期間が経てば、コードが徐々に柔軟な形へと変わっているのがわかります。

> **要点▶** 一度に広範囲にわたるコードの変更ではなく、一連の頻繁で小さく確認できる調整を行うのが最善です。

一度にコードベース全体に取り組んだりしないでください。それは、困難で、手に負えない仕事に違いありません。そうではなく、対処する必要があり変更に集中できる範囲のコードを特定してください。

## 変更のためのツール

これから述べることは重要です。優れたツールは、変更を素早く安全に行うのに役立ちます。

自動化されている優れたテスト一式のおかげで、速くかつうまく仕事ができます。そのテスト一式により、修正を行って何かを壊していないかというフィードバックを素早く得ることができます。選んだコード部分に対して、間違いを避けるために何らかの検証可能なテストの導入を検討してください。コードが説明責任と注意深いコードレビューにより恩恵を得るのと同じように、それらのテストからも恩恵を得ます。

> **要点▶** 自動化されたテストは、コードの変更に確信を得るための重要な安全装置です。

開発のバックボーンは、継続的インテグレーションであるべきです。つまり、サーバが継続的にコードの最新バージョンをチェックアウトしてビルドするのです。あってはならないですが、ビルドを失敗させるような悪い修正が入り込んだら、それを素早く知ることができます。自動化されたテストは、ビルドサーバの上でも実行されるべきです。

## 戦い方を選ぶ

変わらないものはありませんが、すべてが変わりやすいわけではありません。

開発の途中で新たなコードを追加しながら、同時にすべてのコードを変更することは到底不可能です。どれだけ修正したくても、今すぐに修正できない気に入らないコードが必ずあります。もしかすると、巨大でリファクタリングの範囲を超えているかもしれません。

後で改善を行う機会を得られるまで甘んじてしまう、ある程度の技術的負債が存在します。それは、プロジェクト計画に盛り込むべきです。重大な負債は忘れられて悪化させるのではなく、開発のロードマップに描かれる開発項目であるべきです。

## 多くの変更

常に変化しているコードにいったい誰が取り組めるでしょうか。多くの変更を同時に行うのはもちろん大変であり、それらの変更を追跡することも大変です。これは悪夢のようです。

しかし、コードが変わっていくという事実を受け入れなければなりません。変化しないコードはすべて負債です。修正が行われないコードはありません。コードのある部分を避けて恐ろしいものとして扱うのは、逆効果です。

### 質問

1. ソフトウェアの変更を容易にする属性は何ですか。あなたはそのような属性を持つソフトウェアを自然に書いていますか。
2. 「コードを所有しない」ことと、人によっては他の人よりも経験を積んでいるという事実との間で、どのようにバランスを取りますか。それは、プログラマへの仕事の割り当てにどのように影響していますか。
3. すべてのプロジェクトは、頻繁に変更されるコードとほとんど変更されないコードを持っています。使われていない、外部モジュールによる拡張を考慮して健全に設計されているという理由で、あるいは、中のひどいコードを人々が意識して避けているという理由で、ほとんど変更されないコードは安定しているのかもしれません。このような理由で硬直しているコードを、それぞれどれだけ持っていますか。
4. プロジェクトのツールは、コードの変更をサポートしていますか。それはコードをどのように改善できますか。

### 参照

- **15章 規則に従って競技する**：「変わらないものはない」は、我々のチームをまとめている三つの規則の一つです。

- **5章 コードベースの過去の幽霊**：コードの変更を常に予想し、行う変更からも学びます。
- **32章 完了したときが完了**：ソフトウェアが「完成」することはありません。ソフトウェアは柔らかいものであり、将来さまざまな方法で変わっていきます。しかし、現在取り組んでいる作業がいつ終わるかを知ることは重要です。
- **7章 汚物の中で転げ回る**：恐れることなく変更を行うための技法を説明しています。
- **22章 凍結されたコードの数奇な人生**：動的に変わっていくコードの対極、つまり凍結されたコードについて説明しています。

**やってみる**

誰も触れたがらないプロジェクト内のコードを特定してください。そのコードを今やり直すのは適切ですか。どうしたらそのコードを改善できるかを考えてみてください。

# 19章
# コードを再利用するケース

縮小、再利用、再修復、再構築、再改装、再完了、再販売、
リサイクル、あるいは堆肥にできないのであれば、
それは、制限され、再設計され、あるいは製品化から取り除かれるべきだ。
——ピート・シーガー

「コードの再利用」という不思議な言葉を耳にすることがあります。いっとき、それは驚くほど流行りました。もう一つのソフトウェアの銀の弾丸であり、いんちきベンダーが売り込む何か怪しいものです。私は、そんなものには騙されません。

ソフトウェアを開発するときには、「ユースケース（*use case*）」の観点から話すことが多いので、ここでも「再利用のケース（*reuse case*）」の観点から見ていきましょう。

## 再利用のケース1：コピー＆ペースト

一つのアプリケーションからコピーされたコードは別のアプリケーションに外科的に移植されます。それはコードの再利用ではなく、コードの複製です。すなわち、**コピー＆ペースト プログラミング**（*copy-and-paste programming*）です。それは、悪魔のようなものです。コードに対して海賊行為を行うのに等しい行為です。ソフトウェアの七つの海の豊富なコードベースから、ソフトウェアの宝石を略奪する荒くれ者のプログラマ集団を想像してください。大胆不敵ですが危険です。それは、船乗りがひどい船酔いの状態でコーディングしているようなものです。

DRYのマントラを思い出してください。**繰り返しを避けること**です。

この種の「再利用」は、一つのプロジェクトで同じコード部分を数え切れないくらい複製した後に、バグがあることに気づいたときには、致命的です。そのバグをすべて見つけて修正することは不可能でしょう。

そうはいっても、あなたはプロジェクト間でコピー＆ペーストを行うことで仕事を終わらせられると

思うかもしれません。コピー＆ペーストはたくさん行われており、それで世界が終わることはなく、過剰にDRYされたコードが抱える不必要な結合を避けられるとも主張することがあります。

しかし、コピー＆ペーストはとんでもない代物であり、自尊心のあるプログラマは、このような種類のコードの「再利用」を容認しません。

> **要点▶** コピー＆ペーストによるコーディングを避けてください。複製されたコード（と複製されたバグ）で苦しむのではなく、共有された関数と共通関数へとロジックを書き換えてください。

コードベース内のファイル間でコードをコピー＆ペーストしたい誘惑にかられているのであれば、ウェブからもっと大きなコード部分をコピーしたい誘惑にかられます。誰もがそのようなことを行っています。あなたはオンラインで何かを検索します（そうです、Googleは優れたプログラミングの道具であり、優れたプログラマはそれをうまく使いこなす方法を知っています）。フォーラムやブログ記事でもっともらしく見えるコードを見つけます。そして、そのコードが動作するかを試すために、プロジェクトの中にそのままコピーします。おぉ、動作するようだ。コミット。

記事を書いた人々が、私達に教えるためにオンラインのチュートリアルやコード例を提供しているのは素晴らしいことです。しかし、そのまま受け取って、中身を判断せずに、自分たちの開発に取り込むことは危険です。

最初に次のことを考えてください。

- そのコードは正しいですか。すべてのエラーを適切に処理していますか。あるいは、単に説明用のコードですか（コードを公開するときには、エラー処理と特別な条件の処理は練習問題とされて、省かれていることが多いです）。バグはないですか。
- 必要なことを達成するための最善の方法ですか。時代遅れの例ではありませんか。時代錯誤のコードを含む古いブログ記事からのものではありませんか。
- あなたのコードにそのコードを含める権利を持っていますか。そのコードに適用される何らかのライセンス条項はありませんか。
- そのコードをどれだけ徹底的にテストしましたか。

> **要点▶** ウェブ上で見つけたコードを、最初にきちんと調べることなくプロジェクトにコピーしないでください。

## 再利用のケース2：再利用のための設計

あなたは、最初から複数のプロジェクトで使うためにライブラリを設計します。それは、ひどいコピー＆ペーストプログラミングよりは正しいのは明らかです。しかし、それはコードの「再利用」ではありません。それは、コードの利用です。あなたのライブラリは最初からそのように使われるように設計されたのです。

そうすると、不必要に大きなものとなります。

コードのある部分が一つ以上のプロジェクトで使われると推測されたとしても、最初から複数のプロジェクトで使われるために作る価値はありません。そうすることは、過剰に複雑で膨れあがったソフトウェアを生み出し、すべての汎用的なユースケースを網羅しようとして仰々しいAPIを持ってしまいます。そうではなく、YAGNI原則を用いてください。つまり、まだ必要がなければ、書かないということです。

今現在の要件を満たす最も単純なコードを構築することに注力してください。必要なものだけを書いて、できる限り小さくて適切なAPIを作成してください。

その後に、他のプログラムがそのコンポーネントを組み込む必要ができたときに、既存の動作しているコードに追加や拡張を行います。できる限り少ない量のソフトウェアを生み出すことによってのみ、バグを生み出すリスクや、これから何年もサポートしなければならない不必要なAPIを構築するリスクを減らせます。

あなたが計画した二番目の「使われ方」は実際には使われなかったりしますし、二番目のユーザは誰も予想しなかったような異なる要件を求めたりします。

## 再利用のケース3：ライブラリへの昇格とリファクタリング

小さくモジュール化されたコードを書いてください。それが明瞭できちんとなるように維持してください。

コードを一か所以上で使う必要に気づいたら、すぐにリファクタリングしてください。つまり、共有ライブラリもしくは共有化されたコードのファイルを作成し、コードをそこへ移動させてください。二番目のユーザに対応するために**できる限り小さく**APIを拡張してください。

この段階で、インタフェースから汚れを取ったり、作り直したり、不足を埋めたりすべきだと考えがちですが、それはよい考えではありません。変更が最小限で単純になることを目指してください。その理由は、次の通りです。

- 既存のコードは機能しています（うまく動作していますよね。そして、そのことを示すテストを持っています）。すべての不必要な変更は既存のコードを動作している状態から遠ざけます。
- 少し違う要件を持つ三番目のクライアントが現れる可能性があります。調整済みのAPIを再び破棄してその要件に対応することは無駄な努力です。

> **要点▶** 開発者が気の利いた共有ライブラリを作りたいという理由ではなく、複数のクライアントに役立つという理由で、コードは「共有」されるべきです。

## 再利用のケース4：購入、あるいは車輪の発明

新たな機能を追加する必要があるときに、その機能を提供しているサードパーティのライブラリがすでに存在することがあります。

自分達でコードを作成するのか、（ライセンスが許せば）オープンソースのバージョンを取り入れるのか、ベンダーのサポートがあるサードパーティのライブラリを購入するのか、といった選択肢のどれが経済的に意味があるかを注意深く検討してください。

構築するコストに対する所有コスト、コードの品質、そして、各ライブラリを組み込んで保守することの容易さといったものに優先順位を付ける必要があります。開発者は、知的な訓練のためという理由だけではなく、未知のものを信頼していないために、自分自身で作成しがちです。きちんとした情報に基づいた決定を行ってください。

> **要点▶** 他人のコードを退けないでください。自分自身のバージョンを書くよりも既存のライブラリを使う方がよいかもしれません。

### 質問

1. コードベースにどれだけの量の重複がありますか。関数の間でコピー＆ペーストされたコードを多く見かけますか。
2. 重複がなくてリファクタリングが必要ないと判断されるには、コードはどの程度違っていなければならないかをどのようにして判断しますか。
3. あなたは、自分のコードに本やウェブサイトからのコード例を頻繁にコピーしますか。そのコードから好ましくない部分を取り除くためにどの程度努力しますか。レイアウトや変数名などを容赦なく修正しますか。テストを追加しますか。
4. ウェブからのコードを追加するときは、その実装元を示すコメントを書くべきですか。その理由は何ですか。

### 参照

- **16章 単純に保つ**：適切な再利用はコードの簡潔さを維持し、「7章 汚物の中で転げ回る」で見た

ような問題を避けます。

- **6章 航路を航行する**：不必要な重複は、コードベースの調査を難しくします。

> **やってみる**
>
> 不必要に汎用的なコードに取り組んでいるのであれば、その汎用性を取り除き、役立つロジックの基本的な部分だけを維持する方法を考えてみてください。

# 一万匹のモンキー
(おおよそ)

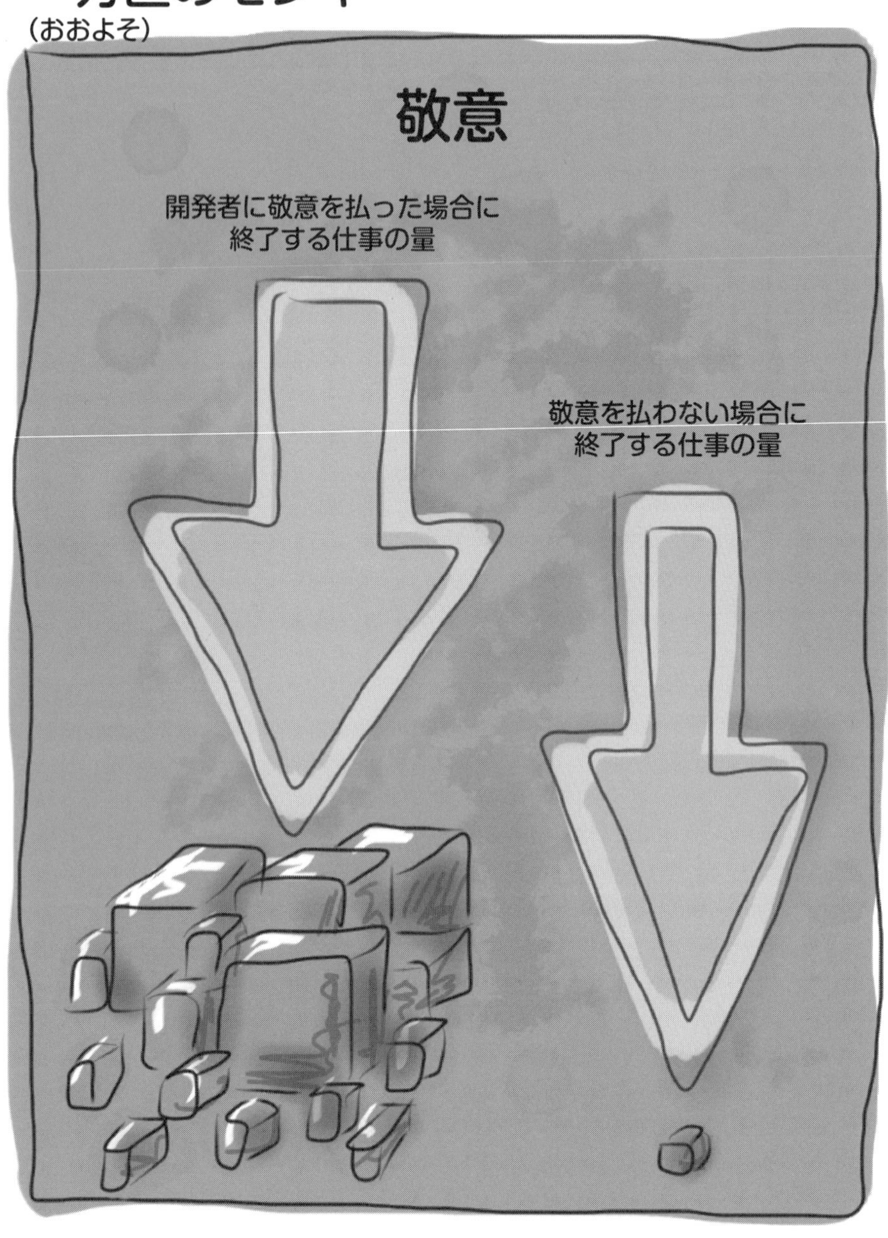

# 20章
# 効果的なバージョンコントロール

すべては変化し、消え去るものはない。

――プーブリウス・オウィディウス・ナーソー

開発者にとってバージョンコントロールは、食事したり呼吸したりするようなものです。コードを書くエディタやコンパイラと同じです。それは日々の開発の基本的な部分です。

バージョンコントロールは、ファイルの集まりをリビジョンとして管理するプロセスです。管理されるファイルは、一般にソフトウェアシステムに対するソースファイルです（したがって、ソースコントロールとも呼ばれます）。それだけではなく、ファイルシステムに保存するドキュメント類や他のものすべてのリビジョンを管理します。

これは十分に単純な機構です。しかし、優れたバージョンコントロールシステムは、うまく使われると多くの恩恵をもたらします。

- 開発者達の共同作業を助け、その中心となるハブを提供します。
- 成果の状態を定義して公開します。つまり、バージョンコントロールシステムに保存されない限り、コードはインテグレーションされません。他のツールは、コードの更新に連動します。たとえば、継続的インテグレーション、リリース作業、そしてコードレビューのシステムです。
- 個々の特定のリリースに入っている正確な内容をアーカイブして、プロジェクトに関する作業の履歴を維持します。コードのタイムマシンです。

特定の機能を実現した変更を知るためにファイル内の変更を調査するという、ソフトウェア考古学を可能にしています。個々のファイルを誰がどのような理由で変更したかを記録しています。

- 成果物の重要なバックアップを提供します。
- 開発者にセーフティネットを提供します。実験したり、変更を試したり、そして、動作しなかった場合に変更を戻したりできます。
- 作業のリズムと流れを促進します。つまり、コードを書き、テストし、チェックインしてから、次のコードに取りかかるというリズムです。

- 互いに干渉せずに、同じコードベース上で複数の並行した開発を可能にします。
- 取り消しができます。プロジェクトの履歴内のどのような変更でも、誤りと分かった場合にはそれを特定して取り消せます。

## 使いなさい、さもなければ失われる

前述した機能の一覧は素晴らしいものであり、バージョンコントロールは開発プロセスの基盤となるものです。バージョンコントロールなしでは、基盤の構造的な支柱が欠けてしまいます。

したがって、バージョンコントロールの最初の黄金律は、**それを使う**ことです。すべてのプロジェクトで、最初からバージョンコントロールを使ってください。問答無用です。

今日のVCS（*version control system*）は、設定にほとんど労力を要しないので、バージョンコントロールの使わない現実的な理由はありません[†1]。最も単純なプロトタイプでさえ、独自のリポジトリを使って、履歴を管理できます（プロトタイプは、すべてが製品システムへと成長するものなのです）。

> **要点▶**　バージョンコントロールを使ってください。使わないという選択はありませんし、あればよいというツールでもありません。開発の基盤です。それなしでは、成果物は危険にさらされます。

ソフトウェアは本質的に安全ではありません。ディスク上のソースコードはデジタルの煙のようなものです。すべてを消し去ることが簡単にできます。私は、誤って消してしまったり元に戻すチェックポイントがないまま間違いを犯したことは数えきれないほどあります。バージョンコントロールは、そのようなことを防いでくれます。きちんとした軽量なVCSは、小さくて頻繁なチェックインを推奨しており、あなたの愚かな行為に対する重要なセーフティネットを提供します。

### 戦いの記：分散されたデータ紛失

レストランから出たときに、一緒に働いているチームメンバーにソースコードをどこから取得できるかを尋ねました。私は、「チェックアウトすべきリポジトリはどのサーバにあるのか」という意味で尋ねました。彼らは自宅で働いており、市内各地に分散していました。

戸惑った様子で互いに目を合わせて、彼らはしばらく考え込んでいました。それから、彼らのうちの一人が、「Bill、あなたのコンピュータにありますよね」と尋ねてきました。その返事に驚

†1　たとえば、ディレクトリで`git init`コマンドを実行するだけで、一瞬でGitリポジトリが構築されます。

いて、私はさらに色々と聞いてみました。

彼らはソースコントロールが好きではないことが分かりました。ソースコントロールは彼らにとっては、「面倒」だったのです。彼らは、VCSをプロセス指向で扱いにくいものと考えていました。彼らは、コードの「世話」を順番に行うことを好んでいました。つまり、すべての変更は毎週末に世話役に送られて、世話役は一つの大きなものへまとめて、再び送り返していました。

もちろん、解決しなければならないコードの衝突が多くありました。衝突の解決は推測で行われおり、しかも必ずしもうまくいっていませんでした。何かが失われたり、時折忘れ去られました。バックアップはありませんでした。そして、ソースコードは数年の間に何回も破滅的に失われていました。

しかし、たとえそんなことが起きても、彼らはバージョンコントロールは儀式的であり、面倒だと信じていました。そうです、彼はそのようなやり方で仕事をする方が幸せだと信じていたのです。

何年も前のことではありません。それ以来、私はそのチームを避けています。

## どれでもよいから一つを選ぶ

Unixのrcsコマンド（1980年代初期）の草創期から、（1990年代には人気があった）集中型のCVS、その新たな従兄弟である（2000年代に影響力を持っていた）Subversion、そして（2010年代を支配している）GitやMercurialなどの今日の分散システムまでと、何年にも渡ってさまざまなVCSシステムが生み出されてきました。ツールによっては商用ですが、多くはオープンソースです。それらは、ライセンス、値段、使いやすさ、サポートするプラットフォーム、成熟度、拡張性、機能などが異なっています。

主要な差別化要因は、操作のモードです。歴史的に集中化されたシステムは、すべてのバージョンコントロールされたファイルのリポジトリを持つ中央サーバに更新が集まります。これは、単純なモデルですが、すべての重要な操作のためにそのサーバへのアクセスが必要となります。最近のVCS開発は分散モデルであり、個々のコンピュータがリポジトリの独自のコピーを持つピアツーピアのやり方を採用しています。これは、素晴らしいワークフローを可能にし、ネットワークの接続がないときでさえ、リポジトリを使うことができます。

選ぶとしたら、どのツールを使うべきでしょうか。

現在、サポートされていて、広く使われているシステムを選んでください。最近までは、コスト（無料）、サポートされているプラットフォームの範囲（実用的にはすべて）、それに使いやすさからSubversionがデフォルトの選択肢でした。しかし、最近は、Gitがその王座を奪っています。分散されたバージョンコントロールシステムが広まってきたのには、正当な理由があります。分散されたバージョンコントロールシステムは、優れたワークフローを提供します。しかし、その能力には代償が伴います。Gitを学習するのは容易ではありません[†2]。

## 適切なものを保存する

私達は、多くのファイルを作成します。ソースファイル、設定ファイル、バイナリファイル、ビルドスクリプト、中間ビルドファイル、オブジェクトファイル、コンパイルされた実行ファイルといったものです。これらのファイルのどれをバージョンコントロールに保存すべきでしょうか。

私達のソースコードのプロジェクトに対しては、二つの異なる解答があります。二つの解答は、矛盾しているわけではありません。

### 解答1：すべてのものを保存する

ソフトウェアを再構築するのに必要な、すべてのファイルを保存しなければなりません。それが、「バイナリ」ファイルなのか「ソース」ファイルなのかに関係なくです。それらのファイルをバージョンコントロールしてください。優れたVCSは適切な方法で大きなバイナリファイルを処理できるので、バイナリファイルの管理について心配する必要はありません。（もし、VCSにバイナリファイルを保存していないとしたら、それらをアーカイブしてどこか他の場所でリビジョンを管理しなければならないでしょう）

適切に設定されたビルドマシン、および正しいOSとコンパイル環境（ビルドツール、標準ライブラリなどと十分なディスク容量）を整えた後は、単純な一つのチェックアウト操作で、正しくビルド可能なソースツリーを得られるべきです。

そのためには、リポジトリに次のものが含まれていなければなりません。

- すべてのソースコードのファイル
- すべてのドキュメンテーション
- すべてのビルドファイル（makefile、IDEの設定、スクリプト）
- すべての設定ファイル
- すべての資産（グラフィックス、サウンド、インストールメディア、リソースファイル）
- サードパーティーが提供しているファイル（たとえば、依存するコードライブラリや外部の会社からのDLLなど）

†2　私は分散されたGitのワークフローに慣れてしまったので、「フロントエンド」としてGitを使えるのであれば、Subversionのリポジトリを使うことはまずありません。

## 解答2：不必要なものを保存しない

多くのものを保存しなければならないのは明らかです。しかし、混乱を招き、膨張を起こし、そして邪魔になる不必要なものは含めないでください。リポジトリのファイル構造をできるかぎり単純にしてください。具体的には次の通りです。

- IDEの設定ファイルやキャッシュファイルを保存しない。事前コンパイルされたヘッダーファイルすなわち**動的に**生成されたコード情報、ctagsファイル、ユーザ設定ファイルなどをチェックインするのは避けてください。
- 生成された成果物を保存しない。オブジェクトファイル、ライブラリファイル、あるいは、ビルドプロセスの結果であるようなアプリケーションのバイナリをチェックインする必要はありません。自動的に生成されたソースファイルをチェックインする必要さえありません。

時々、自動生成されたファイルをチェックインすることがあります。生成するのが困難だとか生成に時間を要する場合です。チェックインするという決定は注意深く行わなければなりません。不必要なものでリポジトリを汚さないでください。

- 開発ツールのインストーラやビルドサーバのオペレーティングシステムのイメージなどのプロジェクトの一部ではないものを保存しない。
- テストレポートやバグレポートをチェックインしない。それらは、どこか別にあるバグ報告システムで管理されるべきです。
- プロジェクトのメールを、リポジトリに含めない。メールが役立つ情報を含むのであれば、それは系統立てて作成されているドキュメンテーションのファイルに書かれるべきです。
- エディタ用の色設定や、IDEの表示設定、あるいは（とりわけ）コンピュータ上のビルドファイルの場所を記述している設定ファイルなどの個人の設定を保存しない[†3]。あなたの設定が他のユーザのコンピュータ上では問題を起こす場合にはやっかいです。
- いつか必要になると考えているものをリポジトリに保管しない。現在の成果物に関連していないものであればバージョンコントロールから削除できることを思い出してください（削除してもアーカイブには残っており、削除は安全です）。捨てられるものを持ち続けないでください。

> **要点▶** ソフトウェアのプロジェクトを構成しているすべてのファイルをバージョンコントロールに保存してください。しかし、できるだけ少なく保存してください。不要なファイルを含めないでください。

†3　ビルドシステムは、コンピュータ上の決まった場所に依存すべきではありません。そのビルドシステムの設計はよくありません。修正してください。

### ソフトウェアのリリースを保存する

ビルドするソフトウェアのリリースをバージョン管理すべきでしょうか。会社によってはすべてのリリースをリポジトリに入れます。その場合、たいてい別の「リリース用」リポジトリにです。リリースのバイナリは、ソースファイルと一緒に管理されるものではありません。

リリースのバイナリを、どこか別の単純な静的なディレクトリ構造でアーカイブしてください。バイナリのファイルを世代管理する場合、バージョンコントロールには利点はありません。このような種類のアーカイブに対してはファイルサーバのディレクトリを調べる方が簡単です。

### リポジトリのレイアウト

リポジトリのレイアウトについては、注意深く検討してください。ディレクトリ構造が明瞭であり、コードの構成を表現するようにしてください。トップレベルのディレクトリに「はじめにお読みください（*Read Me*）」という役立ドキュメントを含めてください。

重複は無条件に避けてください。コード内の重複がバグを生み出すように、リポジトリ内のファイルの重複もバグを生み出します。

サードパーティーのコードを注意深く管理してください。自分達のソースコードから分離して管理し、明確にサードパーティーのコードであることが分かるサブディレクトリに入れてください。そうすれば、自分達のファイルと混乱せずにサードパーティーのコードの変更を管理できます。

不適切なファイルを無視するようにリポジトリを設定してください。パターンマッチの規則を使って、ほとんどのシステムではある種のファイルを無視するように指示できます。そうすることで、個人の設定ファイル、派生ファイルといったものを間違ってチェックインするのを防ぐことができます。

## バージョンコントロールをうまく使う

変更と改善は、異なるものです。
——ことわざ

黄金律が「バージョンコントロールを使う」なら、次に大切なルールは「バージョンコントロールを**うまく**使う」です。バージョンコントロールがどのように機能するのかをきちんと理解し、バージョンコントロールを使うためのベストプラクティスを理解することは重要です。

どんな場合にでも役立つ多くの習慣を説明します。

### アトミックなコミットを行う

リポジトリに対してコミットされる変更は、コードに対する成果を表現します。記録された履歴が明瞭になるように、どのように表現するかを考えてください。

アトミックな（これ以上分けられない最小の）コミットを行ってください。そうすれば、理解するのも、正しいかを調べるのも容易です。これは、小さく頻繁にチェックインするという戦略です。

**要点▶** 変更を**小さく**、そして**頻繁に**チェックインしてください。

一週間分の作業をまとめてチェックインしないでください。たとえ一日分であってもまとめてチェックインしないでください。そうすると次のような問題を作り出します。

- コードで行われた変更を追跡するのが困難になります。なぜなら、変更は大きくなり、複数の修正が一つにまとまってしまうからです。
- コードリポジトリの他の部分が、チェックインの前に大きく変更されてしまっているかもしれません。チェックインしようとしている修正は、すでに正しくないかもしれません。
- 他の人達が同時に多くの修正を行っているとしたら、あなたの修正が競合する可能性が高くなります。つまり、誰か他の人が修正したのと同じコード部分を修正しており、修正の競合を解決しなければなりません。

アトミックなコミットはまとまって一貫性があり、関連した変更を一つのステップにまとめます。一つ以上の変更を含むチェックインを行わないでください。コミットメッセージとして「内部構造をリファクタリングして、ボタンの色を緑にした」と書いているとしたら、二つのことを行っているのは明らかです。それらを二つの別々のコミットで行ってください。具体的な例としては、コードのレイアウトと機能を同時に変更しないということです。

アトミックなコミットとは、完全なものです。中途半端な作業の成果をチェックインしないでください。個々のコミットは、それだけでまとまっていなければなりません。

## 正しいメッセージを書く

個々のコミットには、きちんとしたチェックインメッセージを書いてください。理想的なチェックインメッセージは、何を変更したかを簡潔で明瞭に述べた概要の一文で始めるべきです。その後に、重要であれば変更を行った理由を続けてください。適宜、バグの参照番号や他のサポート情報を含めてください。

優れたコードと同じように、明瞭で簡潔なメッセージを書いてください。DRY原則（繰り返しを避ける）を思い出してください。変更したファイルの一覧をメッセージに含める必要はありません。その一覧はVCSが記録してくれています。

最初の一文が変更を要約するメッセージになるようにしてください。そうすれば、リポジトリの履歴を見る際に、コミットの一覧が分かりやすくなります。

次は、あるコードベースからの本物のチェックインメッセージの例です。あなたは、どれがよいメッセージで、どれが悪いメッセージだと思いますか。

- #4507を修正：ユーティリティのウィンドウがACVSの背後でロードする。
- クレジットを追加。サンプルの修正モードタブが機能しないバグを修正。
- “”（そう、空文字列。これはよく見かけるコミットメッセージです。）
- 異常を調整。
- クラッシュを見て、プログラムのロード中のひどいコードを文書化した。時々、このコードベースにあるものを見てがっかりする。
- 誰かがこれを本気で読んだりするの？

## 優れたコミットを作成する

勤勉なプログラマは思慮深く、適切なチェックインを行います。コミットメッセージがきちんと作成されるべきであるのと同じように、コミットの内容もきちんと作成されるべきです。

- ビルドを失敗させないでください。コードをチェックインする前に、まずリポジトリの最新のバージョンに対してコードをテストしてください。そうすることで、新たなコードがビルドを失敗させませんし、他の開発者に迷惑をかけません。新たなコードが依存している他のコンポーネントは、あなたがコードを書いてから変更されていて、あなたの新たなコードを間違ったものにしているかもしれません。

変更を行い、リポジトリのヘッド（最新）に対してビルドを行い、動作することを検査し、そしてチェックインするのが単純なプロセスです。常に、その順序です。帰りのバスに乗り遅れないように急いでいるときには、「動作するはず」というコードをチェックインしたくなります。しかし、まず動作することはありません（私の言葉を信じてください）。

- 誰も使っていないと確信がない限り、ファイルを削除したり移動したりしないでください。クロスプラットフォーム用に複数のビルドシステムを使っているプロジェクトでは、重要なファイルかもしれません。
- エディタに行末を変更させたりしないようにしてください。これは、クロスプラットフォームのプロジェクトで容易に陥る落とし穴です。

## ブランチ：木を見て森を見る

ブランチは、基本的で重要なVCSの機構です。ブランチのおかげで、開発のためにフォークして同時に異なる機能に取り組むことができます。それらの開発ラインは互いに干渉しません。機能の開発が完了したら、個々のコードブランチを親と同期させるためにメインラインへマージできます。ブランチは強力な開発ツールです。

ブランチは、(各人の開発のための実験場として) 個人の作業のため (あるいは、リスクの高い実験のため)、(インテグレーションやテスト領域を定義する) チームの協業を助けるため、そして、リリース管理のために使うことができます。

よく行われる多くの作業は、ブランチで簡単に行えます。次の作業にブランチを使うことを検討してください。

- ソースツリーのリビジョンのカプセル化。たとえば、個々の機能は独自のブランチ上で開発できます。
- 実験的な開発、つまり、うまくいくか確信がない開発。メインの開発ラインを壊すリスクを取らないでください。ブランチ上で試行錯誤し、実験が成功したらマージしてください。同じ機能の異なる実装方法を試すために複数のブランチを作ることができます。最も成功した実験 (コードの自然淘汰) をマージしてください。
- ソースツリーの広範囲に影響し、完了に時間を要し、多くのQAテストが必要で、正しく動くまでに多くのチェックインが必要な重大な変更。ブランチ上でこの開発を行うことで、動作しなくなったコードツリーで何日も他の開発者の作業が停滞することが防げます。
- 個別のバグ修正。バグ修正に取り組むためのブランチを作成し、修正をテストし、障害が解決したらそのブランチをマージしてください。
- 安定リリースラインから一時的な開発の分離。たとえば私達は、ソフトウェアリリースとなるコードを「凍結」するためにリリースブランチを使います。リリースブランチは、「23章 プリーズ・リリース・ミー」で説明しています。

ブランチは使うべきであり、組織化の優れた仕組みです。ブランチを恐れないでください。別のブランチに分けられる関係のないもので、メインの開発ラインを混乱させないでください。

しかし、ブランチが常に適切な並行開発の技法ではないことも認識してください。時には、他の開発者には見えない複数の並行開発 (結果的に定期的な統合の手間がかかる) を避けて、コード開発のメインラインに対して単純な機能切り替え[†4]に基づく取り組みの方がよいことがあります。

## コードの我が家

バージョンコントロールされたリポジトリは、コードにとっての我が家です。そこが介護施設や死体安置所にならないようにしてください。

あなたが多くの大きなプロジェクトを経験した後は、複雑なプロジェクトのソースコードは、保存さ

†4 機能切り替えは、ソフトウェアの機能を選択的に有効にしたり無効にする設定ファイルです。それは、実行時に解析されるXML設定ファイル、あるいはコンパイル時のプリプロセッサのフラグです。

れているVCSに適応していることに気づきます。

これは、プロジェクトとその基盤が成長するときに起きます。コードが成長すると、ビルドスクリプトとリリースツールはそのリポジトリへ深く統合されます。たとえば、自動化されたバージョン更新スクリプトがバージョンコントロールのリポジトリを動作させます。VCSが要求しているので、ある種のファイル構造の規約に従っています（たとえば、空のディレクトリが許されるかどうかや、シンボリックリンクが作成できるかなど）。

よくも悪くも、これらはコードの取り扱い方に影響を与えます。

**要点▶** ソースコードは、それが保存されているVCSに住んでいます。プロジェクトが成熟すればするほど、その住まいに深く依存します。

リポジトリが記録しているリビジョンの履歴には価値があるため、VCSの間でのプロジェクトの移行は頻繁に行われません。移行は可能ですが、情報を失う可能性のある厄介なプロセスです。そのため、プロジェクトの最初に適切なVCSを選択することが重要です。

## 結論

改善とは変化することである。完璧とは頻繁に変化することである。
——ウィンストン・チャーチル

バージョンコントロールは、基本的なソフトウェア開発ツールの一つです。強力なソースコードのエディタに関する役立つ知識を持つべきであるのと同じように、すべてのプログラマはVCSをうまく使いこなす方法を知るべきです。

バージョンコントロールは、チームの共同作業の基盤です。バージョンコントロールはソフトウェア開発にとっては欠くことができないものですが、他の目的に使うことができます。たとえば、文書ツリーの管理などです。この本は、Gitで管理されるAsciiDocファイルの集まりとして書かれました。そうすることで、執筆成果を容易にバックアップでき、面倒なくコンピュータ間でファイルを移動させ、行った変更を管理し、出版社と原稿を共有できました。

共同作業ではない状況であっても、バージョンコントロールは役立ちます。ほとんどの重要な情報はリポジトリに保存されることで恩恵を得ます。私は、個人的なペットプロジェクトであっても、すべてのプロトタイププロジェクトに対してリポジトリを作成します。私のコンピュータのホームディレクトリに保存されている個人的な設定などをGitで管理しています。それにより、そのリポジトリをクローンするだけで、新たなコンピュータを好みの設定にするのが簡単になります。

## 質問

1. バージョンコントロールシステムには、GUIツールとコマンドラインツールが付属しています。それぞれの長所と短所は何ですか。両方の使い方を覚えることは重要ですか。その理由は何ですか。
2. 単純な集中型モデルと比べて、分散VCSがもたらす可能性がある問題は何ですか。その問題をどうしたら避けられますか。
3. あなたは、適切なバージョンコントロールシステムを使っていますか。他のVCSで見かけたことがある機構で、今のバージョンコントロールシステムに欠けているものはありますか。
4. バージョンコントロールシステムを使うことは、個人の開発マシンのバックアップを行う必要がないということですか。
5. 並行な開発に対して、機能トグル方式か並行なブランチのどちらが安全な仕組みですか。管理と統合のオーバーヘッドが少ないのはどちらですか。
6. あなたはリポジトリへ変更をコミットしようとしていて二つの別々の修正に取り組んでいたことに気づきます。コミットを止めて変更した内容をやり直すべきでしょうか。あるいは、すでに作業が終わっているのでコードをコミットすべきでしょうか。理由は何でしょうか。このような状況で異なるVCSツールがどのように役立つでしょうか。

## 参照

- **4章 取り除くことでコードを改善する**：バージョンコントロールにより、何の心配もなくコードを削除できます。削除したコードをアーカイブからいつでも取り戻せます。
- **23章 プリーズ・リリース・ミー**：バージョンコントロールは、きちんとしたリリースと配置のパイプラインにとって欠くことができない部分です。この章では、リリースブランチを詳細に説明しています。
- **22章 凍結されたコードの数奇な人生**：リリースブランチは、開発のメインラインで作業を続けながら、コードの凍結を強制するために使われるVCSの仕組みです。
- **6章 航路を航行する**：リポジトリの履歴は、コードベースを調べてその品質を知るための重要な情報を含んでいます。

### やってみる

あなたのコミットの品質に注意を払ってください。頻繁で、アトミックで、小さく、一貫性がありますか。優れた変更を作り出すことに取り組んでください。

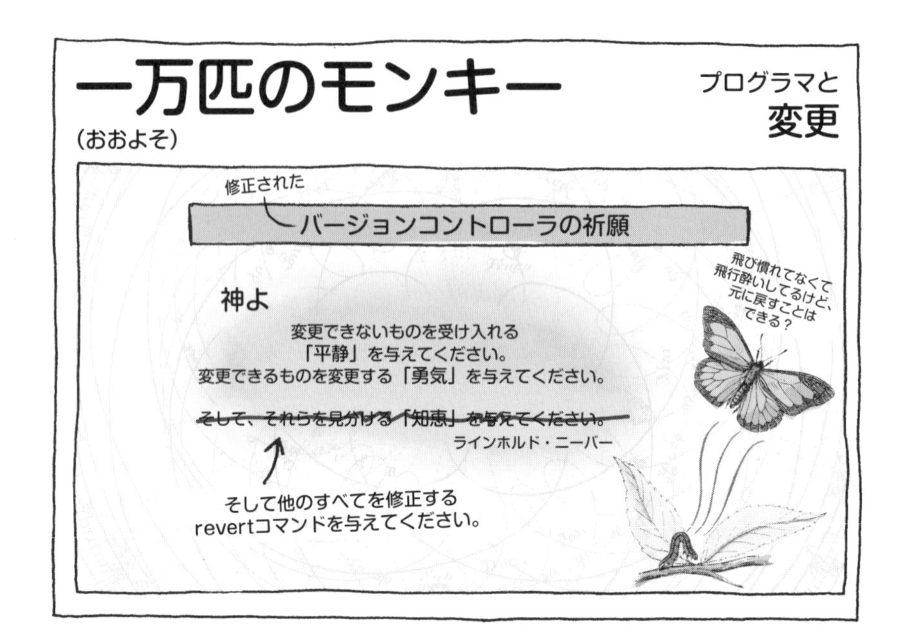
一万匹のモンキー
(おおよそ)
プログラマと
変更
修正された
バージョンコントローラの祈願
神よ
変更できないものを受け入れる
「平静」を与えてください。
変更できるものを変更する「勇気」を与えてください。
そして、それらを見分ける「知恵」を与えてください。
ラインホルド・ニーバー
そして他のすべてを修正する
revertコマンドを与えてください。
飛び慣れてなくて
飛行酔いしてるけど、
元に戻すことは
できる？

# 21章
# ゴールポストを抜ける

片方だけが誤っているのであれば、戦いは続かない。
——フランソワ・ド・ラ・ロシュフコー

20世紀半ばの哲学者でもあり、しゃれた格好の髪型をしたビートルズ（*The Beatles*）は、「愛こそはすべて（*all you need is love*）」と伝えました。彼らはその点を強調したのです。必要なものは愛なのです。愛、文字通りそれがすべてです。

ソフトウェア組織内のメンバーと一緒に働く関係では、愛という感情以上のものが得られます。少し多めの愛が優れたコードを生み出します。実世界でのプログラミングはメンバー間の努力であり、その結果、プログラミングは人間関係の問題、政治、および開発プロセスからの軋轢に必然的に関連します。

私達は多くの人達と密接に働いています。時には、ストレスを感じます。

円滑な協業が行われていないチームは、人間関係とソフトウェアの品質の両面において健全ではありません。しかし、多くのチームがそのような問題に直面しています。

開発者にとって、他者との不安定な関係の一つは、QA部門との関係です。なぜなら、開発プロセスにおいて最もストレスを感じる時期にQA部門とやり取りするからです。納期前にソフトウェアを出荷するために急いでいる状況では、開発者はソフトウェアというサッカーボールを、テスターというゴールキーパーの横をすり抜けさせようとします。

この章では、開発者とQAの関係を見ていきます。その関係がなぜ不安定なのかと、不安定であるべきでない理由を見ていきます。

### QAは何に有効なのか

QAが行っていることを分かっている人達がいます。他の人達にとって、QAはミステリーです。「QA」部門（すなわち、*Quality Assurance*）は、十分な品質を持つソフトウェア製品の出荷を保証するために存在しています。QA部門は必要であり、開発プロセスの重要な部分です。

これは何を意味するのでしょうか。最も明らかで現実的な答えは、QAは次の項目を保証するために、開発者が作ったすべてのものをテストしなければならないということです。

- 仕様と要件に合致していること。すなわち、実装されなければならない機能が実装されていること。
- ソフトウェアがすべてのプラットフォームで正しく動作すること。すなわち、すべてのOS、OSのすべてのバージョン、すべてのハードウェアプラットフォーム、すべてのサポートされている構成（たとえば、最小メモリ要件、最低限のCPU性能、ネットワーク帯域など）で動作すること。
- 最新のビルドのソフトウェアに障害が存在しないこと。つまり、新たな機能が他の機能を壊したりしておらず、後戻り（以前の誤った動作が再現したり）していないこと。

彼らの名前は、理由があって「テスト部門」ではなく「QA（品質保証）」なのです。彼らの役割は、ロボットのようにボタンを押すことではありません。品質を製品に作り込むことなのです。

そのために、QAは開発プロセスの最後ではなく、プロセス全体を通して深く関与していなければなりません。

- 作られるものを理解して形づくるために、ソフトウェアの仕様書に関与します。
- 作られるものをテスト可能にするために設計と開発に貢献します。
- 当然ですが、テストフェーズでは深く関与します。
- そして、最終の物理的なリリースにも深く関与します。つまり、テストされたものが実際にリリースされて配置されるようにします。

## ソフトウェア開発：堆肥をシャベルですくう

発達段階の職場では、ソフトウェアの開発プロセスは、大きなパイプとしてモデル化されています。パイプの入り口から原材料を流し込んで、さまざまな処理を経て、最後に完璧に形成されたソフトウェアが押し出される（おそらくは、したたる）というモデルです。このプロセスは次のようになります。

1. 誰か（おそらくはビジネスアナリストか製品マネージャ）がパイプの入り口に要件を流し込みます。
2. 要件はアーキテクトと設計者へと流れ、仕様書と素晴らしいダイアグラム（あるいは、善意とごまかし）へと変換されます。
3. さらにプログラマへと流れ（当然、本当の仕事はプログラマが行います）、実行可能なコードへ変換されます。

4. それからQAへと流れます。そこでは、「完璧に形作られた」はずのソフトウェアが不思議なことに機能しない大惨事へと変わるので、パイプが詰まってしまいます。
5. 結局は、開発者達がそのつまりを除去するためにパイプを一生懸命押し出して、最終的にソフトウェアはパイプのはるか先の出口から流れ出ます。

腐敗した開発組織の環境では、このパイプは下水道に似てきます。開発者が思いやりを持ってギフト包装されたプレゼントを渡すのではなく、汚水をそのままQAへと流し込んでいるように、QAは感じます。開発者と一緒に働いているというより、開発者がQAにつらく当たっているとQAは感じます。

ソフトウェア開発は、このように直線的なのでしょうか。私達のプロセスは、単純なパイプライン（その中に流れるものがどれほど純粋かに関係なく）のように機能するのでしょうか。

いいえ、そうではありません。

パイプは似ています（結局のところ、まだ書かれていないコードはテストできません）が、現実の開発に対しては単純すぎるモデルです。直線のパイプという視点は、ソフトウェア業界が欠陥のあるウォータフォール開発手法[†1]を長い間正しいと思い込んできたことによる結果なのです。

**要点▶** ソフトウェア開発を直線的なプロセスと見なすのは間違いです。

しかし、開発プロセスに対するこの視点から、開発チームとQAチームのやり取りがスムーズではない理由を説明できます。私達の開発プロセスおよびQAとのやり取りのモデルは、欠陥のある汚水を用いた開発の比喩でたいてい説明できます。開発フェーズの最後の方でQAチームへソフトウェアを投げ渡すのではなく、開発チームとQAチームは常にコミュニケーションを取るべきなのです。

## 誤った対立

開発チームとQAチームの間のやり取りは別々のチームのやり取りにすぎないため、やり取りはスムーズではありません。「重要な」開発者達とは異なる別の人達だと、QAは見なされています。開発組織に対する誤った視点によるこのような区別は、必然的に問題を生み出します。

QAチームと開発チームが別々のステップ、別々の活動、そして別々のチームと見なされている場合、人為的なライバル関係と分断が簡単に拡大します。このことは、テスターと開発者の間で人為的な縄張りを作り上げることで、物理的に強制されます。たとえば、次の通りです。

---

†1 このモデルは、ウィンストン・ロイス（Winston Royce）によるものとされています。彼は1970年代にその手法について書きましたが、きちんとした開発プロセスとしてではなく、欠陥のある開発プロセスとして示したのです。参照：Winston Royce, "Managing the Development of Large Software Systems," *Proceedings of IEEE WESCON* 26 (1970): 1–9.

- 二つのチームには別々のマネージャがいて、責務に関して異なる報告経路になっています。
- チームは同じ場所に配置されず、異なる机の配置になっています（私は、QAが別の集団、別の階、別のビルにいるのを見てきました。そして、ひどい場合、別の大陸にいたりしました）。
- チーム構造、採用方針、メンバーの想定離職率がそれぞれ異なっています。開発者は貴重な人材であり、その一方で、テスターは置き換え可能な安価な人材と見なされています。
- そして、最も破壊的なのは、それぞれのチームが、仕事を完了させるために異なる動機を持っていることです。たとえば、開発者は仕事を素早く完了させればボーナスが支払われることが約束されて働いているが、テスターはそうではないなどです。この場合、開発者はコードを書くことを急ぎます（おそらく、急いでいるのでひどいコードを書きます）。そして、QAチームが速やかなリリースを否定すると、開発者達は不機嫌になります。

私達は、「開発者が**創造し**、テスターは**破壊する**」という固定概念でもって、開発チームとQAチームの間の溝を広げています。

ここには、真実の要素があります。開発とQAは異なる活動であり、異なるスキルを必要としています。しかし、両者は論理的に別々の縄張りのある活動ではありません。テスターは、物事を破壊して開発者をしかり飛ばすためにソフトウェアの障害を見つけているのではありません。テスターは最終製品を改善するために障害を見つけているのです。

テスター達は、品質を作り込むためにいるのです。それが、QAのQなのです。そして、テスター達は、開発者達と協力することで効果的に品質を作り込めるのです。

**要点▶** 開発とテストの間での、人為的な隔離が拡大することに注意してください。

開発とテストの活動を分離することで、敵対心と不和を生み出します。多くの開発プロセスでは、開発者「英雄」に対して「悪党」としてQAを戦わせています。テスターは、ドアの前に立って、果敢なソフトウェアリリースが出て行くのを阻止しているように描かれます。あたかも、テスターが理不尽にソフトウェアに障害を見つけて、細かなことにこだわっているかのようにです。

そして、こんな風に考え始めるのです。「コードには問題はない。テスターは使い方を知らないだけだ」、あるいは「テスターは長い時間働きすぎて、このような基本的なバグを見つけられなくなっている。テスターは何をやっているのか分かっていないんだ。」

ソフトウェア開発は戦闘ではありません（戦闘であるべきではありません）。私達全員が同じ立場にいるのです。

## コードを修復するためにチームを修復する

コンウェイの有名な法則は、組織の構造およびチーム間の報告経路が、ソフトウェアの構造を決めると述べています[†2]。そのため、「コンパイラに取り組んでいる四つのグループがあれば、四つのパスから構成されるコンパイラが作られる」といわれます。チームの**構造**が、コードに影響するのと同じように、ソフトウェア内のやり取りの健全さにも影響します。

> **要点▶**　不健全なチームのやり取りは、不健全なコードになります。

私達は、ソフトウェアの品質を改善できますし、健全さの課題を解決することで、素晴らしいリリースを生み出す可能性を向上できます。それは、開発チームとQAチームの間の関係を改善することによって向上します。戦い続けるのではなく、**協業**することによってです。「**愛**こそはすべて」だということを思い出してください。

これは一般的な原則であり、開発者とQAとの間だけではなく広範囲に適用されます。すべての点で組織横断的なチームが役立ちます。

これは、QAとのやり取りと協業のやり方という問題に行き着きます。私達が糸を操る操り人形のようにQAを扱うべきではありませんし、テストするために質の悪いソフトウェアを投げ渡す相手でもありません。そうではなく、私達はQAを仕事仲間として扱います。開発者達はQAと優れた信頼関係を持たなければ**なりません**。つまり、友情と仲間意識です。

QAの人達と優れた形で協業できる現実的な方法を見ていきましょう。開発者達がQAとやり取りする主要な場面を見ていきます。

### しかし、単体テストがある！

私達は、誠実なコーダーです。頑丈なソフトウェアを作りたいのです。優れた製品となる首尾一貫した設計を持つ優れたコードを生み出したいのです。

それが、私達が行うことです。

したがって、コードをできる限り優れたものにする開発手法を使います。レビュー、ペアプログラミング、インスペクション、そして、**テスト**です。自動化された単体テストを書きます。

単体テストがあるのです。単体テストに合格しています。ということは、ソフトウェアは優れているに違いないですよね？

---

†2　Melvin E. Conway, “How Do Committees Invent?” *Datamation* 14:5 (1968) : 28–31.

多くの単体テストを持っていたとしても、ソフトウェアが完璧であることは保証されません。コードは開発者が意図した通り動作して、すべての単体テストに合格することがあります。しかし、それは、ソフトウェアが行うと**されている**ことを反映していないことがあります。

テストは、開発者が想定したすべての入力が正しく処理されたことを示すかもしれません。しかし、それは、ユーザが実際に行うことではないかもしれません。ソフトウェアのすべてのユースケース（および**誤ったケース**）が事前に想定できるとは限りません。すべてのユースケースを検討することは難しいです。なぜなら、ソフトウェアは複雑だからです。すべてのユースケースを検討することは、QAの人達が得意とすることです。

このような理由から、たとえ広範囲の単体テストを作成していたとしても、厳格なテストとQAのプロセスは、ソフトウェア開発プロセスの重要な部分です。単体テストは、コードがテスターへ渡される前に十分に優れていることを証明するために、私達が責任を持って行う活動としての役割を果たします。

## QAへビルドをリリースする

私達は、開発プロセスが直線ではないことを分かっています。単純なパイプラインではありません。開発を繰り返し、徐々に改善されたソフトウェアをリリースします。改善は、テストが必要な新たな機能だったり、テストしなければならないバグ修正だったりします。何度も繰り返す開発サイクルです。その結果、構築プロセスの期間を通して、多くのビルドが作られてQAへ渡されます。

したがって、スムーズなビルドと受け渡しのプロセスが必要です。

これは重要です。コードの受け渡しは完璧でなければなりません。コードは責任を持って作成され、注意深く配布されなければなりません。そうしないのは、QAの同僚に対する侮辱なのです。

正しい態度でもってビルドしなければなりません。QAへ何かを渡すというのは、古いコンピュータでビルドされたボロボロのコードをフェンス越しに投げることではありません。何かを渡すというのは、ぞんざいでだらしない行為をすることではありません。

これは戦いではないことを思い出してください。私達はQAの防御を手際よく避けて、リリースが防御を**すり抜ける**ことを狙ってはいません。私達の仕事は高品質でなければなりませんし、修正は正しくなければなりません。明らかなバグの**症状**に蓋をして、ソフトウェアに潜伏しているそのバグをQAの人達が気付く時間がないようにと望んだりしないでください。

むしろ、私達は、QAに彼らの時間と労力に見合うソフトウェアを提供できるように、あらゆることを行わなければなりません。つまらないエラーや横道にそらすようないら立たしいものは避けなければなりません。そうでなければ、QAに敬意を払っていないことになります。

**要点▶** QA向けのビルドを注意深く作成しないことは、テスターに敬意を払っていないのと同じです。

次に説明するガイドラインに従ってください

## 成果物を最初にテストする

リリースビルドを作成する前に、リリースビルドが正しいことを証明するために、開発者達はできるだけ優れた仕事をすべきです。開発者達は、作成した成果物を事前にテストしておくべきです。当然、定期的に実行される広範囲な単体テスト一式で達成されるのが最善です。広範囲な単体テスト一式は、振る舞いの**退行**（以前のエラーの再現）を捕捉するのに役立ちます。自動化されたテストは、テスターの時間を浪費して、テスターによる重要な問題の発見を阻害するような気恥ずかしいエラーを取り除くことができます。

単体テストがあってもなくても、開発者は新たな機能を実際に使ってみて、要求通りに動作することを確認しなければなりません。これはあたりまえに聞こえますが、「動作する」とされた変更や修正がテストされることなくリリースされて、単純な問題を引き起こすことが多くあります。あるいは、開発者は単純なケースではコードの動作を確認するだけでリリースするのに十分だと考え、それが失敗したり誤った使われ方をする多くの状況を考えさえしません。

もちろん、単体テスト一式を実行することは、単体テストの品質と同じだけの効果しかありません。これに関しては、開発者に責任があります。テスト一式は、全体を網羅し、機能を代表しているべきです。QAから障害が報告されたときには、修正後に同じ障害が発生しないように障害を再現する単体テストを追加すべきです。

## 意図を持ったリリース

新たなバージョンをQAへリリースするときには、開発者はそのバージョンがどのように動作するかを明確にしなければなりません。ビルドを作成して、QAに対して「これがどのように機能するか調べて」というだけで済ませないでください。

新たな機能が何であり、実装されていない機能が何であるかを正確に述べてください。つまり、何が動作し、何が動作しないのかを正確に述べるのです。この情報がなければ、どのようなテストが必要かを指示できません。テスターの時間を無駄にします。リリースノートに記述して伝えます。

優れた明瞭な**リリースノート**を書くことが重要です。分かりやすい方法でリリースノートをビルドに付属させてください（たとえば、配置ファイル内に置いたり、あるいはインストーラと一致しているファイル名を持つようにします）。ビルドには（一意な）バージョン番号（おそらく、リリースごとに**ビルド番号**を増やした番号）を割り当てなければなりません。リリースノートにも同じ番号でバージョン付けすべきです。

個々のリリースに対して、リリースノートは何が変更されて、どの領域が重点的にテストが必要であるかを明確に述べるべきです。

## 急がば回れ

どんな事情があっても、ビルドを急いだりしないでください。締め切りが近づくとビルドを作ることに対するプレッシャーは最大になりますし、夜、退社する前にビルドをこっそりと出したい誘惑にも駆られます。このように急ぐと、手順を省いたり、すべてを十分にテストしなかったり、作業に注意を払わなかったりします。これは、QAへリリースするための正しい方法ではありません。そんなことはしないでください。

先生が困惑して、やり直しさせると分かっていながら、宿題を急いで、時間までに「何か」を終わらせようと必死な小学生のように感じているとしたら、何かが間違ってます。立ち止まって、熟考してください。

> **要点▶**　ビルドの作成を急がないでください。間違いを犯します。

他の製品よりも複雑なテスト要件を持つ製品があります。合意された数の機能や修正が実装されたときに、価値があると思うのであれば、複数のプラットフォームやOSに対してコストがかかるテストを行ってください。

## 自動化する

手作業を自動化することで、人による誤りの可能性を取り除いてくれます。したがって、ビルドやリリースのプロセスをできる限り自動化してください。コードをチェックアウトして、ビルドして、すべての単体テストを実行して、インストーラを作成したりテストサーバに配置したり、それからリリースノートを含むビルドをアップロードする一つのスクリプトを書くことができれば、多くの手順から人による誤りの可能性を取り除きます。自動化によって人による誤りを避けることは、毎回適切にインストールされて機能が後戻りしていないリリースを作るのに役立ちます。そうすることで、QAの人達はあなたに好意を持ってくれるでしょう。

## 尊敬する

QAへコードを配布することは、安定していてリリースの可能性があるものを作り出すことであり、最新のテストされていないビルドをQAへ放り投げることではありません。フェンス越しに手榴弾のようなコードをQAへ投げたり、汚水のようなソフトウェアをQAへかけたりしないでください。

## 障害報告を受け取ったら

テスターにビルドを渡します。それは私達の最善の努力であり、誇りに思えます。テスターはそのビルドを使ってテストします。そして障害を発見します。障害が発見されたことに驚いた振りをしないでください。あなたは発見されることが分かっていたはずです。

> **要点▶** テストは、ソフトウェア開発者達がシステムに追加した問題をあぶり出すだけです。テスターが障害を見つけたとしたら、それは**あなたの障害**です。

バグを見つけると、テスターは**障害報告**（*fault report*）を作成します。問題の追跡可能な報告です。障害報告は、優先順位を付けたり、管理したりできます。また、一旦修正されたら、後で機能が後戻りしていないことを検査するのに使えます。

正確で信頼できる報告を提供し、構造化されて順序立った方法で提出する（たとえば、優れたバグ管理システムを使って）のはテスターの責務です。しかし、障害は、スプレッドシートでも管理できますし、作業のバックログにストーリーとして追加することでも管理できます（私はどちらもうまく行われているのを見てきました）。障害報告を記録して、その状態の変化を知らせる明確なシステムがあればよいのです。

では、障害報告に対してどのように対処すればよいでしょうか。

あなたが間抜けであることを証明して、あなたが悪く見えるようにするためにQAがいるのではないことを、まず心に留めてください。障害報告は個人的な侮辱ではありません。したがって、個人攻撃と捉えないでください。

> **要点▶** 障害報告を個人攻撃とは捉えないでください。障害報告は、個人的な侮辱ではありません。

「プロ意識を持った」対応は、「ありがとう、調べてみます」です。障害を発見したのがQAであり、顧客でなかったことを喜んでください。バグがあなたの網の目をすり抜けたことに落胆することは仕方ないことです。

どこから手を付けたらよいか分からないほど多くの障害報告で忙しくなっているとしたら、それは基本的な何かが間違っており、解決する必要があるという兆候です。そのような状態にあれば、送られてくる個々の障害報告を腹立たしく思うでしょう。

もちろん、障害が報告されるとすぐにはその障害に取りかかれません。簡単な修正で解決できる些細な問題でなければ、その前に解決すべき他の重要な問題があることが多いです。時間を費やす必要がある最も緊急の問題がどれであるかを合意するために、すべてのプロジェクトのステークホルダー

(マネージャ、製品スペシャリスト、顧客など)と協調して活動しなければなりません。

おそらく、障害報告は、曖昧で不明瞭だったり、もっと多くの情報を必要とします。そうであれば、問題を理解して再現し、どうだったら解決できたのかを知るために、報告者と一緒になって問題を明らかにしてください。

あなたが直接の作成者ではない障害であったとして、QAは開発が作ったバグを発見しているだけです。あなたが行っていない設計上の決定が原因かもしれません。あるいは、あなたが書いていないコードに潜んでいたのかもしれません。しかし、コードベースであなたが書いた部分だけではなく、製品全体に対して責任を持つことが、健全なプロ意識を持った態度です。

## 強くなるための特徴

誰かと衝突したときに、関係にダメージを与えるのか、
関係を深めるのかの違いを生み出す要因が一つある。それは、態度である。
——ウィリアム・ジェームズ(哲学者・心理学者)

効果的な協業関係は、開発者の正しい態度から生まれます。QAエンジニアと一緒に働くときには、次の違いを理解しなければなりません。

- テスターは開発者とは違います。開発者は、効果的なテストを行うための正しい思考をたいてい持っていません。効果的なテストを行うためには、ソフトウェアに対する特定の見方と、うまく行うための特定のスキルを必要とします。それらのスキル、つまり高品質のソフトウェアを作り出すための重要なスキルに関して、QAチームに敬意を払わなければなりません。
- テスターは、コンピュータのようではなく、ユーザのように考えます。テスターは、正しさだけではなく、認識された製品の品質に関する貴重なフィードバックを与えてくれます。彼らの意見に耳を傾けて尊重してください。
- 開発者が一つの機能に取り組むときには、自然な本能として**正常な**パスに集中してしまいます。つまり、すべての入力が正しく、システムはCPUを最大限に利用して動作し、メモリ量やディスク量が十分にあり、すべてのシステムコールが完璧に動作するといった、すべてがうまくいくときのコードの動作に集中してしまいます。

ソフトウェアを間違って使う方法の多くを見落としたり、不正な入力をすべて見落としたりするのは容易です。私達は、このような偏った認識を通してコードを考えるようになっています。テスターは、このような偏った認識に束縛されたりはしません。

- QAテスターは「失敗した開発者」であるという誤った考えをしないでください。テスターは知的あるいは能力的に劣っているという誤解があります。それは有害な視点であり、取り除かなけれ

ばなりません。

**要点▶** QAチームへ健全な敬意を払ってください。優れたソフトウェアを作り出すためにQAチームとの協業を楽しんでください。

## パズルのピース

テストは、古典的なウォータフォールモデルでの「最後の活動」では**ない**と理解する必要があります。開発はそのようにはいきません。ウォータフォール開発プロセスの90パーセントを終えてテストに入ってしまった場合、プロジェクトを完成させるために**別の**90パーセントの努力が必要になります。テストがどのくらいの期間を要するかを予想できません。開発プロセスの遅い段階でテストを開始した場合、予想することは困難です。

テストファーストからコードが恩恵を得られるように、開発プロセス全体も恩恵を得られます。QA部門と協業して、早い段階でQA部門からの意見を得ることで、仕様が検証可能になり、QA部門の専門知識を製品設計に取り込むことができます。その結果、コードを書く前に、ソフトウェアは最大限にテスト可能であることにQA部門は同意するでしょう。

**要点▶** QAチームは「品質」の唯一の責任者でもなければ、門番でもありません。品質は全員の責任です。

ソフトウェアに品質を作り込んで、うまく協業するには、すべての開発者はQAのプロセスを理解し、その複雑な詳細に感謝すべきです。

QAとは**同じチーム**であることを忘れないでください。QAは敵対する派閥ではありません。全体的な取り組みを推進し、健全なソフトウェアを生み出すために健全な関係を維持する必要があります。**愛こそがすべて**です。

### 質問

1. QAの同僚とあなたとの協業の関係はどのくらい親密ですか。関係を改善すべきですか。そうであれば、改善するためにどのようなことを行いますか。
2. あなたの開発組織において、ソフトウェア品質に対する最大の障害は何ですか。その障害を取り除くには何が必要ですか。
3. リリース手続きはどの程度健全ですか。どのように改善できますか。QAチームに何が最も役立つかを尋ねてみてください。
4. ソフトウェアの「品質」に責任を持っている人は誰ですか。うまく行かなかったときに「非難」されるのは誰ですか。それは健全ですか。

5. あなたのテストのスキルはどのくらい優れていますか。取り組んでいるコードをチェックインする前、あるいはQAへ渡す前に、順序立ったテストをどのように行っていますか。
6. 最近、あなたのコーディングの網をすり抜けた障害の数はいくつありますか。
7. QAへ渡すソフトウェアの品質を保証するために、**単体テストの他に**あなたの開発活動に何を加えられるでしょうか。

## 参照

- **11章　テストの時代**：開発テスト、つまり自動化された単体テスト、インテグレーションテスト、システムテストを書くことについてです。
- **34章　人々の力**：優秀なQAの人達とうまく協業することは、私達が促進しなければならない重要な協業関係の例です。
- **23章　プリーズ・リリース・ミー**：テスト／QAのプロセスとQAチームは、効果的なソフトウェアのリリースを行うために重要です。

**やってみる**

QA部門と密に協業すると誓ってください。一緒に優れたソフトウェアを構築できるように、QA部門との協業関係を調整してください。

# 22章 凍結されたコードの数奇な人生

潮吹きだ！ —— 潮吹きだ!
雪山のようなこぶが見えるぞ！　モービィ・ディックだ！
——ハーマン・メルヴィル
『白鯨』[†1]

マネージャ達は、計画会議でコード凍結を言明します。開発者達は、恐れながら「コード凍結」とつぶやきます。プロセスの儀式はコード凍結を中心に構築されます。そして、私は吐き気をもよおします。

これは、『白鯨』の船乗りからの叫びに聞こえます。「潮吹きだ！」ではなく、「コード凍結だ！」と。それは、おそらくフィクションにすぎません。

この章では、コードの不思議な状態を探求していきます。

## コード凍結を探求する

**コード凍結**（*code freeze*）は、おそらく善意を持って広まった言葉です。しかし、たいてい、その言葉通りの意味で使われることはありません。

コード凍結は、それ以上作業が行われない「ある完了時点」とリリース日との間の期間を表します。

これらの二つの時点は、正確にはいつなのでしょうか。その間には、何が起きるのでしょうか。

**リリース日**（*release date*）を定義するのは簡単です。時には、「製造へのリリース」つまり、RTM（*release to manufacture*）とも呼ばれます。インストーラディスクの**ゴールドマスター**が作成されて、複製のために送付された時点を指します。進歩した21世紀では、物理的なメディアを出荷しないかもしれませんが、それでもなおリリーススケジュールといった習慣に従っています。リリース日を決めることは適切に役立っているのでしょうか。「はい」の場合もあれば、「いいえ」の場合もあります。配布スケジュールに対しては、明確な区切りとしての役割を果たしているのは確かです。

†1　訳注：八木敏雄 訳『白鯨』より。

しかし、コード凍結の始まりであるその前の「完了時点」とは何でしょうか。明らかに、すべての機能が実装されて顕著なバグがなくてコードが完成したと見なされるべき時点です。しかし、現実には次のような時点でコードが凍結されます。

- **機能完了**（*feature complete*）時点、すなわち、すべての機能は書かれたが、十分にはテストされていないし、バグがすべて修正されているとは限らない時点。
- 最初の**アルファリリース**（*alpha release*）もしくは**ベータリリース**（*beta release*）が行われる時点（もちろん、これらのリリースの状態の定義も曖昧です）。
- **リリース候補**（*relealse candidate*）のビルドが最初に作られた時点。

この期間にコードは「凍結」されて、コードに対するさらなる作業は行われません。しかし、この考えは単なるたわごとです。コードが変わらないことはありません。コードに何が発生しても、リリースできるようにするために、ソフトウェアに対して最終の徹底的な回帰テストを行う期間だということです。

**要点▶** 「コード凍結」は、変更が行われることが想定されないリリース前の期間です。

好意的にとっても、「凍結された」は比喩的な表現です。コードは開発作業としては凍結されたと見なされますが、最終テストに対してまだオープンなのです。最終テストを踏まえて、何らかの変更が行われると想定されています。もし、コードを変更することが不可能ならば、お構いなく今すぐにリリースできるはずです。

問題を見つけるためにテストしているのですから、おそらく修正を必要とする重大な問題が見つかります。そうすると何が起きるのでしょうか。障害は修正されなければなりません。つまり、コードが凍結されていないということです。奥深くまで凍結されてはいません。

最悪の場合、コード凍結の比喩は役立ちません。それは、間違った言葉です。氷河でさえ動くのです。単にゆっくりと動くだけです。

**要点▶** 「コード凍結」は誤解を招く言葉です。そうであって欲しいと願っても、コードが変わらないことはありません。

## コード凍結に対する新たな秩序

コード凍結では何らかの最終修正が必要になると想定しています。一方で、リリースコードに含める変更を選択することで、ソフトウェアの開発を注意深く監視します。

変更の完全な禁止ではなく、「コード凍結」は開発作業に対して新たな秩序の規則を適用することです。つまり、変更を闇雲に適用できないということです。価値ある変更であっても、慎重に合意されて追加されなければなりません。

私達はリリースの完全性を維持するために一生懸命努力し、個々の変更は取り込まれる前に注意深くレビューされます。厳密にリリースするために必要な変更だけを含めます。「凍結された」コードで見つかったすべての問題やバグは、リリース後に修正することが検討されます。リリースを阻害する「ショーストッパー（*showstopper*）」[†2]だけが対処されます。優先順位の低い問題は、優先順位に応じて後のリリース向けということで先送りされるかもしれません。これは、リスクに対するバランスを取るということです。つまり、優先順位の低い障害を見つけて修正するために時間と労力を投資するよりも、製品をリリースする方が重要かもしれないということです。

とりわけ、新たな機能に取り組むことは絶対にありません。事前の合意がなければバグは「修正」されません。対処しなければならない問題に優先順位を付けます。これは規律なのです。なぜなら、追加される機能やバグ修正がどれだけ単純であっても、予期せずに望ましくない副作用を引き起こすかもしれないからです。

したがって、開発のこの段階は、コードの「凍結」というよりは、意図的な減速なのです。つまり、コードラインの変更頻度を意識して減らしているのです。

> **要点▶** 最終的な修正と変更を注意深く管理しながら、リリースするために注意深くコードラインを扱うために開発作業を減速させます。

凍結期間中には、何らかの（部門レベルの）組織が、インストール/配布システムを作成したり、最終リリース向けの残りの作業（図版、テキストファイルなど）に取りかかるために「インストーラチーム」を活動させます。個人的には、私はそれは間違いだと思っています。「凍結」期間に入る前に、**すべての**作業は最終テストに向けて完了しているべきです。

## 凍結の形態

「凍結」の三つの異なる形態を検討し、使う言葉を具体的にすることが役立ちます。「コード凍結（*code freeze*）」そのものは、少し不明瞭であり誤解を招きます。

### 機能凍結

機能凍結は、新たな機能は開発されずに、バグ修正だけがこれからはコミットされることを宣言します。これにより、「機能の忍び込み（*feature creep*）」を避けるのに役立ちます。スケジュールさ

†2　訳注：ソフトウェアのお披露目やデモ（ショー）を中断させるもの（ストッパー）という意味。

れたリリース日が近づくと、変更がもたらすリスクやあり得るバグを十分に検討せずに、一つの小さな機能を忍び込ませたいという誘惑が常にあります。

**コード凍結**

すべての機能と低い優先順位のバグには取り組みません。「ショーストッパー」問題に対する修正だけを受け付けます。この状態を表す明瞭な名前が必要です。

**「ハード」コード凍結**

変更は**一切**許されません。この後に要求されるいかなる変更も、AEDを持ち出して、開発チームを蘇生させようとするのと同じです。この状態を真剣に検討することはありません。なぜなら、その状態になった時点でソフトウェアは出荷され、開発チームは他のコードラインに取り組んでいるからです。

## ブランチでうまくいく

普通、コード凍結が宣言されると、リビジョンコントロールシステムでコードをブランチさせます。とりわけ、**リリースブランチ**（*release branch*）を作成します。それにより、メインのコードブランチで継続できる他の作業を遅延させることなく、リリース用の開発コードラインを凍結できます。

リリースブランチを扱うときには、そのブランチ自身上で**絶対に何も**作業をしないことがベストプラクティスです。リリースブランチは、不適切な変更が適用されないで常に安定しています。

代わりに、すべての作業は、別のブランチ、おそらくは開発のメインラインで行われます。個々の修正はそこでテストされて検証され、準備が整ったときに、リリースブランチへ**マージ**されます。こうすることで、受け入れ可能な優れたコードだけがリリースブランチへ取り込まれます。

コードは、常に安定しているブランチへ**向かって**ブランチ間を移るべきです。検証された品質に基づいて変更を「昇格」させます。

凍結されたブランチに取り入れられたすべての変更は、それ以前の開発の変更よりは次のように厳しく取り扱われます。

- すべての変更が注意深くレビューされます。
- 集中したテストが行われます。
- リスクが分析されるので、変更がもたらす差異は、きちんと理解され必要なら減らされます。
- 優先順位付けされます。リリースに対して適切であるかが注意深くレビューされます。

コード凍結を管理できるチームにとって、ブランチは極めて重要です。リリースブランチがなければ、すべての開発者は物理的に道具を片付けて、凍結期間中は作業を止めなければなりません。これは、時間やコストの高い資源の有効な使い方ではありません。開発者は開発が好きです。だから、すぐにむずむずしてきて、いずれにしてもコードを書きます。

**要点▶** ブランチを使ってください。さもなければ失敗します。

そうはいっても、並行して作業をするのはできる限り避けた方がよいです。混乱する可能性があり、チームにとっての目標や狙いが矛盾することになったりします。

## しかし、実際には凍結されていない！

「コード凍結」という呼び名が誤った自信にならないように注意してください。たいてい、「コード凍結」という言葉は、安定したプロジェクトの状態であるとほのめかし、信頼を得るためにマネージャへ伝えられます。それは素晴らしい**響き**ですよね。

しかし、コードが優れた状態にあると信じないでください。常に、プロジェクトの状態を現実的に評価することが重要です。

コードが変更される必要があるときに、「凍結」は変更しないことを意味していません。変更が必要なときには、変更しなければなりません。

## 凍結期間の長さ

適切な長さの凍結期間を宣言しなければなりません。ナルニア[†3]の冬のように、不必要に長い凍結は望んでいません。しかし、あまりにも短いと凍結は無意味なものとなります。

適切な期間は、プロジェクトの複雑さ、プロジェクトが必要とするテスト、テストと検証に費やせる資源により決まります。プロジェクトが必要とするテストには、人と資源の両方が含まれます。動作させるために管理者とユーザ向けに別のテスト用プラットフォームをインストールしたり設定したりする必要があるかもしれません。また、リリースに入る変更の範囲は、行われるリグレッションテストのレベルに影響します。

一般的な凍結期間の長さは二週間です。

パレートの法則に注意してください。つまり、ITプロジェクトでは、努力の「最後」の20パーセントが、合計時間の（おおよそ）80パーセントを占めるまで膨張することがあります。これを避けるためには、適切な時点で凍結期間に入るようにしてください。「終わらせる」必要があるものがまだ少し残っているときに、凍結を宣言しないでください。すべてが終わってから、凍結させてください。

†3　訳注：クライブ・ステープルス・ルイスの『ナルニア国物語』に登場する架空の国。

## 凍結を感じる

コード凍結は、リリースまでの険しい道です。公園でのピクニックではありません。過剰に期待したりしないでください。

コード凍結期間中には、取り込む危険を冒すほど重要ではないという理由で、バグを発見しても**修正できない**場合があります。どのようなコードの変更も許されるような制約のないコーディングではありません。そうでなければ、凍結を宣言することはしません。したがって、変更できないことに落胆することがありますし、さらによいものにできたのにと思う製品を出荷せざるをえないかもしれません。

> **要点▶** さらによいものにできると分かっているソフトウェアを出荷することは、異常（あるいは間違い）ではありません。

物事の明るい面を見てください。バグを発見したことで、次のリリースでそれらのバグを修正できます。

凍結期間中に**技術的負債**（*technical debt*）[†4]をまとめてください。凍結期間は、そのまとめを行う数少ない有効な時期です。広範囲の修復を行うことができないときは、「十分によい」出荷製品を得るために、「その場しのぎの対応」で問題を修正しなければなりません。しかし、そのようなその場しのぎは、正常なやり方ではなく**負債**だと見なして、リリース後の開発サイクルで返済することを計画してください。

> **要点▶** コード凍結中は、技術的負債をまとめます。技術的負債を管理して、リリースが出荷された直後に返済する準備をしてください。

凍結期間中に重大な影響を持つ変更を行うのであれば、コードの凍結を解除して、最初から全体的なテストを行って再凍結すべきかどうかを検討してください。場合によっては、リリースを延期して、コード凍結期間を再開してください。

凍結と凍結解除を何度も行わないように注意してください。

長い凍結期間は、十分に安定していないコードベースの前兆です。

## 終わりは迫っている

コード凍結期間の終わりには、RTMの時点に達し、コードラインは**うそ偽りなく**凍結されます。リ

---

†4　技術的負債の比喩については、http://martinfowler.com/bliki/TechnicalDebt.htmlを参照してください。

リースが（最終的に）行われたので、変更はもう行われません。リリースブランチを閉じてください。コードラインをアーカイブしてください。お祝いに出かけてください。

これ以降の変更は、別のコードラインに対して行われます。

> **要点▶**　唯一の真の「コード凍結」は、受け入れ可能なリリースが作られたときです。それは、コードが最終的に**石に刻まれた**時点です。

この要点は、まさに純粋なコード凍結です。しかし、誰もそのことについて話しません。

## 凍結防止

うまくいけば、コード凍結期間を避けられます。

多くの開発チームは、物理的な製造プロセスからの制約を受けません。インターネットを介してソフトウェアを出荷したり、製品サーバへ一瞬で配置可能なウェブサービスを作ったりします。外部リリースへとすり抜けたバグの「被害」はここでは最小限です。つまり、多くのユーザが問題に気付く前に、市場での問題を修正するオンラインソフトウェア更新を行えます。

しかし、これはテストなしでコードをリリースする言い訳ではありません。コードを凍結しない迅速なリリースには、新たな考え方と規律を必要とします。最初から信頼性があり、バグがないことが示されたコードを書くことで迅速にリリースするように努力します。

次の方法で、コード凍結期間を最小限にしたり、取り除いたりできます。

- 継続的デリバリーを用いる。個々のビルドを配置可能な状態へともたらすパイプラインを設定します。これにより、常に配置可能になります。
- きちんと広範囲を網羅する優れた自動化されたテストハーネスを設置する。そこでのテストは、製品の状態に関する信頼できるフィードバックを得るために、単体テスト、インテグレーションテスト、最終的なシステム全体のテストを網羅しなければなりません。
- 優れた合否基準テストを準備する。Cucumberなどのツールは、ユーザ操作による要件をソフトウェアが満たすことをテストするために使えます。
- テスト期間を短縮する。プロジェクトの範囲や大きさを減らすことで、リリースごとに長い封鎖が不要になります。
- コードを受け取ったら、人が介在せずに製品へと配置する、単純で信頼できる「リリースパイプライン」を開発する。

このような規律があれば、伝統的なリリースのエンジニアリングプロセスの手順なしで、コードを製品へと定期的にリリースすることが可能です。多くのチームが毎週ソフトウェアをリリースできます。

毎日、コードを製品システムへと配置できるチームもあります。

このような超短期開発サイクルには全体を通して規律を持ったコーディングの考え方が必要です。したがって、開発フェーズの終わりの凍結段階で改めて注意する必要はありません。

**要点▶** 「凍結」せずに、常に製品へリリースできるコードを目指してください。

# 結論

**コード凍結**は、問題のある言葉です。誤解を招く比喩です。コードは実際に凍結したり解凍されたりしません。コードは柔軟な物質であり、常に変化し、周りの世界に適応します。実際に起きていることは、開発での変更の頻度を下げて、開発作業の焦点を変更しているのです。

しかし、ソフトウェアリリースが間近になると、リリース可能な品質にするために、開発作業でさらに規律が必要になります。

## 質問

1. あなたの開発プロセスでは公式なコード凍結期間がありますか。どの程度きちんと監視されますか。
2. 凍結期間中に適用された変更が安全で適切であることを、どのようにして保証していますか。
3. ビルドの品質は誰か一人の責任ですか。それともチームの責任ですか。正しい取り組み方はどちらですか。その理由は何ですか。
4. あなたのプロジェクトでは、コード凍結の時点に達するまでに長い時間を要していますか。その理由は何ですか。どうしたら短縮できますか。

## 参照

- **23章 プリーズ・リリース・ミー**：「コード凍結」は、リリースが迫っているときにソフトウェアを安定させるためにあります。
- **20章 効果的なバージョンコントロール**：**リリースブランチ**は、凍結されたコードを封じ込めるために使われます。

**やってみる**

リリースプロセスを改善する方法を検討してください。どうしたらコード凍結期間を最小限にしたり、なくしたりできますか。

一万匹のモンキー
(おおよそ)
コード凍結
真の定義
コードの春：
コードを蒔く
コードの夏：
コードが成長
コードの冬：
コード凍結に入る

# 23章 プリーズ・リリース・ミー

日が昇るときに天使が歌っていた
「慈悲、同情、平和は、世界の解放」。
——ウィリアム・ブレイク

**ソフトウェアリリース**を作ることは、ソフトウェア開発プロセスでの重要なステップです。また、ぎりぎりまで先送りするものではありません。そのためには、規律と計画が必要です。

ソフトウェアリリースの構築にきちんと取り組まなかったことが原因で発生し、避けられたであろう問題に、私は何度も遭遇してきました。

そのほとんどが、まっさらなチェックアウトからではなく、ローカルの作業ディレクトリから「リリース」を作るという、だらしない習慣が原因でした（助言：このようなリリースは本物のソフトウェアリリースではなく、コードのビルドにすぎません。適切なリリースを作成するには、多くのプロセスと注意が必要です）。

たとえば、次の通りです。

- ソフトウェアリリースが、ある開発者の作業ディレクトリから作成されました。開発者はコードを最初にクリーンにせず、ディレクトリにはコミットされていないソースファイルの変更が含まれていました。彼は気づいていましたが、「リリース」を行いました。問題が報告されたときに、そのビルドに**何が**含まれていたかの正確な記録は存在しませんでした。その結果、そのソフトウェアのデバッグは悪夢でしたし、ほとんどが当てずっぽうでした。
- 最新に更新されていないローカルディレクトリからソフトウェアリリースが作成されていました。開発者は、SubversionのコードリポジトリのHEADへと更新していなかったのです。したがって、そのリリースに含まれていない機能とバグ修正がありました。開発者は「リリース時点」としてリポジトリのHEADをタグ付けして、そのバージョンをビルドしたと言っていました。結果は、混乱と困惑をもたらし、プロジェクトの評判に傷を付けました。

- ソースコントロールで管理されていないコードのプロジェクトがリリースされました。コードは、一台のマシンのハードディスク上にだけ存在していました。そして予想通り、ハードディスクはバックアップされていませんでした。そのコードは別の組織からの、あるソフトウェアリリースに基づいていました。元のコードがどこから持って来られたのか、どのバージョンに基づいているのか、その後どれだけ変更されたかの記録は存在しませんでした。さらに、そのマシンの正確なビルド環境は不明でした。それは、何年にも渡って修正や調整が行われた結果でした。マーフィーの法則が的中して、マシンが死にました。その結果、対象のプラットフォーム向けのビルド方法と一緒にソースコードのすべてが失われました。ゲーム終了です。

どれも、いらだたしい経験でした。

最高に高品質なソフトウェアリリースを作成することは、IDEで「ビルド」をクリックして作成したものを出荷するよりも多くの作業が必要です。その多くの作業をする準備ができていないとしたら、リリースを作成すべきではありません。

**要点▶** ソフトウェアリリースを作成するには、規律と計画が必要です。開発者のIDEで「ビルド」ボタンをクリックするだけではないのです。

前章では、リリースが迫っている時にコードを安定させようとする「コード凍結」を見てきました。コード凍結期間はそもそも存在すべきかも問いかけました。メインラインのスナップショット、あるいは開発の凍結されたブランチとして、コードが一旦リリースできる準備ができたら、そこから健全なリリースを構築するには厳密さと規律を必要とします。

## プロセスの一部

ほとんどの人々は自分達だけではなく他人のためにソフトウェアを書きます。したがって、ソフトウェアを何とかしてユーザの手に届けなければなりません。CDで出荷されたソフトウェアインストーラ、ダウンロード可能なインストーラ、あるいはソースコードのzipファイルを用いるのか、それとも、動作しているウェブサーバへソフトウェアを配置するのかに関係なく、**ソフトウェアリリース**を作成するのは重要なプロセスです。

ソフトウェアリリースのプロセスは、設計、コーディング、デバッグ、テストと同じように、ソフトウェア開発作業の重要な部分です。効果的であるためには、リリースプロセスは次のようになっていなければなりません。

- 単純である
- 繰り返し可能である

- 信頼性が高い

間違ってしまうと、将来の自分自身に対して潜在的に面倒な問題を積み上げてしまいます。リリースを作成するときは、次のことを行わなければなりません。

- 再びビルド可能な正確に同じコードを、ソースコントロールシステムから得られるようにしてください（あなたは、ソースコントロールを使っていますよね）。それが、リリースではどのバグが修正されて、どのバグが修正されていないかを証明する唯一の具体的な方法です。そうしていれば、5年前の製品のバージョン1.02にある重要なバグを修正しなければならなくなっても修正できます。
- ビルド方法を（コンパイラの最適化設定や対象CPUの構成なども含め）正確に記録してください。このような設定はコードがどの程度うまく動作するのかとか、ある種のバグが入り込むかどうかに微妙に影響を与えます。
- 将来、参照するときのためにビルドログを取っておいてください。

## 歯車の歯

優れたリリースプロセス、とりわけ「パッケージ」で配布されるアプリケーション向けのリリースプロセスの概要を次に示します[†1]。

### ステップ1：リリースに着手

新たなリリースを行う時期であることに同意してください。正式なリリースは、開発者のテストビルドとは異なる扱いが行われ、いかなるときでも既存の作業ディレクトリから行われるべきではありません。

リリースの名前と種類について同意を得てください（たとえば、「5.06 Beta1」とか「1.2 Release Candidate」です）。

### ステップ2：リリースを準備

リリースを構成するコードがどれであるかを正確に決定してください。ほとんどの場合、すでにソースコントロールの**リリースブランチ**で作業しているので、現在のそのブランチの状態となります。コード開発に使っているソースコントロールシステムのメインライン（たとえば、*trunk*や*master*）から直接コードをリリースすべきではありません。

リリースブランチはコードの安定しているスナップショットであり、*trunk*上で「安定していない」機

†1 他の種類のリリース、たとえば、動作しているウェブサーバへのリリースは、少し調整が必要ですが大枠では同じです。

能の開発の継続を可能にしています。一旦検証されれば、メインラインのきちんと安定して分かっている成果をリリースブランチへマージできます。これにより、メインラインで他の新たな開発を継続しながら、リリースのコードベースの完全性を維持できます。

コードのメインライン上で単体テストと継続的インテグレーションシステムを実行しているのであれば、リリースブランチが存在する間は、単体テストと継続的インテグレーションシステムをリリースブランチでも動作させなければなりません。リリースプロセスは短期間であるべきであり、その結果、リリースブランチは短命であるべきです。

リリースに何が入るのかを記録するためにソースコントロールシステム内のコードに**タグ付け**してください。

## リリースブランチ

理由が何であれ、バージョンコントロールシステムにブランチを作ることができます。コードベースの他の部分から独立して新たな機能に取り組むためや、他の開発者へ影響を与えずにバグ修正やリファクタリングを試みるためなどが理由でしょう。作ったブランチは、変更を閉じ込めます。作業が完了したときに、普通はそのブランチをメインラインへマージして戻すか、破棄します。

「リリースブランチ」は、逆の理由で作成されます。つまり、コードベース内で**安定性**を保証したい時点に印を付けます。ソフトウェアリリース用のブランチを一旦作成したら、ソフトウェアリリースを阻害する心配をせずにコードのメインラインで新たな機能を開発できます。これは、「コード凍結」のための仕組みを提供しています。

QA部門は、新たな機能が足下のゴールポストをすり抜ける心配をせずに、リリースブランチのコードのリグレッションテストを行えます。ごくたまに、メインラインからの重要なバグ修正がリリースブランチへマージされるかもしれませんが、そのブランチのソフトウェア品質に関心があるすべての人々の同意を得て個々のマージは注意深く行われます。

リリースブランチは*trunk*へマージして戻されません。なぜなら、リリースブランチでは新たな開発は行わないからです。すべての開発は*trunk*で行われ、そこで正しいことをテストされ、それからリリースブランチへマージされます。

優れたリリースプロセスは、必ずしもリリースブランチを必要としません。(厳密に開発されて、健全な自動化されたテストを使うことで) コードのメインラインを永続的に出荷可能状態に保てば、リリースブランチの手順をすべて省略できます。

## ステップ3：リリースをビルド

リリースとしてタグ付けされたコードベース全体の新たなコピーをチェックアウトしてください。既存のチェックアウトされたものを使わないでください。ビルドに影響するコミットされていないローカルな変更や、違いをもたらす管理されていないファイルがあるかもしれません。常にタグ付けして、**それから**そのタグをチェックアウトしてください。そうすることで、多くの潜在的な問題を避けることができます。

> **要点▶** まっさらなチェックアウトでソフトウェアをビルドしてください。古いソフトウェアビルドを再利用しないでください。

この段階で、ソフトウェアをビルドしてください。このステップでは、手作業によるファイルの修正は一切行っては**なりません**。そうでなければ、ビルドしたコードを正確にバージョン付けした記録が残りません。

理想的には、このビルドは**自動化されて**いるべきです。一つのボタンを押すか、一つのスクリプトを実行させるかです。コードと一緒にソースコントロールにビルドの機構（スクリプトなど）をチェックインすることで、コードがどのようにして構築されたかを明確に記録します。自動化は、リリースプロセスにおける人手による間違いの可能性を減らします。

> **要点▶** ビルドが、プロセスのすべてを自動化する一つの単純なステップになるようにしてください。そのためにスクリプト言語を使ってください。

ビルドスクリプトは、プロジェクトをビルドする方法に関する明瞭なドキュメンテーションとしての役割を果たします。CI（継続的インテグレーション：*continuous integration*）サーバ上に配置することも簡単です。CIサーバではビルドの妥当性を保つために、自動的にスクリプトを実行できます。事実、最善のリリースビルドは、CIサーバによって直接行われ、人の手は一切必要としません。

> **要点▶** 健全さを保つために、CIサーバにビルドを行わせてください。同じシステムから正式なリリースを行ってください。

## ステップ4：リリースをパッケージ化

理想的には、パッケージ化は前のステップ3に統合されます。

前回のリリースと今回のリリースの差異を説明する「リリースノート」を作成してください。そこには、新たな機能と修正されたバグが記述されます。(ソースコントロールのログから自動的に抽出することもできます。しかし、チェックインのメッセージは、顧客が読むノートとしては最善ではありません。)

コードをパッケージ化します(インストーライメージ、CD ISOイメージといったものを作成します)。このステップも、自動化されたビルドスクリプトに含まれるべきです。

## ステップ5:リリースを配置

生成された成果物とビルドログを将来の参照のために保存してください。それらを共有されたファイルサーバへ保存してください。

**リリースをテストしてください。**リリースできる時期であることを示すためにすでにコードをテストしていますが、すべてが正しくて、成果物が安定したリリース品質であるかを確認するために、この「リリース」のテストを行うべきです。

> **要点▶** 最終成果物をテストせずにソフトウェアをリリースしないでください。

最初に、インストーラが(すべてのサポートされているプラットフォームで)動作することと、ソフトウェアが動作して正しく機能していることを確認するためのスモークテスト(*smoke test*)が行われるべきです。

それから、リリースの種類に応じて適切なテストを行ってください。内部テストリリースは、社内のテスターによってテストスクリプトを用いてテストされるでしょう。ベータリリースは限定された外部テスターへリリースされるでしょう。リリース候補は、適切に最終的なリグレッション検査が行われるべきです。ソフトウェアリリースは、完全な検査が行われるまでは、配布されるべきではありません。

最後に、リリースを配布します。エンドユーザに直接出荷するのであれば、おそらくウェブサイトにインストーラを配置して、電子メールかプレスリリースを送信します。あるいは、CDなどの物理メディアへ焼くためにソフトウェアを工場に送ります。

動作している製品サーバへコードが配置されるのであれば、**devops**(*development/operations*:ソフトウェア開発がIT運用と繋がっていること)の世界に入っていきます。これは、新たなコードを遠隔のサーバへ配置し、必要なソフトウェアコンポーネントを更新し、データベースを更新し(たとえば、データベースのスキーマの移行)、それから、新たなコードでサーバを再起動するという手法です。これはダウンタイムをできる限り少なくできます。このプロセスは、インストールに問題があった場合に、実用的に元に戻す機構を提供する必要があります。他の多くのソフトウェアプロセスと同様に、自動化は、効率的にサーバへうまく配置するために重要です。

## 早めに頻繁にリリース

リリースプロセスの最悪な過ちの一つは、最終的に公にソフトウェアをリリースする必要があるプロジェクトの終盤に近づいたときだけ、リリースを考えることです。

ソフトウェアの世界では、**最終判断ができるとき**(*last responsible moment*)[†2]まで、仕事や決定を先延ばしにすべきであるということが、広く信じられてきています。すなわち、正確に要件を把握して、実施の機会コストが最小限になる時点まで先延ばしにすることです。しかし、リリースプロセスを構築する最終判断ができる時期は、開発者が想像するよりも早い段階です。

> **要点▶** ソフトウェアリリースプロセスを計画して構築することを、ぎりぎりまで遅らせないでください。早い段階で構築し、ビルドを迅速かつ頻繁に繰り返してください。ソフトウェアをデバッグするようにビルドもデバッグしてください。

理想的なリリースプロセスは、完全な自動化であることを説明してきました。自動化されたビルドとリリースプロセスは、開発プロセスの**初期に**構築されるべきです。そして、問題なく動作することを確認するために、頻繁に(少なくとも毎日)使われるべきです。そうすることで、インストール環境に対するコード内の間違った想定をあぶり出して排除するのに役立ちます(たとえば、ハードコードされたパス、コンピュータにインストールされているライブラリやコンピュータの能力など)。

開発作業の初期にソフトウェアリリースプロセスを開始することで、欠点や欠陥を解決するための多くの時間を持つことができます。その結果、実際に公なリリースを行うときには、出荷するための時間がかかる手順ではなく、ソフトウェアを機能させるという重要な作業に集中できます。事実、新たなソフトウェアプロジェクトの最初の活動としてリリースプロセスを構築する人達もいます。

## そして、さらに

これは、大きな話題であり、構成管理、ソースコントロール、テスト手続き、ソフトウェア製品管理などと密接に結び付いています。あなたがソフトウェア製品のリリースに何かしら関与しているのであれば、ソフトウェアリリースプロセスの神聖さを理解し、尊重しなければなりません。

---

†2 これは、Mary PoppendieckとTom Poppendieckの著書『*Lean Software Development: An Agile Toolkit*』(Boston: Addison-Wesley, 2003)(日本語版『リーンソフトウエア開発―アジャイル開発を実践する22の方法』、日経BP社)からのものです。そこでは、「決定に失敗したら、重要な選択肢を排除することになってしまうとき」と説明されています。

## 質問

1. 新たなソフトウェアのリリースを行うことを、いつ決めていますか。
2. ビルドとリリースのプロセスは、どの程度繰り返し可能で信頼性がありますか。そのプロセスは単純ですか。ビルドが失敗する頻度はどの程度ですか。
3. 今まで見てきた中で、失敗した最悪のリリース作成は何ですか。どうしたら避けることができましたか。
4. ビルドは時々失敗しますか。失敗は、開発者のマシンで起きますか。それともCIサーバ上で起きますか。失敗するとしたら、どちらが悪いですか。
5. ビルドとリリースのプロセスの作成と共有は、特定の人の担当であるべきですか。それとも、チームの誰もが責任を持つべきものですか。その理由は何ですか。

## 参照

- **22章 凍結されたコードの数奇な人生**：リリースに向けてどのようにコード開発を集結させるかについてです。
- **20章 効果的なバージョンコントロール**：ソフトウェアリリースは、ソースリポジトリから直接取り出されたまっさらなコードからビルドされます。VCSはコードのリリースブランチを保持します。

### やってみる

あなたのプロジェクトのビルドとリリースのプロセスを評価してください。それを改善する方法を考えてください。スクリプト実行による自動化が行われていないのであれば、そのスクリプトを今すぐに書いてください。

一万匹のモンキー
(おおよそ)
プリーズ・リリース・ミー
ソフトウェアをリリースすることを忘れて……
1万個の風船をリリースしてみよう
ボーナスとして、見つけた人のコーディング能力をこけ落とすことを書く
伝書鳩をリリースしてみよう
IPパケットを運ぶ
オフィスでオナラをリリース
理想的にはエアコンの下
コア・ダンプ?

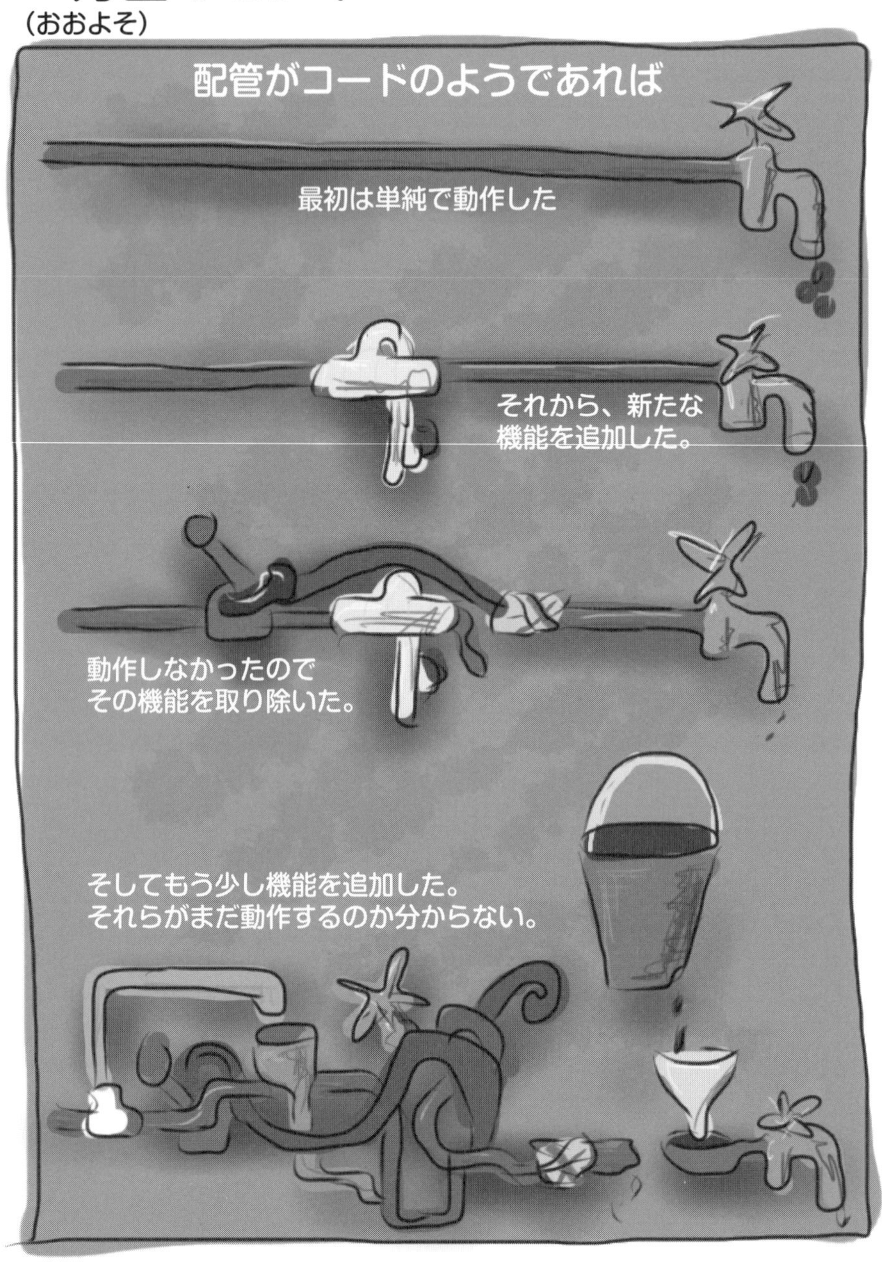
一万匹のモンキー
（おおよそ）
配管がコードのようであれば
最初は単純で動作した
それから、新たな
機能を追加した。
動作しなかったので
その機能を取り除いた。
そしてもう少し機能を追加した。
それらがまだ動作するのか分からない。

# 第Ⅲ部
# 個人的なこと

優れたコーディングと設計は奥深いテーマですが、優れたプログラマになるのは、それらを会得することだけではありません。大量のスキルと、あなたを匠へと導く態度と取り組み方を身につける必要があります。

次の章からは、ソフトウェア開発の領域で成長を助ける、個人的な活動を取り上げます。学び方、道徳的な振る舞い、停滞を避けるためのチャレンジの方法、肉体的な健康について学びます。これらは、プログラマの人生にとってすべて重要なことです。

# 24章 学びを愛して生きる

学びは上流へと漕ぐようなものだ。前進しなければ後退するだけである。
——中国のことわざ

プログラミングは、胸躍らせ生き生きと働ける分野です。学ぶべき新たな事柄が常にあります。プログラマは、何年も同じ仕事を繰り返すことを強いられたりしません。私達は継続的に未知のものに直面しています。つまり、新たな問題、新たな状況、新たなチーム、新たな技術、あるいはこれらのすべての組み合わせです。

私達は、学ぶことと、スキルと能力を向上させることを継続的に要求されています。キャリアが停滞していると感じるのであれば、抜け出すための最も実用的なステップの一つは、**何か新たなことを学ぶために意識して努力すること**です。

**要点▶** 継続的に学習してください。何か新しいものを常に学ぶように心がけてください。

学ぶことが生まれつきうまい人達がいます。彼らは新たな情報を吸収することに優れ、短い期間で精通できます。彼らにとっては、それが自然です。しかし、努力すれば、誰でもそのようになれます。あなたは、自分の学習に責任を持つ必要があります。

プログラマとして向上したいのであれば、熟練した経験豊富な学習者でなければなりません。そして、学習を楽しむことを学ぶ必要があります。

**要点▶** 学習を楽しむことを学んでください。

## 何を学ぶべきか

学ぶものは多くあります。したがって、何を学ぶべきでしょうか。米国の政治家であるドナルド・ラムズフェルドは、ホワイトハウスで悪名高い報道会見を行ったときに、この難問をとりわけ適切な方法で要約しました。

> 知っていると分かっていることがあります。つまり、知っていることを分かっています。知らないと分かっていることがあります。つまり、知らない何かがあることを分かっています。しかし、知らないことを分かっていないことがあります。つまり、知らないことすら分かっていないのです。

これは、深みがある言葉です。

あなたは**知らないと分かっている事柄**に取り組みます。つまり、学びたい何かです。あるいは、**知らないことすら分かっていない事柄**に取り組みます。これには最初に時間を費やして、学んだら面白そうな事柄が何であるかを調べる必要があります。

究極的には、面白いと思うものを選んでください。あなたのためになるものを選んでください（学ぶという行為自体はよいことですし、新たな役立つスキルを得られたり、視野を広げたり、喜びをもたらしたりするものを選択することもよいことです）。多くの時間を投資するので、賢く投資してください。

**新たな技術を学ぶ**

プログラマにとって新たな技術を学ぶことは当たり前のことです。コンピュータを操る方法はさまざまで、それらは私たちを魅了し続けます。

新たな興味深いプログラミング言語が尽きることはありません。専門家になる必要はありませんが、「*Hello, World!*」以上のことは学んでください。新たなライブラリ、アプリケーションフレームワーク、ソフトウェアツールを学んでください。新たなテキストエディタやIDEの使い方を学んでください。ソフトウェアの文書化ツール、あるいはテストフレームワークを学んでください。新たなビルドシステム、課題管理システム、ソースコントロールシステム（特に**分散**バージョンコントロール）、新たなオペレーティングシステムなどを学んでください。

**新たな技術スキルを学ぶ**

知らないコードを効果的に読む方法や技術文書の書き方を学んでください。ソフトウェアの設計方法を学んでください。

**人々との働き方を学ぶ**

ほとんどのコードモンキー（*code monkey*）[†1]にとって、人々との働き方は退屈な「触れ合い」です。

---

†1　訳注：設計は行わずに、与えられた仕様書に従ってコードを書くだけのプログラマを指します。

しかし、興味深く役立つ分野です。社会学や管理の教本を学んでください。ソフトウェアのチームリーダになるための本を読んでください。能力の高いチームワーカーになるのに役立ちます。チームとうまくコミュニケーションを取る方法と顧客を理解する方法を理解するのにも役立ちます。

#### 新たな問題領域を学ぶ

あなたは数学のモデリングソフトウェアをずっと書いてみたいとか、オーディオDSPに取り組んでみたかったかもしれません。しかし、経験や知識がなければ、新たな領域で仕事を見つけられないでしょう。ですから、まず新たな領域について学び始めてください。それから、実践的で明らかな経験を得る方法を考えてください。

#### 学び方を学ぶ

真面目に学んでください。効果的に知識を吸収するのに役立つ新たな技法を見つけてください。使う必要がある多くの情報にアンテナを張っていますか。情報が単に通り過ぎていませんか。知識を見つけ出し、理解し、吸収する方法を調べてください。マインドマップや速読などの新たなスキルを練習してください。

#### 異なる領域を学ぶ

日々の仕事に関係がなく、ソフトウェアの適用ができないような領域に対して、興味を持ってみてください。

新たな外国語、楽器、新たな科学の領域、芸術、哲学などを学んでみてください。精神的なことさえ学んでみてください。このようにソフトウェア以外の領域は、あなたの世界観を広げ、ひいてはあなたのプログラミングをよい方向に導いてくれます。

## 学ぶことを学ぶ

学ぶことは、人間の基本的なスキルです。私達全員が常に学んでいます。整理された新たな情報に接すると人間の脳はその情報を素早く吸収し、幅広い経験を通してスキルを伸ばしていきます。

学校では制限されたシステムを通して、私達は継続的に学習していきます。一般教育から専門化された二次教育へと移っていき、大学で一つの専攻に注力するようになります。大学院での研究は、ある分野の特定の領域に集中します。このようにだんだんと集中することで、一つの領域の高い専門性を持つようになりますが、このプロセスでは、狭い領域に集中するように私達自身を訓練してしまいます。

> **要点▶** 学習はたいてい狭い領域に集中しています。視野を広く持ってください。多くの分野からインスピレーションを得てください。

多くのことをうまく学ぶのに役立つ技法があります。

あなたにとっての最善の学び方を理解し、それを自分に有利に活用してください。あなたの性格は、学習スタイルに影響します。古くから「右脳」と分類される人々は、パターンと物事の全体的な視点が示されたときに最もよく学びます。全体的ではなく連続した情報の流れが押し寄せてくるときは、そのような人々は苦労します。その反対の「左脳」の人々は、物事に対する順序だった合理的な説明に満足します。左脳の人々は、壮大な話を聞くよりは、事実を吸収することを好みます[†2]。内向的な人は一人で学ぶことを好み、外交的な人は共同で行うワークショップでうまくやります。自分の性格を理解することで、学習作業を最大限に効果的にする方法が分かります。

さまざまな情報源から情報を吸収することはよいことです。今日では、多くのメディア形式で情報を得られます。

- 書き物（本、雑誌、ブログなど）
- 話し言葉（オーディオブック、プレゼンテーション、ユーザグループ、ポッドキャスト、教育コースなど）
- 視覚（ビデオのポッドキャスト、テレビ番組、コンサートなど）

人によっては特定のメディアを好みます。どのメディアがあなたにとって最善ですか。最善の結果を得るためには、これらの情報源をうまく組み合わせてください。本から学んでいることを補強するために、その話題に関するポッドキャストを活用してください。その話題に関するトレーニングコースを受講し、関連する本を読んでください。

> **要点▶**　学習の質を向上させるために、できる限り多くの情報源を活用してください。

**交差感覚**（*cross-sensory*）フィードバックは、頭脳の効率を向上させるために、学習中に普段は使わない脳の部分を刺激しようとします。学習中に次の行動を試してください。行動によっては、うまくいきます。

- 仕事をしながら音楽を聴く。
- 考えながら落書きをする（ミーティングには集中していましたが、私は多くの落書きをしてきました）。
- 何かを指で動かす（おそらくペンやペーパークリップ）。
- 仕事をしながら話をする（行動や学びを声に出すことは、多くの知識を覚えるのに役立ちます）。
- 思考プロセスを、純粋に頭の中ではなく具体化する。たとえば、クラス図やCRCカードでモデリ

†2　左脳・右脳の性格付けは通俗心理学では広く用いられているのですが、そのような違いが存在することを証明した科学的調査が存在しないことは興味深いです。

ングする。

- 瞑想する（集中力を上げて、心を安定させるのに役立ちます）。

情報を思い出しやすくするための最も単純な方法は、メモ帳を取り出して、情報が明らかになる都度、忘れる前に書き留めることです。

書き留めることは二つの目的を果たします。まず、話題に集中するのに役立ちます。次に、すぐにメモ帳を捨てたとしても、交差感覚の刺激が事実を思い出すことを手助けします。

**要点▶** たとえ捨てるとしても、学びながらメモを取ってください。

精神状態は、学習の質に影響します。学習に対して積極的な態度を持つことで思い出す能力が大きく向上することが研究によって示されています。したがって、興味を持って学べるものを見つけてください。ストレスと睡眠不足の状態では集中できませんし、学習能力が低下します。

### 能力の四段階

間違ったことを学んで、それが正しいと信じる可能性はあります。こういったことで気恥ずかしい思いをするだけならよいですが、最悪の場合、危険なこともあります。これは、**能力の四段階**（*Four Stages of Competence*）で示されています（心理学者Abraham Maslowによって1940年代に提唱された分類です）。それは、次の通りです。

**自覚のある無能**（*conscious incompetence*）

あなたはある事柄を分かっていません。しかし、分かっていないことを自覚しています。これは、比較的に安全な状態です。おそらく気にしていないでしょう。なぜなら、知る必要がないものだからです。あるいは、分かっていなくて、フラストレーションを感じています。

**自覚のある有能**（*conscious competence*）

これも優れた状態です。ある事柄を分かっています。それを分かっていることを自覚しています。そのスキルを使うためには、意識的な努力を行い集中しなければなりません。

**自覚のない有能**（*unconscious competence*）

これは、ある話題に関する知識が十分にあるため、無意識に身についている状態です。その専門性を使っていることを意識していません。たとえば、大人にとって、歩いてバランスを取ることは意識していない能力です。

**自覚のない無能**（*unconscious incompetence*）

これは、危険な状態です。ある事柄を分かっていないことを自覚していません。分かっていないことが分かっていないのです。実際、対象を分かっていると考えているけれど、どれだけ間違っているのかを分かっていない可能性が高いです。あなたの知識の盲点です。

## 学習モデル

教育の心理学者達により構築され、学習を解明したモデルが多くあります。**スキル獲得のドレイファスモデル**（*Dreyfus model of skill acquisition*）は興味深い例であり、1980年にスチュアート・ドレイフスとヒューバート・ドレイファスの兄弟がコンピュータ人工知能に取り組んでいるときに、二人から提唱されました[†3]。航空機のパイロットやチェスのグランドマスターなどの高いスキルを持つ人達を調査した結果、彼らは理解に関する五段階のレベルを特定しました。

**初心者**

全くの初心者です。初心者は結果を早く得たがりますが、結果を得るための十分な経験がありません。機械的に従える規則を探しますが、それらの規則がよいか悪いかを判断できません。優れた規則が与えられたら（あるいは、幸いにGoogleで適切な答えが見つかったら）、初心者はうまく行えます。初心者は問題に関する知識は（まだ）持っていません。

**初級者**

この段階では、経験が学習を導きます。規則を少し破って独自のやり方を試すことができます。しかし、理解はまだ限られており、うまくいかなくなると行き詰まってしまいます。この段階では、どこから答えを得るかについてはよく理解しています（一番よくできているAPIリファレンスなど）。しかし、全体像を理解できる段階ではありません。関係のない詳細を無視できません。初級者にとっては、すべてが目の前の問題に対して重要なのです。初級者は**明示的な知識**を習得します。つまり、はっきりと記述するのが容易な事実に基づく知識です。

**中級者**

この段階では、問題領域の精神的モデルを持っています。つまり、持っている知識を対応付けして、知識の一部を問題領域へ関連付け始め、そして、さまざまな側面の相対的な重要性を理解しています。問題に飛び込んでしまえば規則が解決に導いてくれると望むのではなく、全体像の視点を持つことで、未知な問題に取り組んだり、問題に対する方法論的な道筋を計画できます。この時

†3 Stuart E. Dreyfus and Hubert L. Dreyfus, *A Five-Stage Model of the Mental Activities Involved in Directed Skill Acquisition* (Washington, DC: Storming Media)。

点で、対応計画を立てるために新たな規則を積極的に求めており、そしてその新たな規則の限界を理解し始めます。

この段階は、優れた状態です。

**上級者**

上級者は、中級を超えます。上級者は全体像を深く理解し、初心者が求める単純化を好みません。上級者は以前の間違いを正して、将来うまく作業を行うために経験を振り返ることができます。この段階で、他人の経験から学び、理解して吸収できます。上級者は（単純な規則とは反対である）格言を解釈して、問題に適用できます（たとえば、上級者はデザインパターンをいつ、どのように適用するかを分かっています）。ここまでくれば、実際に問題となっている課題を特定して、それだけに集中できますし、自信を持って関係のない詳細を無視できます。上級者は、多くの**暗黙知**、つまり、説明して伝達するのが難しく、経験と深い理解によって獲得できる知識を獲得しています。

**専門家**

この段階は、学習のピラミッドの頂点です。専門家は少ないです。彼らは、その主題に対する権威です。つまり、主題を完璧に分かっており、他のスキルと相互に結び付けてそのスキルを使うことができます。専門家は他の人に教えることができます（理解レベルの差が少ないので、専門家は初心者よりも中級者にうまく教えられます）。専門家は**直観**を持っているので、規則を必要とせずに、答えが自然に分かります。その答えが最善の解決方法であることをはっきりと説明できなくてもです。

ドレイファスモデルはなぜ興味深いのでしょうか。それは、ある話題をマスターするために今どの段階にいるかを理解し、どこに到達する必要があるかを決めるのに役立つフレームワークだからです。あなたは専門家になる必要がありますか。ほとんどの人達は中級であり、それで満足のいくものです（実際、専門家だけのチームは頭でっかちになり、おそらく機能しないでしょう）。

これは、学習の各段階でどのように問題を解くことを期待すべきかも示しています。適用する単純な規則を求めていますか。経験を導く格言を貪欲に集めていますか。あるいは、直観で答えを求めていますか。話題に対するどれほどの「全体」像を持っていますか。

ドレイファスモデルは、チームワークに対しても役立ちます。初心者から専門家の間のどの段階に同僚がいるかを分かっていれば、同僚とのやり取りをうまく調整できます。ドレイファスモデルは、他の人達との働き方を学ぶのにも役立ちます。彼らに単純な規則を与えるべきか、格言を説明すべきか、あるいは、新たな情報を理解することを彼らに任せるかを決めるのに役立ちます。

ドレイファスモデルは、**スキルごと**に適用されることに注意してください。あなたは、特定の話題に対しては専門家かもしれませんが、別の話題に対しては完全な初心者かもしれません。これは当然のことであり、このことが謙虚である源(みなもと)でもあるべきです。たとえ、あなたが振る舞い駆動設計（BBD：*behaviour-driven design*）の知識をすべて知っているとしても、テストフレームワークについては何も知らないかもしれません。すべての話題で専門家ではないという謙虚さを保ちながら、BBDに関する専門性を向上させるかもしれない学ぶべきものがあることに、興奮すべきです。知ったかぶりは、誰からも嫌われます。

## 知識ポートフォリオ

書籍『達人プログラマー』[†4]は、学習に対する説得力のある比喩を挙げています。それは**知識ポートフォリオ**についてです。投資のポートフォリオのように、あなたの現在の使える知識の集まりを考えてみてください。この比喩は、集めてきた情報をどのように管理し、ポートフォリオを最新に保つために慎重に投資し、ポートフォリオを強化するために新たな投資を行うことを見事に強調しています。他のもののために場所を空けるにはあなたのポートフォリオからどの項目を除くかを考えてみてください。

ポートフォリオ内の項目のリスクと利益のバランスに注意を払ってください。知識によっては常識であり、それを維持するための投資は安全です。それらは、リスクが低く、学ぶのが容易で、将来必ず役立ちます。他の投資はリスクを伴います。投資しているものは、主流の技術や実践ではないかもしれず、それらを学ぶことは将来見返りが**ない**かもしれません。しかし、それらが主流になれば、あなたは、その領域で経験を積んだ少ない人達の一人になり、その技術の知識を活用できます。これらのリスクの高い知識への投資は、将来、好結果を生み出すかもしれません。あなたは、優れたリスク分散と健全な範囲の知識投資を必要とします。

**要点▶**　しっかりとした目的を持って、あなたの知識ポートフォリオを管理してください。

# 学ぶために教える

教えることは二度学ぶことである。
——ジョセフ・ジュベール

何かを学ぶために最も効果的な方法の一つは、それを教えることです。誰か他の人にある話題を説明することは、頭の中の知識を確実なものにします。何かを説明しなければならないときは、深い理解が求められるので、その話題について理解します。教えるには教材をレビューしなければならず、その教材を記憶に定着させます。

学んでいることに関してブログの記事を書いたり、講演をしたり、友人に教えたり、あるいは同僚を

†4　Andrew Hunt、David Tohmas、*The Pragmatic Programmer*：日本語訳『達人プログラマー』（オーム社）

指導し始めてください。それぞれが、他の人達のためになるのと同じようにあなたのためにもなります。

アインシュタインは、「単純に説明できないのであれば、それをきちんとは理解していない」と述べています。本を読んだり、教師の話を聞いたりしたときに、その話題は「分かっている」と思ってしまうのは簡単です。その話題について聞いたことがあるかもしれませんが、あなたの知識の限界がどこまでかは分かっていないのです。教えることは、その境界を押し広げます。あなたの知識を押し広げる微妙な質問に答えなければなりません。答えることができない質問を問われたら、正しい返答は、「分かりませんが、調べておきます」です。どちらの場合でも、学ぶことができます。

**要点▶** ある話題をきちんと学ぶために、その話題を人に教えてください。

## 学ぶために行う

聞いただけなら忘れる。見れば覚える。自分で行えば理解できる。
——孔子

基本的な学習の技法は、**行って**学ぶことです。書籍や記事を読んだり、オンラインのチュートリアルを見たり、プログラミングのカンファレンスへ参加したりすることは、すべてよいことです。しかし、あなたがその技術を使ってみるまでは、頭の中に概念が抽象的な集まりとして存在するにすぎません。

抽象的なことを具体化してください。つまり、飛び込んで、試してください。

理想的には、学習している最中に具体化してください。テストプロジェクトを始めて、知識を蓄積しながらその知識を使ってください。新たな言語を学ぶときは、すぐにその言語でコードを書き始めてください。読んだコード例を試してください。そのコードで色々と行ってください。間違いをして、何がうまくいって何がうまくいかないかを知ってください。

**要点▶** 学んだばかりのことを使うことで、記憶に定着します。コード例を試して、質問に回答し、ペットプロジェクトを作成してください。

情報を**使う**ことは、その情報を理解する確実な方法です。使うことで、学習の助けになる多くの疑問が生まれます。

## これまでに学んできたこと

聞いただけでは、忘れてしまいます。
示してくれれば、覚えておけるかもしれません。
一緒にやれば、理解できます。
——孔子

あなたは、自分の学習に責任を持たなければなりません。その責任を持つのは、雇用主でも、国の教育システムでも、あなたの指導者でも、他人でもありません。

あなたの学習は、あなたが担当しています。開発者として向上するには、継続的にスキルを向上させることが重要です。そして、それには、学び方を**学ばなければなりません**。学ぶことから恩恵を得るためには、学びを**愛する**ことを学ばなければなりません。

学びを愛するための生き方を学んでください。

### 質問

1. 学習が必要になった最後の状況はいつでしたか。それにどのように対処しましたか。
2. どれだけうまく学習できましたか。
3. どれだけ素早く学習しましたか。
4. どうしたらもっとうまく学習できましたか。
5. 学んでから仕事をしましたか。それとも、仕事をしながら学びましたか。どちらが効果的だと思いますか。
6. 最後に誰かに教えたのはいつですか。教えることで、その話題に対するあなたの理解は、どのような影響を受けましたか。
7. 成果を出さなければならないというプレッシャーのもとにありながら、新たな事柄を学ぶためにどのようにしたら時間を捻出できますか。

### 参照

- **29章 言語への愛**：プログラマが頻繁に学んでいることの一つである新たな言語についてです。
- **37章 多くのマニフェスト**：ソフトウェア開発における、最新の考え、トレンド、流行、ブーム、動きなどについて学んでください。
- **25章 試験に基づく開発者**：あなたがプログラミングのスキルをきちんと分かっていることを証明する方法について考えます。試験と認定制度は価値がありますか。
- **6章 航路を航行する**：優れた学習スキルは、新たなコードベースを効果的に学ぶのに役立ちます。

**やってみる**

自分の学習に責任を持ってください。向上してください。学習する必要がある話題を決めて、それを学習する計画を立ててください。

# 25章
# 試験に基づく開発者

論理は、あなたをAからBへと導いてくれる。想像は、あなたをどこにでも連れて行ってくれる。
——アルベルト・アインシュタイン

ソフトウェア開発組織に何年も閉じ込められて何千時間もの苦い経験をした後は、ソフトウェア開発は第二の天性になります。使っているプログラミング言語の構文に慣れ、プログラム設計の概念を理解し、優れたコードとひどいコードの違いを分かるようになってしまえば、意識して努力しなくても適切なコーディング上の決定を自然と行えるようになっています。日々のコーディング活動と「小さい設計」は本能になります。指が覚えているので、正しい構文が書けます。

何も考えずに「衝動的に行動する」やり方は、カウボーイコーダーの兆候ですが、経験を積んだプログラマは、深く考えることなく驚くほど効率的に働くことができます。これは、経験がもたらす恩恵です。

あなたは、その段階に達していますか。

「24章 学びを愛して生きる」で述べられている能力の四段階（*Four Stages of Competence*）モデルによれば、理想の状態は**自覚のない有能**（*unconscious competence*）です。意識的に考えなくてもできる行動であれば、行っていることと、それがどれほど困難であるかを正確に気づいていなくても効果的に行える仕事なのです。

自覚のない有能の状態に達するには多くの活動があります。活動によっては専門的です。一方で、活動によっては日常的であり、人は注意深くなくても歩いたり食べたりできます。人々が能力の四段階でスキルの向上を自覚できる活動は、自動車の運転です。

運転は、プログラミングと興味深い類似があります。運転を学ぶことは、ソフトウェア開発を学ぶことと多くの類似があり、二つを比較することで教訓を学ぶことができます。

## 要点を理解する

有能な運転手になるためには、膨大な学習が必要です。道路でのエチケットや規則だけではなく、自動車の仕組みを学ぶ努力も必要です。うまく運転するには、動作とスキルを調和させる必要があります。それは複雑なプロセスです。有能になるためには、多くの努力と練習を行わなければなりません。

新たな運転手が自動車免許試験に合格したときには、学習後における**自覚のある有能**の段階です。運転ができて、すべての競合する力を調整するために注意を払わなければならないことを分かっています。（マニュアル車が好きな運転手にとって）新たなギアの選択は意識して行うプロセスです。クラッチを習得するには考え抜かれたバランスが必要です。

しかし、経験を積めば、これらの行動の多くは、自然な行動になります。自信が得られ、自動車の運転は第二の天性になります。運転操作に対する自動車の反応に慣れます。自然に正しい道路位置を維持し、私達は自動車操作の達人になります。

運転手がこの段階に達してしまうと、残っている未知の部分へ集中するために注意すればよくなります。つまり、道路そのものと、常に求められる判断です。

同様に、ソフトウェア開発者がツールと言語を習得すれば、解決すべき問題の全体像を見ることができます。問題を管理する方法の詳細に注力せずに解決の道筋を立てることができます。

運転手によっては、他の運転手よりも優れています。注意深い人もいますし、生まれつきの才能を持っている人もいます。

同様に、開発者によっては「生まれつき」の才能を持っています。他の人達は、効果的に働くために真剣に努力しなければなりません。思慮深い開発者もいますし、注意深い開発者もいます。他の開発者は勤勉さに欠けて、周りで起きていることを理解できません。

事故や遅れなどの道路上の問題の多くは、運転手のミスによるものです。自動車は衝突しますが、それは自動車の運転方法を学んだ人々によって起こされます。

コーディングの間違いの多くは、**プログラマのミス**によるものです。プログラムもクラッシュしますが、それはプログラムの書き方を学んだ人々によって起こされます。

## 成功は自己満足を生み出す

> 成功は、自己満足を生み出す。自己満足は失敗を生み出す。偏執狂だけが生き残る。
> ——アンドルー・グローヴ

自覚のある有能な状態は、注意していないと自己満足になってしまいます。自己満足の運転手は道路に集中しないで、「惰性」で運転しています。つまり、十分な注意を払わないで運転しているのです。前方の危険を予期するのではなく、夕食に食べるものを考えたり、ラジオから流れる音楽を歌っていたりします。

優れた運転手になるためには、この自己満足の状態を克服することが重要です。そうでなければ、あなたは危険な人物となります。何かに簡単にぶつかったり、誰かをひいたりします。

プログラミングにも、同じような落とし穴があります。注意しなければ、ひどいコードを作成してしまいます。不注意なコードは高い代償を払うことを覚えておいてください。

> **要点▶** 「有能」な状態になったときに自己満足にならないように注意してください。つまらない、潜在的に危険な誤りを避けるために、頭をフルに働かせながら常にコーディングしてください。

## 試験

自動車を運転する前に、能力があることを証明しなければなりません。つまり、運転免許試験に合格しなければなりません。最初に運転免許試験に合格せずに公道を運転することは法律違反です。運転免許試験は、あなたが十分なスキルを持ち、運転する責任を持つことを証明します。それは運転ができるだけではなく、道路上で困難な状況でも優れた判断ができることを示します。

試験は、道路上のすべての運転手が運転基準に到達し、必要な量の訓練を終えたことを担保するためにあります。この訓練は、次のことを意味します。

- 仮免許運転者は、運転免許試験を受けられるようになる前に、実際の道路での運転を十数時間行わなければなりません。仮免許運転者は、運転の理論を学んで自動車の仕組みを理解するだけではなく、実際の道路での実地体験を積みます。学習する一方で、彼らは師匠の下で学んでいる「運転の見習い」なのです。
- 道路上の事故のリスクが低下しています。運転手は、運転に固有の危険や落とし穴、およびそれらを避ける方法を教えられます。
- 訓練され経験を積んだ運転手は、自分の能力に自信を持っており分別のある判断を行えます。
- 運転手は、他の運転手の間で道路がどのように共有されているかを理解しており、道路の他の利用者に対して思いやりがあります。
- 運転手は、装備の限界を認識しています。最悪の緊急事態でどう対処すべきかを知っています。

運転免許試験は、複雑な人の活動が悲惨な結末を迎えないようにするものです。試験は、人々に、善意に基づいた優れた運転手になることを推奨しているのではなく、**必須**としているのです。

国によっては、さらに高い運転能力基準である「高度」運転免許試験があります。その試験は、ある種の職業では必須です。

## 試験に基づく開発者

プログラミングの世界では、運転免許試験に相当するものはありません。コードを書くために法律的に必要な認定試験はありません（私は認定は必要ないと思います）。しかし、収入を得る雇用を獲得するには、あなたは妥当なスキルレベルを持っていることを示さなければなりません。つまり、評価の高い訓練コースを修了したとか、あるいは具体的な以前の経験を示さなければなりません。

したがって、ここで明らかな思考実験です。ソフトウェア開発者にとって運転免許と同じようなものは何でしょうか。どうようにして能力を現実的に示すことができますか。それをやってみることは意味がありますか。

あなたが尊敬し、上級者と**見なしている**コーダーがいるはずです。しかし、彼らが尊敬できる上級者であると認定することは可能ですか。現実的ですか。役立ちますか。

ソフトウェア業界での認定の真の価値を考えましょう。研修会社が行っている検定の多くは、求人応募書類上のチェックボックスにチェックを入れるのに役立つだけで何も意味がなく、当てになりません。あなたは、**認定スクラムマスター**ですか。そうなら、素晴らしいです。認定を得るのに大金がかからなかったことを願うばかりです。

実際にコーディングを行う試験は役立ちますか。それはどのような試験ですか。特定の技術領域に対して、その試験をどのように行いますか。多くの技術領域ごとに試験を作成することは実用的ですか。ほとんどコードを書いたことがないエンジニアをどのように評価しますか。

今までに見てきたように、プログラマのスキルのほとんどは、仕事を通した経験で得られます。したがって、**アプレンティス・ジャーニーマン・匠**（*apprentice-journeyman-craftsman*）モデルの方が私達には合っています。長く勤めているすべてのコーダーが学習を続けてスキルを磨いているわけではありません。誰もが、匠（*master craftsman*）になるわけでもありません。仕事に費やした時間だけでは十分ではないのです。

実際、コーディングのスキルを向上させることは、典型的な開発者の昇格パスからは独立しています。何年か誠実に仕事を勤めたら、会社が昇給してくれて、会社組織の階段をもう一つ上に昇格させてくれるかもしれません。しかしそれは、あなたが働き始めた頃よりも優れたプログラマであることを必ずしも意味していません。

運転免許試験の利点を、意味のある方法でソフトウェアの世界へ持ち込めるかは明白ではありません。

# 結論

自分自身で考えなさい。そして、他の人にも、そうする特権を楽しませなさい。
――ヴォルテール

これは、思考実験であり、修辞的質問です。それ以上のものではありません。しかし、この種のことについて考え、優れたプログラマになるのに役立つフレームワークを提供することは興味深いです。

私達が登っていくコーディング能力の階段を検討することは価値があります。あなたが、自覚のある有能から自覚のない有能へと移ったのはいつですか。そして、頭を使わなくなったり、自己満足になったりしないように注意してください。

## 質問

1. プログラマにとって、運転免許試験と同等なものは何ですか。そのようなものは、存在しますか。
2. あなたのプログラミングのスキルは、標準的な試験のレベルですか。それとも、高度なレベルですか。あなたは、**自覚のない有能**を達成していると思いますか。
3. 現在のスキルのレベルを維持したいですか。向上させたいですか。どのように向上させますか。
4. プログラマが「緊急状態」に対処できる能力を、どのように試験しますか。
5. スキルへ投資することで得られる追加の価値はありますか。優良運転手が低額の自動車保険料という恩恵を得られるとしたら、「安全なコーダー」であることはどのような恩恵をもたらしますか。
6. もしコーディングが運転のようなものであれば、テスターを衝突試験人形のように扱うでしょうか。

## 参照

- **24章 学びを愛して生きる**：学習のモデルと**能力の四段階**（*Four Stages of Competence*）モデルについて説明します。
- **26章 チャレンジを楽しむ**：私達の知識が公式に試験されるかどうかに関係なく、継続的にスキルの向上に努めるべきです。

> **やってみる**
>
> 注意深くて、自己満足ではないプログラマになるために、自分の癖をどうしたら変えられるかを考えてみてください。自覚のない有能な状態からカウボーイコーディングの状態にならないようにしてください。

一万匹のモンキー
（おおよそ）
運転
プログラミングは
運転のようなものだ
スキルと練習が必要
習う
より
慣れろ
<<1982行目で構文エラー>>
不注意は必ず
クラッシュにつながる

# 26章
# チャレンジを楽しむ

成功は決定的ではなく、失敗は致命的ではない。大切なのは続ける勇気である。
——ウィンストン・チャーチル

私達は「ナレッジワーカー（*knowledge worker*）」です。私達は、優れたことを起こすために、技術に関するスキルと知識を使います。あるいは、優れたことが起きないときに、修正するために使います。知識を使うことは喜びです。そのために生きているのです。私達は、ものを構築したり、問題を解決したり、新たな技術に取り組んだり、興味深いパズルを完成させるピースを集めたりする機会に喜びを見いだします。

私達は、そのように作られています。私達は、チャレンジを楽しみます。

熱心で積極的なプログラマは、新たな刺激的なチャレンジを常に探し求めています。

ここで、あなた自身を見つめ直してください。プログラミングの人生で新たなチャレンジを積極的に追い求めていますか。新しい種類の問題を求めていますか。あるいは、興味があることを求めていますか。もしくは、あなたを動機付けるものが何であるかを深く考えることなく、割り当てられた仕事を惰性で行っているだけですか。

あなたは、何ができますか。

## それは、モチベーション

刺激的なもの、挑戦的なもの、楽しんで習得できるものなどへ取り組むことで、モチベーションを維持できます。

そうではなくて、コーディングの「ソーセージ工場」で身動きが取れなくなっていれば、つまり、要求に応じて同じ使い古されたコードを大量生産しているだけであれば、関心を持たなくなります。学習を止めます。気にかけなくなって、最善のコードを作り出すための投資をしなくなります。あなたの成果の品質は悪化します。そして、あなたの情熱は失われていきます。

優れたプログラマになるのを止めてしまいます。

逆に、あなたの能力を試すコーディング問題に積極的に取り組むことは、勇気づけられ、興奮し、そして、学びと能力の向上に役立ちます。あなたが面白みがなく腐ってしまうことがないようにしてくれます。

腐ったプログラマを好きな人はいません。

## 何がチャレンジ？

あなたが興味を持つものは何ですか。

記事で読んだ新たな言語かもしれません。新たなプラットフォームに取り組むことかもしれません。新たなアルゴリズムやライブラリを試すことかもしれません。しばらく前に考えたペットプロジェクトを始めることかもしれません。現在のシステムの最適化やリファクタリングを試みることかもしれません。そのことは、単にきれいにするだけで、ビジネス的価値を生み出さないかもしれません。

この種の個人的なチャレンジは、副プロジェクトで行えます。つまり、日々の仕事とは別に取り組む何かです。そして、それが**最適**です。面白くない「仕事上の」開発に対する解毒剤です。プログラミングの万能薬です。

あなたは、プログラミングに関して何に興奮しますか。今すぐに取り組みたいものとその理由を考えてみてください。

- 古びたコードを生み出すために給与をもらうことで幸せですか。あるいは、卓越した成果を生み出しているという理由で、給与をもらいたいですか。
- 称賛を受けるために仕事を行っていますか。つまり、同僚やマネージャからの称賛を求めていますか。
- オープンソースのプロジェクトに取り組みたいですか。コードを共有することで、あなたは満たされますか。
- 新たな領域や新たな難解な問題に対する解法を提供する最初の人になりたいですか。
- 知的訓練という楽しみのために問題を解きますか。
- 特定の種類のプロジェクトで働きたいですか。つまり、ある種の技術があなたに適していますか。
- ある種の開発者達と一緒に働き、彼らから学びたいですか。
- 起業家の視点でプロジェクトを見ますか。つまり、ある日、あなたを億万長者にすると思うものを追い求めていますか。

私の経歴を振り返ると、これらの多くのものに取り組んできました。しかし、興味があるプロジェクトに取り組んだときが最も楽しく、最高のソフトウェアを作り出しました。卓越したコードを書きたいだけではなく、私が**気にかけた**プロジェクトです。

## やってはいけない

もちろん、「楽しみのため」に格好よいコーディング問題を追い求めることにはマイナス面もあります。やらない正当な理由は次の通りです。

- 退屈な仕事は他のプログラマに任せて、自分は常に刺激的なことを求めるのは利己的です。
- ビジネス価値を提供しない場合、動作しているシステムを微調整のために「下手に修正する」のは危険です。必要のない変更とリスクを加えてしまいます。商業環境では、他に利益が得られるところに投資できる時間を無駄遣いしてしまいます。
- あなたがペットプロジェクトや「科学実験」で脇道にそれると、「本物」の仕事を終わらせないかもしれません。
- すべてのプログラミングの仕事が、華やかであったり刺激的であったりとは限らないことを忘れないでください。日々の仕事の多くは、面白みがない配管工事のようなものです。それが、実世界でのプログラミングの本質なのです。
- 人生は短いです。その上、余暇をコードに取り組むことで浪費したくありません。
- すでに存在するものを書き直すことは、全くの労力の浪費です。ソフトウェアの知識の集積には寄与していません。すでに存在するものを作り直している可能性が高く、既存の実装ほどには優れておらず、新たなひどいバグだらけでしょう。時間の浪費です。

これらの態度にも利点があります。しかし、優れたプログラマになることを妨げる言い訳にすべきではありません。

一日中退屈な仕事を行わなければならないので、刺激的なチャレンジでバランスを取ることも追い求めるべきなのです。私達は、チャレンジを行うための時間の使い方に責任を持ちますし、結果のコードを使うのか捨てるのかにも責任を持ちます。

## チャレンジしなさい

やりたいことを計画してください。そして、実行してください。

- コード型（*code kata*）[†1]を行ってください。価値のある意図的な練習を提供する小さな練習問題です。行った後は、コードを捨ててください。
- 楽しみだけのために、解いてみたいコーディング問題を見つけてください。
- 個人的なプロジェクトを開始してください。余暇のすべて費す必要はありませんが、時間を投資

---

†1　訳注：武道における型は、日々練習を行うものです。コード型とは小さなプログラミング問題を指し、日々解いて「型」を練習します。たとえば、`http://codekata.com/` に例があります。

して新しく何かを学んでください。

- 個人的な興味を広い分野で持ち続けてください。そうすれば、何を調査すべきかや、何から学べばよいかについてよく分かります。
- 他のプラットフォームやパラダイムを無視しないでください。あなたが知っていて気に入っている何かを、他のプラットフォーム向けに書き直したり、別のプログラミング言語で書き直すことに挑戦してください。そして結果を比較してください。適したプラットフォームやプログラミング言語はどれでしたか。
- 現在働いている場所では成長しておらず、しかもチャレンジがないのであれば、新たな仕事を探すことを検討してください。盲目に現状を受け入れないでください。時には、船を揺らす必要があります。
- やる気のあるプログラマと一緒に働いたり、集まったりしてください。プログラミングのカンファレンスへ参加したり、地元のユーザグループへ参加したりしてください。新たな情報が得られて、他の参加者の情熱から元気をもらいます。
- あなたが向上しているのがはっきりと自分で分かるようにしてください。達成したことを知るためにソースコントロールシステムのログをレビューしてください。日々の活動や、やるべき項目を記録してください。前進しながら、項目を片付けるのを楽しんでください。
- フレッシュでいてください。コードに打ちのめされたり、圧迫されたり、あるいは退屈にさせられたりしないように休憩を取ってください。
- 車輪を再発明する心配をしないでください。すでに過去に行われたことを書いてください。あなた自身のリンクリストや標準GUIコンポーネントを書くのを試すだけであれば害はありません。あなたの実装を既存の実装と比較することは優れた練習です。(あなたの実装を実際に使うことに関しては注意してください。)

# 結論

いつも目新しいものを追い求めるだけで、実際に役立つコードを書かないのは、現実離れしており危険です。しかし、挑戦したり楽しんだりせずに、意味のない退屈なソフトウェアにずっと取り組むだけで、コーディングのわだちにはまってしまうのも、個人的に危険です。

あなたは、取り組むのが楽しいものを持っていますか。

## 質問

1. 挑戦的でスキルを向上させるプロジェクトがありますか。
2. しばらく構想していたけれどまだ始めていないプロジェクトがありますか。なぜ、小さなサイドプロジェクトを始めないのですか。

3. 「興味深い」チャレンジと日々の仕事との間でバランスを取っていますか。
4. 周りのやる気のある他のプログラマから刺激を受けていますか。
5. 仕事の基礎となる広範囲の分野に興味を持っていますか。

## 参照

- **24章 学びを愛して生きる**：新たなスキルを学ぶことに熱心なら、効果的な学習技法を使う必要があります。
- **27章 停滞を避ける**：モチベーションを維持して、スキルとキャリアの停滞を防ぐために新たなチャレンジを探求してください。

> **やってみる**
> 今すぐ取り組みたいことを検討してください。それは今の仕事ですか。そうならば、あなたは幸運です。そうでなければ、どうしたらそれに取り組むことができますか。「ペットプロジェクト」を始めるべきですか。仕事を変えるべきですか。

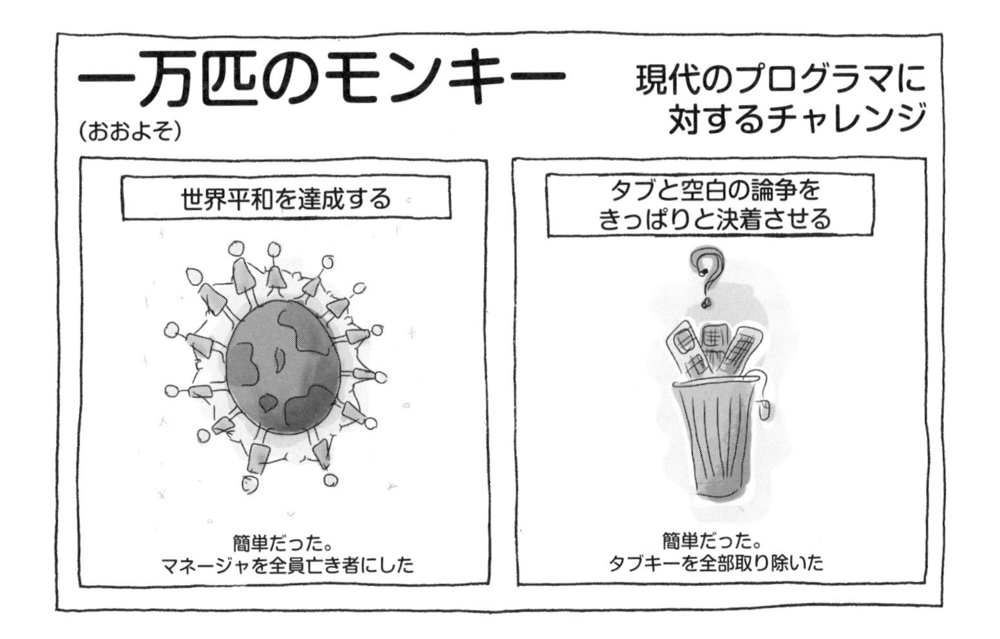

# 27章
# 停滞を避ける

鉄は使われないと錆びる。水は流れないと濁る。不活発も心の活力を奪う。
——レオナルド・ダ・ヴィンチ

履歴書に書き足せるほど新しくて刺激的なものを、最後に学んだのはいつですか。最後に能力を伸ばしたのはいつですか。最後に自分の成果に納得できなかったのはいつですか。楽しませてくれるものを最後に見つけたのはいつですか。他のプログラマに対して謙虚になり、彼らから学びたいと最後に思ったのはいつですか。

これらの質問への答えがあいまいで遠い昔[†1]のことであれば、あなたは**安全地帯**に入っています。至福の境地と見なされる場所です。そこでは、生活は楽であり、日々の仕事は短く、先が読めてしまいます。

しかし、安全地帯は有害な場所です。そこは、罠です。安易な生活とは、学ぶことも、進歩することも、**さらによくなること**もないということです。安全地帯は、停滞する場所です。あなたは、すぐに新たな若い開発者に取って代えられます。完全地帯は老廃するための高速道路です。

**要点▶** 停滞することに警戒してください。優れたプログラマになることを追い求めるというのは、当然ながら、最も安全な生活スタイルではありません。

停滞することを意識して決意する人はいません。しかし、安全地帯へ滑り落ちて、気付くことなく開発のキャリアを惰性で進むことは簡単なのです。これが、あなたが今行っていることではないかを確認してください。

---

†1 「遠い昔」は、プログラマの年数で計るとそれほど前ではありません。だから、ソフトウェアプロジェクトの期間を見積もるのが困難なのです。

## スキルは投資

スキルの道具箱を維持することは、大変な努力が必要なことを認識してください。あなたは、居心地がよくない状況に置かれます。多くの努力という投資を必要とします。リスクが伴ったり、困難だったりします。恥ずかしい思いをすることがあります。これは楽しいようには聞こえませんよね。

したがって、多くの人がやってみたいと思うようなものではありません。あなたは、今日は長い時間働いたので、安易な生活を楽しみ、帰宅してすべてを忘れてもよいでしょうか。人が、慣れ親しんだ居心地がよい方へ向かうのは自然なのです。

しかし、そうしないでください。

スキルへの投資は意識して決意しなければなりません。そして、繰り返し決意しなければなりません。そのような決意が困難だと思わないでください。そうしたチャレンジを喜んでください。優れたプログラマで優れた人になるための投資を、高く評価してください。

**要点▶** あなたのスキルの道具箱を大きくするために、時間と労力を投資するつもりでいてください。それは、価値がある投資です。その投資には利息が付いてきます。

## 読者への練習問題

どうしたら今すぐにやる気を出すことができますか。次に示すのは、あなたを安全地帯から追い出すための変化です。

- 同じツールを使うのを止めてください。新たな優れたツールを学べば、日々の活動が簡単になるかもしれません。
- すべての問題に対して同じプログラミング言語を使うのを止めてください。あなたは、巨大なハンマーで小さなクルミを割っているのかもしれません。
- 異なるOSを使い始めてみてください。そのOSの適切な使い方を学んでください。好きなOSでなかったとしても、そのOSの長所と短所を学ぶためにしばらく使ってください。
- 異なるテキストエディタを使い始めてください。
- キーボードショートカットを覚えて、作業にどのような影響があるかを見てください。意識して、マウスを使わないように努力してください。
- あなたが現在知る必要のない新たな話題について学んでみてください。おそらく、数学やソートアルゴリズムに関する知識を深めることが該当するでしょう。
- 個人的なペットプロジェクトを始めてください。ギークになるために貴重な余暇を使ってください。

- プロジェクトでよく知らない新たな部分に取り組んでください。すぐには生産的にはなれないかもしれませんが、コードに関する広範囲な知識が得られて、新たなことを学べます。

プログラミングの世界を超えて、あなた自身を広げることを検討してください。

- プログラミング言語ではない、新たな言語を学んでみてください。通勤中に英語の音声教材を聴いてください。
- 机の配置を変えてみてください。新たな視点で働き方を見直してください。
- 新たな活動を始めてみてください。学びを記録するためにブログを始めてみてください。趣味にもっと時間を費やしてください。
- 運動をしてください。ジムに通ったり、ランニングを始めたりしてください。
- 社交的に活動してください。ギークだけではなくギークではない人達と時間を過ごしてください。
- 食事を制限することを検討してください。あるいは、もっと早く寝るようにしてください。

## 雇用保障

優れた開発者であり、十分なスキルを持ち、継続的に学び続けていれば、雇用保障は増大します。しかし、あなたには雇用保障が必要であるかを自問してください。つまり、適切な仕事に就いていますか。

あなたが、適切なキャリアを歩んでいることを望みます。つまり、あなたがプログラミングを楽しんでいることを望みます。(楽しんでいないのであれば、仕事を変えた方がよいかを真剣に考えてください。**本当に**やりたいことは何ですか。)

新たなチャレンジをせずに同じことを繰り返しながら、一つの仕事や一つの役割に長い期間留まるのは危険です。いとも簡単に、私達は行っていることに固定されてしまいます。狭い社会での専門家であることを好みます。つまり、小さなコーディング城の王様です。それは、快適なのです。

もしかすると、今が新たな会社へ転職する時期ではないですか。新たなチャレンジに挑戦し、コーディングの旅を続けるためにです。完全地帯から抜け出すためにです。

同じ会社で働き続けることは、慣れ親しんだ環境であるのため容易です。最近の不安定な経済状況では、リスクが少ないかもしれません。しかし、あなたにとって、最善ではないかもしれません。優れたプログラマは、コードに対する取り組み方と自分のキャリアに対する取り組み方の両方で勇敢です。

### 質問

1. あなたは、現在停滞していますか。停滞しているかどうかは、どのようにして分かりますか。
2. 最後に学んだ新たなことは何ですか。
3. 新たな言語を最後に学んだのはいつですか。新たな技法を最後に学んだのはいつですか。

4. 次に学ぶべき新たなスキルは何ですか。どうようにしてそれを学びますか。どの書籍、研修コース、オンライン教材を使いますか。
5. 適切な仕事に就いていますか。その仕事を楽しんでいますか。あるいは、すべての楽しみがなくなって、9時から5時まで働いているだけですか。あるいは、プロジェクトの成功を見るために、夢中で働いていますか。あなたは、新たなチャレンジを探すべきですか。
6. 最後に昇格したのはいつですか。あるいは、最後に昇給したのはいつですか。仕事の肩書きは意味を持っていますか。あなたの肩書きは、あなたのスキルと関連していますか。

## 参照

- **26章 チャレンジを楽しむ**：新たなチャレンジを追い求めることで停滞しないようにしてください。

**やってみる**

停滞しないことを誓ってください。あなたがどの程度「ぬかるみに入り込んで動けなくなっている」のかを正直に評価してください。向上するための現実的な計画を立ててください。

# 一万匹のモンキー
（おおよそ）

# 28章 倫理的なプログラマ

私はその人に対して、正当な理由をもってこう答えるであろう。
「友よ、君のいうところは正しくない、
君がもし、少しでも何かの役に立つほどの人は生命の危険をこそ考慮に入れるべきであって、
何を為すにあたっても、その行為がはたして正であるか邪であるか、
また善人の所為であるか悪人の所為であるか、をのみ顧慮すべきではないというのならば。」
——ソクラテス
『ソクラテスの弁明』[†1]

私は、コーダーの質は技術的な技量ではなく、**態度**に依存することをよく説明しています。この話題に関して最近行った会話がきっかけで、私は「倫理的なプログラマ（*ethical programmer*）」について考えてみました。

それは何を意味するのでしょうか。プログラマの人生において、倫理は評価されるのでしょうか。

コーダーの人間としての存在から、プログラミングの行為を分離することは不可能です。したがって、当然ながら倫理への関心は、プログラマとしての私達が何を行い、職業として他の人達とどのように関わっていくかを決めます。

ですから、「倫理的なプログラマ」であることに価値があるのは当然です。少なくとも、倫理的な人と同じ価値があります。**不倫理的なプログラマ**になるのを切望している人を心配するのは当たり前です。

多くの専門家達は、特定の倫理規定を持っています。医者は、患者のために働き、悪事を働かないという「ヒポクラテスの誓い（*Hippocratic oath*）」を持っています。弁護士と技師は、公認の資格を与える独自の専門機関を持っており、メンバーが行動基準を守ることを要求しています。これらの行動規範は、専門家の名誉を保つだけではなく、顧客を保護し、専門家を守るために存在しています。

†1　訳注：久保勉訳『ソクラテスの弁明』（岩波文庫）より。

ソフトウェア「エンジニアリング」では、このような普遍的な規則はありません。公認の資格を得られる業界標準はほとんどありません。さまざまな団体が独自の行動規範を公開しています。たとえば、ACM（http://www.acm.org/about-acm/acm-code-of-ethics-and-professional-conduct）とBSI（http://www.bcs.org/category/6030）です。しかし、これらには法的地位はありませんし、広く認識されていません。

私達の活動の規範は、主に独自の倫理的指針によって導かれています。自分の制作物を愛し、専門性の向上のために働いている多くの優れたコーダーがいるのは確かです。自分の利益のために開発を行っている疑わしい人達もいます。私は、どちらの人達も見てきました。

コンピュータ倫理というテーマは、1970年代の中頃にWalter Manerによって最初に生み出されました。他の倫理研究と同様に、これは哲学の一派と考えられています。

「倫理的な」プログラマとしての活動には、考慮すべき多くの領域があります。特に、コードと人に対する態度です。理解すべき法的問題も多くあります。次の節から、それらを見ていきます。

## コードに対する態度

故意に、読むのが困難であったり、誰も理解できない複雑な方法で設計したコードを書かないでください。

そのことを「雇用確保のための作戦」であると、冗談でいうことがあります。つまり、あなたしか読むことができないコードを書くことで、あなたは解雇されることがないというものです。倫理的なプログラマは、自分の能力、誠実さ、および会社に提供する価値に職務保障があり、会社が彼らに依存せざるを得ないようにすることではないと分かっています。

> **要点▶**　読むのが困難だったり、不必要に「巧みな」コードを書くことで、あなたを「不可欠な」人にしないでください。

ばんそうこうを貼るような回避策でバグを修正したり、他の種類の問題が忍び込むためのドアを開けたままで、バグを隠すような下手な修正をしないでください。倫理的なプログラマはバグを見つけると、理解して、テスト済みの適切な修正を行います。それが、「専門家」が行うことなのです。

厄介でショーストッパーとなるバグを見つけたときに、変更できない締め切りが迫っていて、コードをどうしても出荷しなければならないとすると、何が起きますか。目前のリリースを行うために一時的な応急処置を適用するのは倫理的ですか。おそらく、この場合、現実的な解決策かもしれません。しかし、倫理的なプログラマは、それで終わりにはしません。発生した「技術的負債」を管理するために新たなタスクを課題リストに追加して、ソフトウェアが出荷された直後に返済しようとします。必要以上の悪化を防ぐために、この種の応急処置による解決は残すべきではありません。

倫理的なプログラマは、できる限り最善なコードを書くことを目標とします。どんなときでも、力を尽くしてください。最善の結果を生み出す最も適切なツールと技法を使ってください。たとえば、品質を保証する自動化されたテストを使い、ペアプログラミングや、間違いを見つけたり設計をよくするためのコードレビューを行ってください。

## 法的問題

倫理的で専門家としてのプログラマは、関連する法的問題を理解し、規則を守ります。たとえば、ソフトウェアライセンスの厄介な領域を考えてみてください。

ライセンスが許可していない場合、GPL（https://www.gnu.org/licenses/gpl.html）などの著作権のあるコードを専有コードで使わないでください。

**要点▶** ソフトウェアライセンスを守ってください。

会社を変わるときは、古い会社からソースコードや技術を持ち出して、新たな会社で使わないでください。あるいは、別の会社の面接で示さないでください。

これは、判断が難しい領域になるため、難しいテーマです。明らかな著作権表示がある私有の知的財産やコードを複製することは、窃盗です。しかし、プログラマは以前の経験、つまり過去に行った事柄に基づいて雇用されます。ソースコードを複製せずに、記憶をたどって同じ種類のコードを書くことは倫理的でしょうか。競争上の優位性を生み出している独自開発のアルゴリズムの設計者をその経験に基づいて採用したとして、そのアルゴリズムの別のバージョンを再実装させることは倫理的でしょうか。

コードは、作者を明示することを求めているだけの自由なライセンスで公開されることが多いです。倫理的なプログラマは、そのようなコードに対して作者の明示を適切に行うことに注意を払います。

**要点▶** コードベース内であなたが再利用した成果に対して、適切に作者の表示を行ってください。

使っている技術に関わっている法的問題（たとえば、貿易制限により輸出制限されている暗号アルゴリズムなど）があると分かっているのであれば、あなたの成果が法律を破らないようにしなければなりません。

ソフトウェアを盗んだり、海賊版の開発ツールを使ったりしないでください。IDEを与えられたら、あなたがそれを使う有効なライセンスがあることを確認してください。映画の海賊版を作ったり、著作権のある音楽をオンラインで共有したりしないのと同じように、不正にコピーされた技術書を使うべきではありません。

アクセス権限を持たないコンピュータやデータベースをハッキングしないでください。そのようなシステムにアクセスできることに気付いたら、管理者に知らせて権限を修正させてください。

## 人への態度

自分にして欲しいと思うことはみな、同じように人にもしなければなりません
——マタイ 7:12

コードは、主に他のプログラマという人に対して書かれるものであり、コンパイラという機械に対して書かれるわけではありません。つまり、コードには他者に対する「倫理的な態度」が求められます。解法が技術的な性質を持っていたとしても、プログラミングの問題は常に人の問題です。

**要点▶**　コードに対する優れた態度は、他のプログラマに対する優れた態度でもあります。

あなた自身を英雄的なコーダーだと想像してみてください。**あなたの優れた能力を悪い方向に悪用しないでください**。人類にとって利益になるようにだけソフトウェアを書いてください。

実際には、ウィルスや悪意のあるソフトウェアを書かないでくださいということです。法律を破るソフトウェアを書かないでください。物質的、物理的、感情的、心理的に人々の生活を悪くするソフトウェアを書かないでください。

ダークサイドへ向かわないでください。

**要点▶**　他人の人生を悪くするソフトウェアを書かないでください。それは、能力の悪用です。

そして、ここで、私達は新たな複雑で解決が困難な問題を考えます。法律を破っていなければ、貧しい人達を犠牲にして一部の人々を裕福にするソフトウェアを書くことや、ポルノを配布するソフトウェアを書くことは倫理的でしょうか。これらの行動が人々を搾取しているともいえるでしょう。そのような業界で働くことは倫理的でしょうか。この質問に対する答えは、読者であるあなたに任せます。

軍事プロジェクトに従事するのはどうでしょうか。倫理的なプログラマは、命を奪うのに使われる武器システムに取り組むことを心地よく思うでしょうか。おそらくそのようなシステムは、攻撃に対する抑止力として機能することで実際には命を救います。これは、ソフトウェア開発の倫理がいかに哲学的話題であり、白黒をつけるものではないよい例です。コードが他人の生命に及ぼす結果について、あなたは折り合いをつけなければなりません。

## チームメイト

プログラミングのキャリアの中で、最も頻繁に出会う人々は、チームメイトです。彼らは、毎日一緒に働くプログラマやテスターなどです。倫理的なプログラマは、彼ら全員と一緒に誠実に働き、各チームメンバーに敬意を払って、できる限り最善の結果を達成することに注意を払っています。

すべての人々を褒めてください。ゴシップや陰口を言ったりしないでください。他の人をだしにして冗談を言わないでください。

どれだけ成熟しているとか経験を積んでいるとかに関係なく、誰もが貢献できる価値を持っていることを常に信じてください。誰もが、耳を傾ける価値がある意見を持っていますし、拒絶されることなく意見を述べられるべきです。

誠実で信頼されるようになってください。誰にでも誠意を持って接してください。

相手が間違っていると信じているときに、相手に同意しているふりをしないでください。それは、不誠実ですし役立ちません。建設的な意見の相違と筋の通った議論は、優れたコード設計の決定を導き出すことができます。チームメンバーが対応できる「ディベート」のレベルを理解してください。内容が濃くて情熱的な知的ディベートがうまい人もいますし、衝突を怖がる人もいます。倫理的なプログラマは、誰かを侮辱したり怒ったりせずに、最も生産的な議論の結果が得られることを求めます。それは必ずしも可能とは限りませんが、常に人々に敬意を払って接してください。

性別、人種、身体能力、性的嗜好、精神能力、スキルなどの、どのような理由であろうと誰も差別しないでください。

倫理的なプログラマは、「難しい人」を公平に扱うことに細心の注意を払い、困難な状況を緩和することを試み、不必要な衝突を避けるように働きます。

**要点▶**　自分にして欲しいと思うのと同じように他人に接してください。

## マネージャ

あなたとマネージャとの間で合意している多くの事柄は、あなたと他のメンバーとの間の倫理的な契約事項であるといえます。なぜなら、マネージャはチームとの橋渡しとしての役割を果たすからです。

あなたの成果ではないものを自分の成果としないでください。誰かのアイディアを状況に合うように少しだけ修正したとしてもです。元の作者の成果としてください。

厄介な問題に取り組んでいるフリをしながら、個人的なことに時間を使うために、多めにコストを見積もらないでください。

プロジェクトをスムーズに進めるのを阻害している問題の兆候に気付いたら、すぐに報告してください。心配したくないとか、誰かを傷つけたくないとか、悲観的だと思われたくないという理由で悪い知らせを隠さないでください。問題が提起され、対処が計画され、対処されるのが早いほど、誰にとってもプロジェクトがスムーズに進みます。

システムでバグを見つけたら、報告してください。バグを障害管理システムに登録してください。見て見ぬふりをして、誰か他の人が気付いてくれることを願ったりしないでください。

**要点▶**　倫理的なプログラマは、常に製品の品質に責任を持ちます。

持っていないスキルや技術知識を、持っているかのようなふりをしないでください。面白そうだとか取り組みたいというだけの理由で、完了できない仕事を引き受けて、プロジェクトのスケジュールを危険にさらさないでください。

取り組んでいる仕事が予想よりも長い期間を要することに気付いたら、その懸念をできるだけ早く表明してください。倫理的なプログラマは、面目を保つために黙っていたりはしません。

何かに対する責任が与えられたら、あなたへの信頼を大切にしてください。その責任を全うするために最善を尽くしてください。

## 雇用主

尊敬の念を持って雇用主に接してください。

会社の機密情報を公開しないでください。代表的にはソースコード、アルゴリズム、内部情報です。雇用契約の条項を破らないでください。

特別な許可がない限り、会社であなたが行った成果を他の会社へ売ったりしないでください。

しかし、あなたの雇用主が違法行為を行っていることに気付いたら、懸念を提起するか、不正行為を適切に報告するのが倫理的な責務です。倫理的なプログラマは、自分の職務を保障するためだけに犯罪を見て見ぬふりはしません。

しかし、公の場で雇用主を中傷しないでください。

## あなた自身

倫理的なプログラマとして、あなたは優れたプログラミングの実践を学び続けるべきです。

倫理的なプログラマは、燃え尽きるような働き方をしません。それは、個人的に不都合であるだけではなく、チーム全体に対しても悪い影響を与えます。毎週、何十時間も残業すれば、疲れ切ったプログラマになり、必ず不注意な間違いを生み出し、悪い結果となります。驚くほど熱心に働く英雄のように思われるのは素晴らしいですが、倫理的なプログラマは、非現実的な期待に応えようとして、自身が燃え尽きてしまうのは悪い考えであることを理解しています。

**要点▶** 疲れ切ったプログラマは、誰の役にも立ちません。働きすぎないでください。自分の限界を知ってください。

またあなたは、一緒に働く他の人に対しても同じ倫理的な規範を期待する権利を持っています。

## コードにおけるヒポクラテスの誓い

プログラマの理想的な**倫理規定**（*code of ethics*）はどのようなものでしょうか。ACMとBSIの倫理文書は、堅苦しく、長く、憶えるのが難しいです。

私達は簡潔なものが必要です。つまり、倫理的なプログラマ向けのミッションステートメントというものです。

私は、次のことを提案します。

> コードやビジネスに対して害を及ぼさないことを誓います。個人的な進歩と私の技能の向上を追い求めます。最善の能力で割り当てられた仕事を行い、チームと協調して働きます。誠意を持って他人に接し、プロジェクトとチームが最大限の効果と価値を生み出すために働きます。

## 結論

倫理は、自分自身との協調に必要な犠牲を他人に強いることが起源である。
——バートランド・ラッセル

このような種類のものをどれだけ気にかけているかは、あなたの勤勉さ、専門性、そして個人的な道徳規範に依存しています。楽しみ、喜び、優れたコード開発のためにプログラミングを行っていますか。あるいは、できるだけ多くの収入を得て、専門家の階段を他の人よりも高く上るという、（必要なら他人を犠牲にした）キャリアアップのためにプログラミングを行っていますか。

それは一つの選択です。あなたは、自分自身の態度を選ぶことができます。その結果、あなたのキャリアの軌跡が形作られます。

優れたコードを書くことと、うまく働くことを気にかけているコミュニティへ参加したいという願望によって、私の態度は形作られています。学びが得られる優秀な開発者達の中で働くことを追い求めています。キリスト教徒として、自分よりも他者を優先し、雇用主へ敬意を払うことを促す道徳的枠組みを持っています。それが私の行動を形作っています。

ここまでに述べてきたことから、倫理的なプログラマのキャリアには（少なくとも）二つのレベルがあると結論づけます。「害を及ぼさない」は、基本的なレベルであり、人々を踏みつけたり、搾取したりしないことです。その上で、もう一つのレベルには、倫理的な信念が関与します。つまり、あなたの才能で世界をよくし、プログラミングの技能を向上し、知識を共有するために、健全な社会的利益を提供するプロジェクトにだけ従事することです。多くの人々は、基本的なレベルのキャリアを歩むと思います。二つ目のレベルのキャリアへの衝動を感じたり、自分自身を捧げられる人は少ないです。

あなたの信念と態度が働き方をどのように形成していますか。あなたは、自分が倫理的なプログラマだと思いますか。

## 質問

1. 自分自身を「倫理的な」プログラマだと思いますか。倫理的なプログラマと倫理的な人との間には違いはありますか。
2. この章で述べた考察に同意しますか。その理由は何ですか。
3. コンピュータがもたらす利益を得られないの人達の犠牲の上に銀行が金儲けをするのであれば、その銀行が儲かるソフトウェアを書くことは倫理的ですか。それは、不正な取引慣行ですか。
4. あなたの会社がその製品でGPLのコードを使っていて、（独自のコードを公開せずに）ライセンス条項の義務を果たしていないとしたら、あなたは何をすべきですか。会社のコードをオープンソース化することでライセンス条項を満たすように会社に働きかけるべきですか。あるいは、別の自前のソースコードでそのGPLのコードを置き換えるように求めるべきですか。製品がすでに出荷されていたら、「内部告発者」になって、ライセンス違反を暴露すべきですか。黙っていることであなたの職務が保障されているとしたらどうしますか。
5. 他のプログラマが「非倫理的」に行動していることに気付いたらどうしますか。そのプログラマが、同僚、友達、紹介を求められた誰か、会ったことがあるが直接一緒に働いたことがないコーダーの誰かであれば、答えはどのように異なりますか。
6. ソフトウェア特許は、倫理的なプログラミングの世界にどのように適合しますか。
7. ソフトウェア開発に対する情熱は、倫理的な問題と深く関係していますか。情熱的なプログラマは、単なるコーダーよりも倫理的に行動すべきですか。

## 参照

- **35章 原因は思考**：別のプログラマに対して説明責任を持つことは、あなたが道徳的に行動する動機付けになります。
- **34章 人々の力**：一緒に働く人々に敬意を持って接してください。彼らから学んでください。向上するように彼らを鼓舞してください。

**やってみる**

この章で述べられた問題を再考してください。それぞれの領域で、あなたはどうしたら倫理的に行動できますか。心地よくない領域はどれですか。その問題を解決するために行動を起こしてください。

一万匹のモンキー
(おおよそ)

倫理的なプログラミング
の秘密

再利用されたコードだけを使う

それを「あぶく銭」戦略
と呼ぶ

継続的に管理が行われている
コードベースのコードだけを使う

構築されている平衡木に対して、
二つ付け加える。
一つは赤、もう一つは黒

最高の腕を持つ
自由なプログラマを雇用する

(彼は例外的なコードを書く)

# 29章
# 言語への愛

外国語を何も知らない人々は、自分の国の言葉を分かっていない。
——ヨハン・ヴォルフガング・フォン・ゲーテ
『箴言と省察』

二つの問題が同じであることはありません。二つのチャレンジが同じであることもありません。そして、二つのプログラムがそっくりそのまま同じであることもありません。そのおかげで、私達の仕事は面白いのです。

似ている仕事に出会った場合、簡単に仕事をこなせるでしょう。それはすでに学んだスキルを再利用しているためです。これが経験であり、転職市場であなたに価値を与えるものです。しかし、それは、あなたを特定の分野しか知らない面白みのない開発者にもします。新たな芸を覚えない犬のようなものです。

私達は、継続的に新たなことに挑戦し、学び、新たな問題を解決し、新たな技術を使わなければなりません。

それが、あなたが優れたプログラマになる方法なのです。

**要点▶** 特定の分野しか知らない開発者にならないでください。挑戦し、学び、そして開発者として成長してください。

## すべての言語を愛する

成長する方法の一つは、二つ以上の言語で開発することです。単一の言語というわだちにはまってしまうことは、問題解決の方法を深みのないものにします。多くの開発者達が一つのことしか知らないキャリアを歩んで、機会を逃しています。

複数の言語を学んで、複数の種類の解法を使いこなせるようになってください。スクリプト言語を学んでください。コンパイル言語も学んでください。最小限のツール群を持つ単純な言語を学んでください。膨大なライブラリを持つ言語を学んでください。最も重要なのは、異なるイデオムとパラダイムを持つ言語を学ぶことです。

最も基本的な開発はまだ**命令型言語**（*imperative language*）（たいてい手続き型言語）[†1]で行われていますが、それ以外の開発の多くはオブジェクト指向言語であるC#、Java、C++、Python、およびこれらに似た言語で行われています。Smalltalkは、学ぶ価値がある異なるアイデアを持つ興味深いオブジェクト指向言語です。そのアイデアは、Objective-Cの設計に直接取り込まれています。今日ではほとんどの言語にオブジェクト指向が付け加えられていますが、オブジェクト指向ではない手続き型言語もあります。たとえば、BasicやPascalです。ほとんどのシェルスクリプト言語は今でも純粋な手続き型言語です。

**関数型言語**（*functional language*）は、学ぶ価値がある豊富な機能を提供しています。関数型言語を日々使っていなくても、関数型言語が取り入れている概念を理解することは、手続き型に慣れているプログラマの知識を増やし、頑強で表現力のあるコードを書くのに役立ちます。Lisp、Scheme、Scala、Clojure、Hashkell、Erlangはどれも学ぶ価値があります。

Prologのような**論理型言語**（*logic language*）は、解法に対する考え方と表現に関する異なる方法を教えてくれます。Zなどの**形式仕様言語**（*formal specification language*）は、活発には使われてはいませんが、どれだけ厳密になり得るかを示してくれます。その厳密さがEiffel言語では実用的な応用へと向いており、強い契約の概念をオブジェクト指向言語に取り入れています。

現在ではほとんど使われていない「死んだ」言語についても、歴史を知るために学んでみてください。BCPLはCスタイルの中括弧の言語ファミリーの先駆けでした。Simulaの概念は、C++の設計に取り込まれました。古い言語であるCOBOLは、歴史的にビジネスアプリケーションで使われました。COBOLによるシステムの多くは、今日でも動作しています（COBOLプログラマは、2000年問題のバグを修正することで稼ぎました）。

CPUに直接命令するアセンブリ言語を理解してください。ほとんどのプログラマはオペコードや暗号的なニーモニックを用いることはありませんが、その上に高級言語が構築されていることを理解することは、優れたソフトウェアを書くことに役立ちます。

> **要点▶** 優れたプログラマは多くの言語と複数のイデオムを知っており、広範囲にわたる解法を持っています。そのことが、彼らが書くコードを改善しています。

---

†1 これらの言語は、コードの動作方法を詳細に記述した連続的な命令を書く言語です。逆に**宣言型言語**（*declarative language*）では、何が行われるべきかを記述し、言語がどのようにして行うかを解決します。

多くの言語を知っていることは賞賛されますが、すべての言語を熟知するのは難しいものです。数個の言語を熟知することをまずは目指して、「多芸は無芸」となることを避けてください。

## あなたの言語を愛する

普段、私はC++を他の言語よりも頻繁に使っているので、C++を例として用います。多くの人々が、C++を過剰に複雑で古めかしいと拒絶していますが、そんなことはありません。C++は強力で、表現力が高く、高性能です。しかし、大きな間違いを犯すこともあります。

何年も怒りながら（時々、文字通り怒っていました）C++を使ってきたことは、楽しく、啓発的な経験でした。そのため、私は今ではC++に対して愛と嫌悪の両方を持っています。

C++は完璧ではありません。C++は鋭いツールであり、すべての鋭いツールのように鋭い刃を持っています。他の言語ではできない方法で驚くほど表現力のあるコードを生み出せます。しかし、時には、その鋭い刃であなた自身を間違って切ってしまい、何ページも続く不可解なテンプレートのエラーをじっと眺めて、罵（ののし）るかもしれません。

そのような罵りの言葉は、C++がひどい言語である証明にはなりません（人によっては証明できると主張するでしょうが）。すべての言語は、欠点を持っています。言語というものはそういうものであり、言語をうまく扱うには理解しなければならないのです。その言語が、背後でどのように機能しているのか、そして何を行っているのかを理解しなければなりません。理解することが必要なのです。

このことを熟考していたら、私はピンときました。

私は、自分が使っている言語との真の**関係**に熱心に取り組んでいます。それは、結婚に似ています。見返りが得られる関係ですが、努力を必要とします。

> **要点▶** 自分が使っているプログラミング言語で開発をすることは、毎日あなたが取り組まなければならない関係です。

C++の取り扱い方に注意しなければなりません。C++は変わりやすく厄介です。多くの素晴らしい技法を提供しますが、その一方で、あなたの首を絞めるロープも提供します。テンプレートでは、理解できない型に関連したエラーメッセージを表示します。多重継承では、ひどいクラス設計や**致命的なダイアモンド継承**になる可能性が高いです。newやdeleteは、メモリリークやダングリングポインタをもたらします。

これは、C++が**ひどい**言語だという意味でしょうか。C++を見捨てて、代わりにJavaやC#を使うべきでしょうか。もちろん、そんなことはありません。そのように主張するプログラマがいますが、それは間違った近視眼的な見方です。すべてをタダで手に入れることはできません。関係を満たすためには、コストをかけて何かに投資しなければなりません。誰か（あるいは何か）と毎日一緒に暮らしたり、最も私的な（プログラミングの）考えを共有したり、腹を立てないようにするのは難しいものです。親密になって慣れてくるにつれて、ある程度の衝突は起きます。あらゆる関係性は、常に互いに学び、他者の短所を受け入れて、互いに最善をもたらす方法を見つけるべきです。

明らかに、C++は、あなたのことを学ぶ努力はしませんが、多くの賢い人達（C++を設計し標準化した人達）は、ユーザであるあなたのことを学ぶ努力をすでに行っています。

どのような言語でも熟達するには、真剣な取り組みが必要です。多くのプログラマは必要な努力を嫌ったり、物事がうまく行かないときに安易にいら立ったりします。したがって、充実していると考える言語へ移ったり、新しくて魅力的な言語に興味を持ったりします。（新しい言語を手にしている姿を見られるのは、エゴを大きく刺激します。これはプログラマの中年の危機[†2]と同じでしょうか。）

## 言語との関係を育む

健全な結婚について、一般的に受け入れられている特徴があります。それらの特徴は、言語との健全な関係についての手がかりを与えてくれます。

健全な結婚には、愛と尊敬、決意、会話、忍耐、および共有された価値が必要です。では、詳細に見ていきましょう。

## 愛と尊敬

結婚が成功するには、パートナーは互いを好きで、互いに価値を置き、そして、互いに時間を過ごしたいと思わなければなりません。惹き付ける基準がなければなりません。互いに愛していなければなりません。

ほとんどのコードモンキーは、情熱によってプログラムを書いています。彼らはコードを書くことを愛しています。そして、たいていは、一つの言語を選びます。なぜなら、その言語を使うことを心から楽しんでいるからです。

> **要点▶** あなたの言語を愛しなさい。あなたが楽しんでいる言語で働いてください。

多くの人々は、ある一つの言語を仕事で使うことを強制されます。なぜなら、既存のコードベースがその言語で書かれているからです。その意味では、人々は見合い結婚をしています。自宅では、RubyやPythonをいじっています。見合い結婚によってはうまくいきますし、うまくいかないものもあります。西洋文化では、見合い結婚は一般的ではありません。

---

†2　多くの人が、保守が少ないことなどを期待して、最初の関係を捨てても、移った言語もまた気まぐれで、同じくらい扱うのが難しくて、満たされないことに気付くだけだったりします。

しかし、時には、楽しめない言語を使うことを強制されていても、時間と経験を経て、その言語が深く楽しめるものだと発見することがあります。

言語に対するあなたの評価が、どれだけ、書くコードの品質や、その言語を扱うスキルの向上の方法に影響していますか。そしてそのことは、どれほど、受け入れること、尊敬すること、慣れることから生まれていますか。愛と尊敬は時間の経過と共に育まれることを理解してください。

## 決意

健全な結婚には決意が求められます。つまり、物事が不快になったら飛び出すのではなく、病めるときも健やかなるときも結婚を続ける決意です。

与えられた言語あるいは技術で、専門家のプログラマになるためには、それについて学び、それを使って時間を費やして取り組む決意を持たなければなりません。利己的ではだめですし、あなたの要望がすべて満たされることは期待できません。特に、その言語や技術がさまざまな状況や要件に適するように設計されている場合にはそうです。

決意は、あなたが犠牲を払わなければならないことも意味します。言語や技術に適応するために、自分の好むやり方をあきらめなければなりません。言語には、その言語に最適なイデオムと使い方があります。あなたは、それらが気に入らなかったり、他のやり方を好むかもしれません。しかし、それらが「優れた」コードを定義しているものであれば、それらはあなたが採用すべきイデオムなのです。

現在のコードで優れたコードを書くという決意は、自分のやり方で行うというあなたの願望よりも優先しますか。**優れたコード**と**安易な生活**のどちらを選びますか。すべては決意の問題です。

**要点▶** ある言語で最善のコードを書くためには、あなたの独自のスタイルやイデオムではなく、その言語のスタイルとイデオムに従うべきです。

## 会話

健全な結婚では、常に会話があります。事実、感情、痛み、喜びを共有します。通りで会った知人と話すようなうわべだけの会話をせずに、心からの会話をします。それは深い会話です。他の誰とも共有しない事柄をパートナーと共有します。この種の会話は、深いレベルの信頼、受け入れ、理解を必要とします。

これは、必ずしも容易ではありません。人々は、さまざまな方法で会話をします。会話は、容易に誤解されます。結婚において、うまく会話するには多大な努力が必要です。それは、注意を払って、常に努力を行うことです。会話は、あなたが**できる**とか**できない**とかいうものではなく、学ぶべきスキルなのです。

プログラミングという行為は、会話そのものです。私達が書くコードは、コンピュータに対して実行すべき命令のリストというだけではなく、プログラムの意図を（自分自身やプログラムを見る他のプログラマに対して）伝えるのです。

この意味で、私達は言語に**対して**何を行うかを簡潔で曖昧さを排除した方法で伝えると同時に、コードを通して、そのプログラミング言語を使う**他の人達**とも会話します。

優れた会話は、高品質なソフトウェア開発者にとって必須のスキルです（たいてい欠けています）。会話をうまく行うためには、膨大な努力を行い、継続的に注意を払うことが求められます。会話は話すだけではなく聴くことでもあることを覚えておいてください。

> **要点▶** 優れた開発者は、優れた会話ができます。話し、書き、コーディングし、聞き、そして、きちんと読みます。

## 忍耐

健全な結婚は一夜にして生まれません。育まれ、徐々に大きくなります。

ファストフードの文化では、すべてが今すぐを期待するようになりました。すぐに食べられる食品、すぐに引き出せるお金、すぐにできるダウンロード、すぐに満たされるなどです。しかし、関係はこのようにはなりません。

プログラミングの関係でも同じです。ある言語の存在を知り、すぐに惹きつけられるかもしれません。つまり、プログラミングに対する情熱です。しかし、言語を完璧に習得し、その言語で「優れた」コードの書き方を分かっていると言えるようになるまでには、時間がかかります。言語の美しさを評価できるようになるまでには、多くの時間と多くの忍耐を必要とします。

> **要点▶** 一晩で言語を習得できると期待しないでください。そして、その言語に取り組んでいるときに焦らないでください。

もちろん、最も楽しめる言語は初期の学習曲線が低いので、その言語を使い始めると自分が進歩しているように感じます。

## 共有された価値

多くの関係を一緒に維持する秘訣は、道徳、価値、信念に対する共通感覚です。たとえば、ある研究によれば、強い宗教的な信念を共有する夫婦は、そうではない夫婦よりも離婚する割合は低いという結果が出ています。それは、関係を構築するための頑強な基盤としての役割を果たしています。

言語が提供する基本的価値、すなわち言語が提供する機構とイデオムに同意できないのであれば、あなたは、常にその言語と歪んだ関係を持ってしまいます。

## 完璧な比喩？

ここまでの説明は理解の助けになったと思いますが、完全な比喩ではありません。言語への誠実さは、健全な結婚と同様に、健全なコーディングにとって重要なのでしょうか。そうではありません。「手を広げて」、他の言語に手を出すことは役立ちます。C#で主に開発し、一方でPythonを少し使うのです。それは、異なるプログラミングのスキルと技法を教えてくれますし、一つのプログラミング言語から抜け出せなくなるのを防ぐのに役立ちます。

あるいは、実際には結婚に似ているでしょうか。結論は、あなたに任せます。

## 結論

興味深い結婚の比喩は、一つのプログラミング言語の知識が、プログラミングをするためのすべてではないことを教えてくれています。ツールをどのように扱うか、つまり、ツールとどのような関係を持つかを考えてみてください。

優れたプログラマは、部分的なコード設計だけではなくそれ以上のことについて考えます。彼らは、ツールに関する単なる知識だけではなく、ツールをどのように使いこなすかとか、どうしたら最善の結果が得られるかを気にかけています。

優れたプログラマは問題に対する応急処置的な答えを期待しませんが、ツールの長所と短所を理解し、ツールをうまく使いこなすことを学びます。彼らはツールを使いこなすことを決意して、ツールを知るために時間を投資して努力します。彼らは、ツールを十分に理解し、高く評価します。

### 質問

1. あなたの現在の言語が洗練されていない部分は何ですか。言語の長所と短所を列挙してください。
2. あなたが扱っている他の言語とツールは何ですか。それらをどれだけ深く学ぶと決意しましたか。
3. 結婚した夫婦は、時間の経過と共に似てくると言われます。あなたは、使っている言語から影響を受けて変わってきていますか。それは、よい方向にですか。悪い方向にですか。
4. プログラマが真面目に言語に取り組まないことが原因で、色々な症状を最も早く示す言語はどれですか。（多くの間接ポインタを経て元の場所に戻ってきたり、予期しないところでオブジェクトを見つけたりします。そして、調べても、何が悪いのか分からなかったりするようなことです。）

### 参照

- **1章 コードを気にかける**：あなたは学ぶことを愛し、コードを気にかけているので、言語を気にかけています。

- **24章 学びを愛して生きる**：新たな言語を学ぶのに役立つ技法を説明しています。
- **14章 ソフトウェア開発とは**：ソフトウェア開発についてのたくさんの比喩を説明しています。（比喩が足りない場合のためです。）

> **やってみる**
>
> あなたが一番好きな言語との関係を深める方法を考えてください。

# 30章
# プログラマの姿勢

優れた立ち姿は、精神の適切な状態を現す。
——植芝盛平

今日、ソフトウェア開発プロジェクトにおけるプレッシャーは増加し、プログラマに課せられる要求も増大し、かつての15時間労働から大陸をまたがった26時間労働へと近づいています。このような環境では、快適で人間工学的に健全な労働環境を持つことはますます重要になっています。

優れたコード設計や他のソフトウェア開発の実践と同様に、健全な労働環境は21世紀のプログラマにとって重要な課題です。腰痛を持っていてはアジャイル（機敏な）開発者になれません。「硬直した」プログラマを雇いたいと思う人はいません。そして、衰えた視力では複雑なUMLのクラス図を読むことはできません。

この章では、コンピュータの前で過ごす生活の質を向上させて健康を保つために、労働環境を最適化する方法を見ていきます。

細心の注意を払ってください。労働環境を正しくしないと、多くの医療費を払う羽目になります。

## コンピュータに向かう基本的な姿勢

最初に、コンピュータの最も基本的な日々の利用を見ていきましょう。つまり、（昔の人事部が「VDU」[†1]と呼んでいた）モニターの前に座っていることです。一日に、おそらく何時間もモニターの前に座っているので、正しく座ることが重要です。意外にも、座ることは複雑な作業です。正しく座れるようになるには努力と決意が必要です。この節を読み進めながら、定期的に休憩を取ることを忘れないでください。出歩いたり、リラックスしたりしてください。

コンピュータの前での座り方は、生産性（悪い姿勢は集中の低下をもたらし、結果として生産性に影響します）だけではなく、健康にも影響します。悪い姿勢は、首の痛み、腰痛、頭痛、消化不良、呼吸

†1 VDU：Visual Display Unit（ビデオディスプレイ装置）

困難、目の疲れなどの原因になります。健全な座った姿勢の例を**図30-1**に示します。

図30-1 健全な姿勢

人間工学の専門家による助言は次の通りです。

- 椅子とモニターの位置を調整して、目がスクリーンの上部の位置になるようにし、膝がお尻よりも少し下になるようにしてください。あなたから快適な距離（約45 cmから60 cmの間）になるようにモニターの位置を調整してください。
- 肘は約90度になるようにしてください。タイプするときや、マウスを使うときに、肩を大きく動かさなくてよいようにすべきです。そうするには、キーボードは肘の高さにあるべきです。
- お尻の角度は、理想的には90度か、少し大きいかです。（今、これを読みながらお尻の角度を考えましたね。）
- 足の裏は床に対して、平らに接しているべきです。椅子の下へ押し込んだりしないでください。椅子の上で正座しないでください。足がしびれますし、お尻に跡がついてしまいます。
- 手首は、あなたの前の机の上に置いてあるべきです。手首は、タイプしているときに、真っすぐに保たれるべきです。
- 腰を支えるように椅子を調整してください。

問題を避けるためには、次のことに注意してください。

- 筋肉を和らげるために一日の間に位置を何度も変えて、体の緊張を和らげてください。
- 休憩を多く取って、オフィスを歩き回ってください。他の人達と話をすることが役立ちます。しばらくすれば、会話は第二の重要な素養になるでしょう。熟練したプログラマでさえそうです。
- スクリーンを見るときは、首を下に向けないでください。頭を上げて、プログラマであることを誇りに思ってください。
- 時々、目の焦点を切り替えてください。1990年代に人気があったオートステレオグラム（立体視）をやってみてください。あるいは、スクリーンから目を離して、遠くのものを凝視してみてください。
- 筋肉疲労が極端な場合、思い切った行動を取る必要があります。ビルから出て、ゆっくりと長めの散歩をしてください。散策でリラックスしたら、ベンチが公園には多くあるので前に述べた座る練習をしてみてください。

**要点▶** あなた自身を気にかけてください。仕事をしながら、きちんとした姿勢を保ってください。

コンピュータを使う場合に基本となる、正しい姿勢を保つことを決意したでしょうから、次に、今日のプログラマに必要ですが、あまり取り上げられない姿勢について見ていきましょう。結局のところ、一日中、人間工学的に健全あることが重要です。

## 姿勢をデバッグする

コードはあなたを落ち込ませていませんか。グレムリン[†2]は動くことを拒否していませんか。6時間集中し、スクリーン上に優雅なトルコ石の八角形を描こうとしているのに、醜い灰色の四角形しか描けない理由が分からないままだったりしませんか。

この場合、あなたの体は、両肩に課せられた世界の重さに耐え、大脳皮質の意識を頭の先から足元に移動させるために、いつもとは違う姿勢が必要です。体を適切に支えて、緊張をほぐすために（あいにく、脳の緊張は避けられませんが）、次のステップを行ってください。

1. 少し前屈みになる（お尻の角度は45度から60度が最善です）。
2. 両肘をあなたの前の机の上に置く（理想的には、タイプしている時の手首の位置に両肘を置きます）。
3. 前腕を垂直に真っすぐ上に伸ばす。
4. 両手で頭を支える。
5. ため息をつく。

**図30-2**には、この姿勢を示しています。このような状況では、いつも置いている位置よりも机の少し手前にモニターを移動させる方がよいかもしれません。そうすれば、フラストレーションが溜まっているときには、何度も頭をディスプレイに打ち付けることができます。

†2　訳注：機械に悪戯をする妖精。人間に発明の手がかりを与えたり、職人達の手引きをしたりしていたが、人間が彼らに敬意や感謝をせずにないがしろにしたため、次第に人間を嫌って悪さをするようになったとされる。機械やコンピュータが原因不明で異常な動作をすることをグレムリン効果といったりする。（https://ja.wikipedia.org/wiki/グレムリン）

図30-2 じっくりと考える姿勢

## ひどい状況のとき

注意深く姿勢を正したとしても、ソフトウェアの厄介な問題を解決できるとは限りません。問題は少しも改善しておらず、あなたが平静を装うことはできても、あなたが決意した（快適な）姿勢を問題が尊重していないように思えます。プログラミングは必ずしも容易なことではなく、時には、背筋を真っすぐと伸ばして肩をリラックスさせるといったことが問題を和らげます。

ひどい状況のときは、**図30-3**に示す体勢を取ってみてください。そして、しっかりとかがみ込んでみてください。

図30-3 苦境の姿勢

## 徹夜

締め切りが迫っていると、あなたは時間内にすべてを終わらせるために何時間も働いているかもしれません。もちろん、そのことで誰にも感謝されないことは分かっていますが、道徳的責任と仕事に対する誇りのために、三晩続けて徹夜し、カフェインと固くなったドーナッツを食べて過ごします。

このような状況、とりわけ四晩続けた徹夜の後には**図30-4**の姿勢が役立ちます。他の人間工学的な考慮と同様に、ここで重要なことは、あなたを助けるために労働環境を調整することです。可能なら、ブラインドを下ろして、外部の雑音や現在の仕事といった気を散らすものを遮断するためにドアを閉めてください。一日中多くの人々が行き交ううるさい共用部分で働いているとしたら、できる限り見られることがない位置にあなたの机と椅子を移動させてください。

大きないびきをかかないようにしてください。マウスをきっちりと口の中に入れて、空気の通りを止めるのが役立つかもしれません(窒息するので、鼻が詰まっているときにやらないでください)[†3]。

図30-4　仮眠の姿勢

## 上司からの干渉

上司は、部下が運搬用ラバのように一生懸命働いていることを確認するためにうろつき回ることが必要だと時々考えます。安心してもらい、上司の繊細ないらだちの筋肉が緊張しないように、**図30-5**に示した姿勢を取るべきです。次が、上司にとってよいことです。

- 痛みのある姿勢を取ってください。すべての筋肉を引き締めて、バグを追いかけるための態勢に見えるようにしてください。
- 困惑したような表情をしてください(長年のプログラミングの経験からすでに自然とそのような表情になっていなければです)。たとえば、重度の便秘なら、集中しているような適切な表情を伝えられます。
- 最大の効果を得るためには、ドライアイスを買ってきて(舞台装置の店で簡単に手に入ります)、机の下に置いてください。あなたの熱意のある作業から生まれている汗に上司は感動します。しかし、あまりやりすぎないでください。でなければ、同僚があなたに不必要に関心を持つかもしれませんし、警備員が消防を呼ぶかもしれません。

理想的には、壁に背を向けるように作業場所を持ってくれば、気付かないうちに誰かが後ろに立つことはありません。急に、**図30-5**の姿勢になると、筋肉をひねってしまい(特に、急いで机から足を離さなければならない場合)、いらだつことがあります。

†3　訳注：冗談なので真似しないでください。

図30-5　「完璧な」姿勢

## 危機は去った

上記の姿勢を取っているときは、上司が歩き去ったことを確認するために、目を細めているかもしれません。目の細めすぎに注意してください。上司が去ったことが分かれば、リラックスして**図30-6**の姿勢を取ることができます。

ネットワークゲームを遊ぶには、ジョイスティックの方がキーボードよりも手首が疲れないので、可能な場合にはジョイスティックが好ましいです。高額な請求書をうまく書いて、超高品質のゲームデバイスの購入を正当化すべきです。任天堂のWiiコントローラは検討しないでください。それは、それほど使いやすくありません。

図30-6　遊びの姿勢

## 設計するとき

最後のプログラマの姿勢は、新たなコードを設計しているときや、困難な問題に取り組んでいるときに取るべきです。そのようなときには、周りから気を散らされないような、最大限の快適さを得ることが重要です。

**図30-7**は自明です。

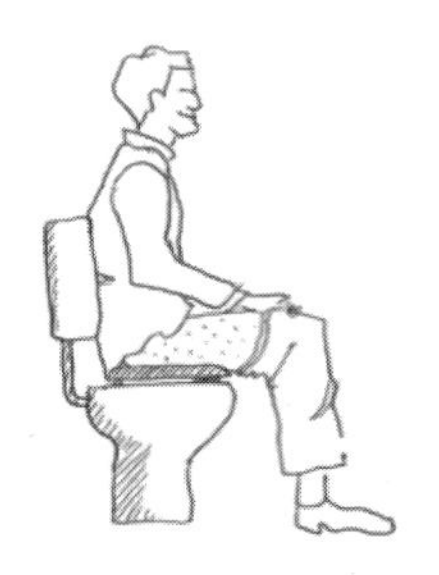

図30-7　トイレの姿勢

## 目の疲れ

最後に、目の健康について少し考えましょう。モニターをじっと見る際には、目を疲れさせないようにしてください。頻繁に休憩を取ってください。スクリーンに窓や明かりが多く反射しないようにしてください。それが問題ならばスクリーンを移動させてください。光源（窓や蛍光灯）が直接あなたの方に向かないようにしてください。

時折、外の景色を楽しむために窓の外を見つめてください。

定期的な目の検査は重要です。次は、優れた定期的な目の練習になり、回転椅子でできる簡単な検査です。**図30-8**を印刷して、あなたの机の上の壁に掛けてください（図からの適切な距離を見つける必要があるかもしれません）。一日の間に、時々スクリーンから目を離してその図を見てください。上の文字から読み始めて、下の文字まで読んでください。一番下まで、読めるところまで読んでください。

図30-8　iTest[†4]

## 結論

この章は、少しふざけていたかもしれません。しかし、姿勢は、考えなければならない重要な話題

†4　訳注：「U REALLY NEED TO GET OUT MORE（あなたはもっと出かける必要がある）」

です。多くのプログラマは、身体を十分にいたわっていません。

あなたのワークステーションが人間工学的に健全で、目を疲れさせたり、反復運動過多損傷（RSI：*repetitive strain injury*）を起こしたり、スクリーンを見つめながら長時間座り続けて腰に負担をかけたりしないことが重要です。体は一つしかないのですから、気を配ってください。

私は、あなたが猫背にならないようにうるさくいうあなたの父親ではありません。（しかし、机の上から足を下ろしてください。机の上がゴチャゴチャしていますよ。）

立ち机を使うことを検討してください（立ち机は、今は広まっています）。安くて品質の悪い椅子ではなく、適切に調整可能で腰に適した支えがあるものにしてください。おそらく、人間工学的なキーボードとマウスを使うのがよいです。

定期的な休憩を取ってください。働いている間、十分な水分を取ってください。適切な目の運動で目の疲れを取ってください。適度な時間働いて、夜には十分な休息を取ってください。

自分自身に気を配ってください。

## 質問

1. あなたの働く環境はどれだけきちんと整えられていますか。快適ですか。仕事しながら痛みを感じることはないですか。
2. 働く環境はどのようにして改善できますか。たとえば、モニターは快適な高さですか。タイプするときに手首が真っすぐに保てるように椅子は調整可能ですか。
3. 一日に何時間働いていますか。仕事が終わるまで長時間働いていますか。その働き方は、体にどのような影響をもたらしていますか。
4. 仕事をしながら十分なレベルの水分を補給していますか（不足していると、集中力が低下します）。

### やってみる

あなたのワークステーションがどのように設置されているか調べてください。悪い姿勢を避けて、目の疲れを減らすために適切な対処を行ってください。体は一つしかないのですから、気を配ってください。

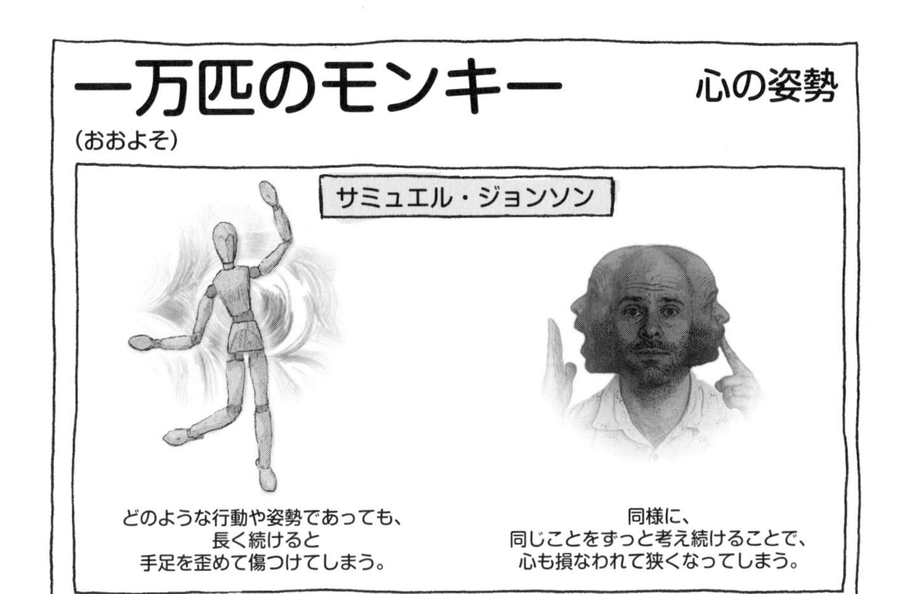
一万匹のモンキー
心の姿勢
(おおよそ)
サミュエル・ジョンソン
どのような行動や姿勢であっても、
長く続けると
手足を歪めて傷つけてしまう。
同様に、
同じことをずっと考え続けることで、
心も損なわれて狭くなってしまう。

# 第Ⅳ部

# 成し遂げる

ソフトウェア開発を行う組織では、忙しく、ペースも速いため、「もっと洗練してくれ」、「もっと機能を増やしてくれ」、「バグなしにしてくれ」、「今やってくれ」といった多くの不条理な要求があります。現実的ではない締め切りのプレッシャーと難しいコーディングの仕事で、すぐに集中力が失われ、間違ったものをリリースしたり、リリースそのものに失敗したりします。

第Ⅳ部では、できるだけ最善の方法で優れたコードを切り出す方法、つまり、仕事を成し遂げる方法を見ていきます。

# 31章
# 一生懸命ではなく、賢く

戦争は大量殺りくと作戦によって勝利される。
立派な将軍ほど作戦に注力し、大量殺りくを要求しなくなる。
——ウィンストン・チャーチル

これから話すのは実際に起こったことです。UIのコードに取り組んでいた同僚が、ディスプレイ上に角が丸い矢印を重ねる必要がありました。彼が描画の機能を使ってプログラムで行おうと格闘した後に、私はスクリーン上に図を重ねるだけにしたらと提案しました。その方が、実装するのがはるかに容易です。

それで彼はやり直し始めました。Photoshopを立ち上げて、色々と操作したり試したりしていました。この最高級の画像合成アプリケーションでは、それなりにまともに見える角が丸い矢印を描画する簡単な方法はありません。おそらく、経験を積んだグラフィックスアーティストなら2分で描けます。しかし、一時間ほど、描いたり、切り貼りしたり、合成したり、並べ替えたりしましたが、彼は納得できる角の丸い矢印を描けていませんでした。

彼が紅茶を入れに行く際に、イライラしながらそのことを私に伝えました。

紅茶を持って戻ってくると、すぐに使える輝くばかりの新たな角が丸い矢印の画像が、彼のデスクトップ上にありました。

「こんな短時間にどのようにしてやったんだい」と彼は尋ねました。

彼の紅茶のカップにぶつからないようにしながら、「正しいツールを使っただけだよ」と私は答えました。

Photoshopは正しいツールのはずでした。ほとんどの画像デザインの作業はそれで行われています。しかし、私は、調整可能な角の丸い矢印の手軽なツールをOpen Officeが提供していることを知っていました。私は10秒で絵を描いてスクリーンショットを彼に送りました。Open Officeは洗練さていませんが、役立ちました。

教訓は何でしょうか。

問題を解決するために、一つのツールあるいは一つの方法を常に頼りにするのは危険です。目的に対して簡単で直接到達できる方法があるときに、先が見えない小道を探索することは何時間も時間を失う恐れがあり、じれったいものです。

では、どうしたらうまくできるでしょうか。

## 戦い方を選ぶ

生産的なプログラマであるためには、一生懸命ではなく**賢く働く**ことを学ぶ必要があります。経験を積んだプログラマの特徴の一つは、技術的な判断力だけではなく、問題の解き方と戦い方の選び方です。

優れたプログラマ達は、物事を素早く終わらせます。彼らは、軽はずみなカウボーイコーダーのように物事を台無しには**しません**。彼らは賢く働くだけです。しかし、必ずしも彼らが賢いからだけではありません。問題をうまく解決する方法を知っているからです。正しいやり方に導くという経験を武器として持っています。彼らは別方向からの解決方法を思いつきます。つまり、あまり苦労せずに作業を終わらせる技法を適用するのです。彼らは、目の前の障害を避ける方法を知っています。詳細な情報に基づいて、努力すべき最善の場所を決めることができます。

## 戦術

次に、賢く働くのに役立つアイデアを紹介します。

### 賢く再利用する

既存のライブラリやコードが使えるときは、自分でコードを書かないでください。

自分で書いて、テストして、デバッグするよりは、たとえサードパーティのライブラリにお金を払ったとしても、既製の実装を使う方が、費用効果ははるかに高いです。

> **要点▶**　一から自分で書くのではなく、既存のコードを使ってください。重要なことにあなたの時間を費やしてください。

**自社開発主義**（NIH：*Not Invented Here*）症候群を克服してください。自分達の方がもっとうまくやれるとか、自分達の特定のアプリケーション向けに適切なバージョンを作成できるとか、多くの人達が考えます。それは、本当ですか。望む通りに設計されていかったとしても、既存のコードを使ってください。すでに機能しているのであれば、それを書き直す必要はありません。システムに取り込まなければならないのであれば、それに対してファサード（*facade*）を作成してください。

### 他人の問題にする

すでに誰かが方法を知っているのであれば、自分で行う方法を見つけようとしないでください。あなたは、満足感に浸ったり、新たなことを学んだりしたかったのかもしれません。しかし、誰か他の人があなたを助けたり、あなたよりも速く仕事を完了できたりするのであれば、代わりに彼らに仕事を行ってもらう方がよいかもしれません。

### やらなければならないことだけを行う

リファクタリングや単体テストをする**必要**があるかをよく考えてみてください。

私は両方を強く推奨していますが、時には、適切ではなかったり、時間を投資する価値がなかったりすることがあります。リファクタリングと単体テストはどちらも優れた恩恵をもたらし、軽率に放棄すべきではないことは確かです。しかし、小さなプロトタイプに取り組んでいたり、捨てるつもりのコードで機能的な設計の可能性を探究しているのであれば、正しい実践を行うことは後回しにすべきかもしれません。

あなたが（賞賛に値するほど）単体テストに時間を投資するのであれば、**どの**テストを書くのかをきちんと検討してください。「すべてのメソッドをテストする」という頑固なやり方は、理にかなっていません（期待以上のカバレッジが得られると考えるかもしれませんが）。たとえば、API内のすべてのゲッターとセッターを個別にテストする必要はありません†1。メソッドではなく、使い方に対するテストに注力し、脆弱そうな部分にとりわけ注意を払ってください。

テストのやり方を選んでください。

## 一時的な解決策

複数の設計の選択肢があり、どの設計を選ぶべきか確信が持てないのであれば、どの設計が最善かについて何時間も考えることで時間を無駄にしないでください。素早い一時的な解決策（捨てるプロトタイプ）を試すことで、数分で有益な答えを得られるかもしれません。

これをうまく行うためには、それを行う特定のポモドーロ（http://www.pomodorotechnique.com/）のような時間枠を設定し、時間が経過したら止めるようにましょう。（正式なポモドーロ方式では、強制的に止められるように無視するのが難しいねじ巻き式タイマーを使います。）

素早く引き返すのに役立つツールを使いましょう（たとえば、バージョンコントロールシステムです）。

### 優先順位をつける

作業一覧に優先順位をつけてください。最も重要なことを最初に行ってください。

---

†1　最初からAPIにゲッターとセッターがある**べき**かは、テストとは別の問題です。

**要点▶** 最初に、最も重要なことに努力を集中してください。最も緊急なこと、あるいは最も価値を生み出すことです。

これを厳格に守ってください。重要ではない些細なことに捕らわれないようにしてください。捕らわれるのは簡単です。特に、一つの単純な仕事が別の単純な仕事に依存しており、それが別の単純な仕事に依存して、そしてまた別の単純な仕事に依存しているといった状況ではそうです。2時間後に、ふと気付くと、コンテナクラスのメソッドを修正したかったのに、なぜコンピュータのメールサーバを再設定しているのかと思うでしょう。コンピュータの世界の伝承では、これは、**ヤクの毛刈り**（http://catb.org/jargon/html/Y/yak-shaving.html）と呼ばれます。

重要ではない多くの小さな作業に気を付けてください。電子メール、文書業務、電話、つまり、アドミニストリビア[†2]です。一日中、このような小さな作業を行い、重要な作業に割り込んだり気を散らしたりする代わりに、毎日一回（あるいは数回）の時間を決めてまとめて処理してください。

これらの作業を小さな「To-Do」リストに書き出して、設定した時間枠内でできるだけ素早く処理を始めるのが役立ちます。終わった作業にチェックを入れることで、達成感が得られます。

## 何が求められているのか

新たな作業が割り当てられたら、今**実際に**必要とされていることが何であるかを調べてください。顧客が実際にあなたに求めているものは何ですか。

必要なければ、すべてのオプション機能を搭載したバージョンを実装しないでください。そのようなバージョンが求められたとしても、押し戻して、真に求められているものが何であるかを検証してください。それを行うためには、ソフトウェアが使われる状況を知る必要があります。

この態度は怠惰ではありません。初期の段階で多くのコードを書いてしまう危険性があります。パレートの原理[†3]は、求められている利点の80パーセントは、意図された実装の20パーセントから生まれると述べています。コードの残りの部分が実際に必要ですか。あるいは、時間を他のところでうまく活用できませんか。

## 一度に一つずつ

一度に一つのことを行ってください。一度に二つ以上の仕事に集中するのは難しいものです（特に、単一タスクの頭脳を持っている男性の場合はそうです）。並行に仕事をしようとすると、両方の仕事を下手に行ってしまいます。一つの仕事を終えてから次の仕事に移ってください。そうすれば、短い時

---

†2 訳注：やらなければならない仕事上の雑務。

†3 多くの事象で、効果のおおよそ80パーセントは、原因の20パーセントから発生しています。詳しくは、http://en.wikipedia.org/wiki/Pareto_principleを参照。

間で両方の仕事を終えられます。

## 小さく（そして単純に）する

コードと設計をできるだけ小さく、そして単純にしてください。そうでなければ、多くのコードを追加することになり、将来保守するために時間と労力がかかります。

> **要点▶** KISS（**K**eep **I**t **S**imple, **S**tupid）（単純に保て、お馬鹿さん）を忘れないでください。

コードを変える必要があるのは、あなたです。将来の要件が何であるかを正確に予言はできません。将来を予言することは、不正確な科学です。最初から可能性のある将来のすべての機能をサポートするように構築するよりは、今は変えやすいコードを作る方が容易ですし、賢いです。

小さくて明確なコードは、大きなコードよりは変更が容易です。

## 問題を先延ばしにして積み上げない

（コードのインテグレーションのように）行うのが難しいものを、難しいという理由で避けるべきではありません。多くの人達が難しいものを避けます。苦痛を最小限にしようとして難しい仕事を先延ばしにするのです。

賢いやり方は、問題が小さいうちに早い段階から取り組み始めて立ち向かうことです。三つの主要な機能に一年間取り組んだ後にそれらをインテグレーションするよりは、早い段階で小さなコードをインテグレーションする方が容易であり、その結果、その後の変更を頻繁にインテグレーションするのも容易になります。

同じことが単体テストにも当てはまります。コードと一緒に（あるいは、それ以前に）今すぐ単体テストを書いてください。テストを書かずに、コードが「動作」するようになるまで待つことは、難しいですし、生産的ではありません。

ことわざにもあるように、「痛みを感じたら、頻繁に行う（*If it hurts, do it more often*）」のです。

## 自動化

昔ながらの助言である「二度以上行わなければならないのであれば、それを行うスクリプトを書きなさい」を思い出してください。

> **要点▶** 頻繁に何かを行うのであれば、コンピュータにやらせてください。スクリプトで自動化してください。

よく行う退屈な作業を自動化することは、多くの時間を節約します。高い頻度で繰り返す作業も自動化を検討してみてください。手作業で繰り返しの作業を行うよりは、ツールを書いて、そのツールを一度だけ実行する方が早いかもしれません。

自動化には、追加の利点があります。他の人達が賢く働くのにも役立つということです。多くの複雑なコマンドを実行したり、ボタンを何度も押したりするのではなく、**一つの**コマンドでビルドを実行できれば、チーム全体が容易にビルドができますし、新入りの人も素早く仕事が行えるようになります。

この自動化を行うために、たとえ今すぐにすべてを自動化する意図がなくても、経験を積んだプログラマなら自動化可能なツールを自然と選びます。好ましいワークフローは、普通のテキスト形式か、単純に構造化された（たとえば、JSONやXML）中間ファイルを生成します。柔軟性のないGUIパネルのほかに（あるいは代わりに）コマンドラインのインタフェースを持つツールを選択してください。

作業のためにスクリプトを書く価値があるかを判断するのが難しいこともあります。明らかに、ある作業を複数回行う可能性があれば、検討する価値があります。そのスクリプトを書くのがそれほど難しくないのであれば、それを書いたことで時間を無駄にすることはないでしょう。

## 誤りを防ぐ

早い段階で誤りを見つけてください。そうすれば、間違ったことを行って長い時間を費やすことはありません。次のことを行ってください。

- 早い段階から頻繁に製品を顧客に示してください。そうすれば、間違ったものを構築しているかが素早くわかります。
- 他の人達とコードの設計を議論してください。そうすれば、解決策を構築するよい方法があるかが早い段階で分かります。ひどいコードをできるだけ避け、労力を費やさないでください。
- 大量のコードではなく、小さくて理解可能な量のコードを頻繁にレビューしてください。
- 最初から単体テストのコードを書いてください。誤りに気付くために、単体テストを頻繁に実行してください。

## 会話する

うまく会話することを学んでください。明確に理解するために正しい質問の仕方を学んでください。今誤解していると、後でコードを書き直さなければならないかもしれません。あるいは、重要な質問への回答を待ってしまったために、遅れるかもしれません。会話は重要なので、別の章で説明します。

あなたの人生が、会議室の隅に座っている悪魔に吸い取られないように生産的な会議の運営方法を学んでください。

## 燃え尽きを避ける

他の人達があなたに期待する現実的ではないレベルの仕事に、あまりにも長い時間取り組んで、燃え尽きないでください。責任以上のことをやっているのであれば、そのことを明確にして、他の人達があなたに期待しすぎないようにしてください。

健全なプロジェクトでは、多くの時間外労働を必要とはしません。

## 強力なツール

作業を加速する新たなツールを常に探し求めてください。

しかし、新たなソフトウェアを見つけることにとりつかれないでください。新たなソフトウェアは、あなたを傷つける鋭い刃をたいてい持っています。多くの人達が使ってきた信頼できるツールを選んでください。Googleで検索して得られる、それらのツールに関する集合知には価値があります。

# 結論

**戦い方を選んでください。一生懸命ではなく賢く働いてください。**これは使い古された格言ですが真実です。

もちろんこれは**一生懸命に働かない**ことを意味してはいません。解雇されたくないのであれば働かなければなりません。しかし、単に一生懸命に働くのは賢くはありません。

## 質問

1. あなたの成果物に対して行うテストの適切な量をどのように決めますか。経験やガイドラインに頼っていますか。先月の成果を振り返ってみてください。適切にテストされましたか。
2. あなたは、作業を優先順位付けするのがどの程度得意ですか。どうしたら改善できますか。
3. どのようにしてできるだけ早い段階で問題を見つけるようにしていますか。避けることができた間違いの数や、避けることができた再作業はどれだけありましたか。
4. あなたは、自社開発主義を患っていますか。他の人達のコードはがらくただと思いますか。他の人達の成果を自分の成果に取り込むことに耐えられますか。
5. 成果の品質よりも労働時間の長さを重視する文化の下で働くとしたら、怠けているように見えないことと「賢く働くこと」をどのようにして両立できますか。

## 参照

- **33章 今度こそ分かった……**：戒めの話です。賢く働かないことは簡単です。
- **19章 コードを再利用するケース**：コードの再利用に対して「賢い」方法を取ってください。重複したコードを書かないでください。そして、必要以上にコードを書かないでください。
- **32章 完了したときが完了**：必要以上に作業を行わないでください。「終わった」のがいつかを定義する方法を学んでください。

**やってみる**

生産性の高いプログラマになるのに役立つ方法を三つあげてください。そのうちの二つは新たに採用する習慣、残りの一つは止める習慣にしてください。その三つの方法を明日から実行してください。それらを誰かに説明できるようになってください。

# 一万匹のモンキー
（おおよそ）

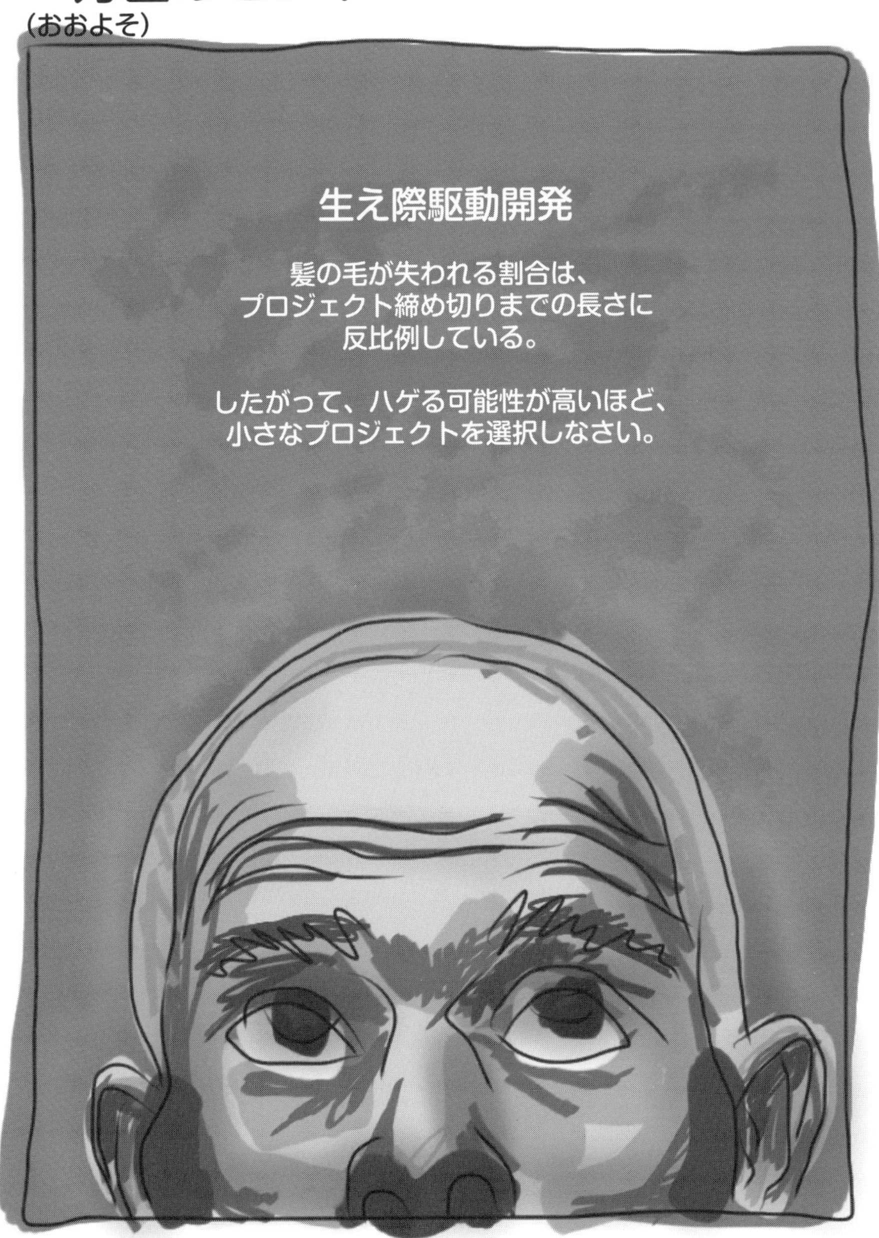

# 32章
# 完了したときが完了

神の名において、少し立ち止まり、仕事を止めて、回りを見渡しなさい。
——レフ・トルストイ

プログラムは多くのサブシステムから構成されています。個々のサブシステムは小さな部品から構成されています。コンポーネント、モジュール、クラス、関数、データ型などです。

臨時雇用のプログラマは、割り当てられた仕事を順にこなしていきます。ソフトウェアコンポーネントの構築や保守といった一連の作業を行いながら、一日が過ぎます。つまり、新たな部品を作成して部品を結び付けたり、既存のコードを拡張したり、修正したりといった作業です。

したがって、私達の仕事は、多くの小さな仕事の連続です。それは再帰的でもあります。再帰はプログラマが好きなことです。

## まだ到着しないの？

仕事は完了している（とあなたは考えています）。

車の後部座席で「まだ到着しないの？」と絶えず大声で叫んでいる小さな子供のように、すぐに「まだ完了していないのか？」とマネージャが大声で叫んでいます。

これは、重要な問いです。ソフトウェア開発者が、この単純な問いに回答できることは重要です。「完了」がどのような姿なのかを知り、「完了」にどれだけ近いのかに関して現実的な考えを持つことは重要です。そして、それを伝えることも重要です。

多くのプログラマは、答えられません。仕事が完了したように思えるまで作業を続けたくなります。ほとんど完了しているのかそうでないのかをきちんと把握していません。「あぶり出すべき多くのバグがあるかもしれないし、失敗するかもしれない予想外の問題があるかもしれない。ほとんど完了したかどうかを判断できない」と考えます。

しかし、それでは十分ではありません。多くの場合、問いを避けることは、怠惰な行為に対する言い訳であり、事前に計画を熟考せずに「考えずにコーディングする」ことを正当化しているにすぎません。

またこれは問題を引き起こす可能性もあります。次のように、人々があまりにも一所懸命に働いているのを多く見かけます。

- いつ止めてよいのか分かっていないので、必要以上の作業を行ってしまいます。
- いつになったら完了なのか分からず、終わったと考えている作業が、実際には完了していません。その結果、後になって、何が不足しているかを調べて、不足しているものをどのようにして入れるかを検討しなければならなくなります。そうして、コードの構築は遅く難しいものとなっていきます。
- コードの違う部分が修正されて、正しいゴールは見えていません。つまり、それは無駄な作業です。
- 一所懸命に働きすぎている開発者達は、さらに働くことを強いられます。十分な睡眠を取ることができません。

このようなことを避けて、「まだ到着しないの？」といった質問に効果的に答える方法を見ていきましょう。

## 逆方向に開発：分解

さまざまなソフトウェア開発組織は、日々の開発を異なった方法で管理しています。管理の方法は、たいていソフトウェアチームの大きさと構造に依存します。

開発組織によっては、一人の開発者に大きな機能の責任を持たせ、納期を与え、時々進捗の報告を求めます。他の組織では、アジャイルプロセスを用いて、（おそらくは、ストーリーとして表現した）タスクのバックログを管理し、プログラマが新たなタスクへ取りかかれるようになると、そのプログラマへ新たなタスクを分配します。

「完了」を定義するための最初のステップは、何に取り組んでいるかを正確に知ることです。大きくて複雑な問題であれば、完了したというのは難しくなります。

小さくきちんと理解された問題がどれだけ解決しているかを答えるのは、明らかに簡単です。

したがって、巨大なタスクを割り当てられたら、取りかかる前に小さく理解可能な部品に分解してください。多くの人達が巨大なタスクをこなす方法を一歩下がって考えることなく、コードや設計へと急いでしまっています。

> **要点▶**　大きなタスクを、小さくきちんと理解された一連のタスクへ分解してください。小さなタスクにより、進捗を正確に判断できるようになります。

少なくともトップレベルの分解は、複雑ではありません（数回、掘り下げる必要があるかもしれませんが、行ってください。しかし、数回の掘り下げを行わなければならないとしたら、あまりにも大きな塊のタスクが与えられているかもしれないことに注意してください）。

時々、このような分解を行うのは難しく、分解そのものが重要なタスクであることがありますが、先延ばしにしないでください。見積もりのために事前に分解を行わなかったら、後になってゴールラインを目指して苦労しながら曖昧な方法で行うことになります。

どんなときでも、プロジェクトの大きな対象ではなく、最小の単位に取り組んでいると自分で分かっていてください。

## 「完了」を定義する

あなたは、全体像を理解しています。つまり、究極的に何を構築するのかを知っています。そして、今取り組んでいるサブタスクを知っています。

ここで、取り組んでいるタスクが何であっても、いつ止めるかを理解してください。そのために、何をもって「完了」とするかを定義しなければなりません。「成功」が何を意味するのかを知っていなければなりません。

「完成した」ソフトウェアは、どのように見えるでしょうか。

**要点▶** 「完了」を必ず定義してください。

これは重要です。いつ止めるかを決めていなければ、止める必要があるにもかかわらず、働き続けてしまいます。必要以上に一生懸命、長い期間、働いてしまいます。あるいは、それほど一生懸命働かないかもしれません。その場合、すべてを完了できないかもしれません。（すべてを完了させないのは簡単そうに聞こえますよね。しかし、簡単ではありません。未完成の作業は後で泣きを見て、バグの発見、やり直し、あるいは不安定な製品となり、後で多くの作業を行うことになります。）

何をもって成功とするかを知るまでは、コーディングを始めないでください。まだ分かっていないのであれば、何をもって「完了」とするかの決定を最初のタスクにしてください。ほとんどの場合、それを定義するのはプログラマではなく、製品オーナー、システム設計者、顧客、あるいは利用者です。

決まった後にだけ、開始してください。どこへ向かっているかを知っていることで、集中してその方向へ向かって働くことができます。正しい選択ができており、脇道にそれたり、遅れさせたりする不必要な事柄を排除できます。

**要点▶** 完了がいつであるかを言えないのであれば、始めるべきではありません。

どのようにして「完了」を定義するのでしょうか。必要な「完了」基準を次に示します。

**明確である**

曖昧さがなく具体的でなければなりません。実装されるすべての機能、追加あるいは拡張されるAPI、あるいは、修正される特定の障害が一覧となっていなければなりません。

基準の作成を行う際に、完了基準に影響する事柄を見つけたら（たとえば、修正すべきバグをさらに見つけたり、予想できなかった問題に気付いたりしたら）、「完了」基準にそれらを反映しなければなりません。

この基準は、何らかのソフトウェア要件もしくはユーザストーリーがあれば、たいていそれらと直接結び付いています。その結び付きを記述してください。

**周知する**

成功基準がすべての重要な人達に周知されるようにしてください。彼らには、おそらく、マネージャ、顧客、コードを使う後工程のチーム、あるいは成果を検証するテスターが含まれます。

誰もがその基準を知っていて合意している必要があります。そして、あなたが「完了」したときに、彼らが、完了に合意したと伝える手段を持っている必要があります。

**達成可能である**

「完了」基準を注意深く定義してください。達成不可能な「完了」の定義は役立ちません。現在のチームの力では達成できないのであれば、それは達成する目標ではなく、厄介なものになります。たとえば、テストが足りていない環境でのコードカバレッジが100パーセントという目標は、現実的ではありません。

個々のタスクの性質が「完了」の意味を明確に定義しますが、次のことを考慮すべきです。

- どれだけのコード量が完成しなければならないか。（機能の数、実装されたAPIの数、あるいは完了したユーザストーリーの数などで測定するか。）
- どれだけの量の設計が完了しているのか。それをどのように表現するか。
- 何らかの文書もしくは報告書を作成しなければならないか。

コーディングのタスクでは、明確なテスト一式を作成することで、「完了」をはっきりと示すことができます。必要とされる完全なコード一式を作成したことを示すテストを書いてください。

> **要点▶** コードが完成して動作していることを定義するために、そのコードを使うテストを活用してください。

「完了」を定義するときに、考慮すべき他の質問があります。

- コードはどこに配布されていますか（たとえば、バージョンコントロールなど）。
- コードはどこに配置されていますか（サーバ上で動作しているときが「完了」ですか。あるいは、公開する準備ができているテスト可能な製品を配置チームに対して配布するときですか）。
- 「完了」の経済的意味は何ですか。ある種のトレードオフや測定が必要な正確な数字は何ですか。たとえば、あなたの解法はどの程度うまくスケールすべきですか。1万ユーザの管理が求められているのに、同時に10ユーザしか管理できないのであれば、そのソフトウェアは十分ではありません。完了の基準が明確になれば、その経済的意味をきちんと理解できます。
- 完了したことをどのように伝えますか。完了したと判断したときに、どのように顧客、マネージャ、QA部門に知らせますか。伝え方は、知らせる相手ごとにおそらく異なります。完了に対する合意をどのように集めますか。誰が、あなたの成果を承認して署名しますか。チェックインするだけですか。プロジェクトの報告チケットを変更するだけですか。あるいは、請求書を送りますか。

## あとはやるだけ

「完了」を定義すれば、開発に集中できます。「完了」するまで働いてください。必要以上のことは行わないでください。

コードが十分によくなったら止めてください。つまり、必ずしも完璧とは限りません（十分と完璧の二つの状態には違いがあります）。コードが頻繁に使われれば、結果的には完璧になるようにリファクタリングされるかもしれませんが、今はまだ洗練しないでください。そうすることは、無駄な努力にすぎないかもしれません（これは、**ひどいコード**を書くことに対する言い訳ではなく、不必要に過剰な洗練に対する警告です）。

> **要点▶** 必要以上に取り組まないでください。「完了」するまで取り組んでください。そこで、止めてください。

一つの明確な目標を持つことは、一つのタスクに集中するのに役立ちます。この集中がなければ、多くのことを達成しようとしてコードをやみくもに修正して、どれもうまく管理できなくなってしまいます。

### 質問

1. 現在のタスクが「完了」するときが分かりますか。「完了」はどのように見えますか。
2. 現在のタスクを、一つの目標、あるいは一連の小さな目標に分解しましたか。
3. 作業を達成可能で測定可能な単位に分解していますか。
4. 現在の開発プロセスは、作業を分解して見積もる方法をどのように決めていますか。その方法は十分ですか。

5. あなたのチームのメンバーが行う見積もりには、正確さの点でどれほどの差異がありますか。その差異の理由は何だと考えますか。最も正確な見積もりを行う人は、何が違いますか。

## 参照

- **31章 一生懸命ではなく、賢く**：「完了」を定義して、必要以上なことは行わないでください。一生懸命ではなく、賢く働くことです。
- **18章 変わらないものはない**：完璧に「完了」するソフトウェアはありません。本質的に、ソフトウェアは「ソフト（柔らかい）」であり、要件が明日には変わって、ソフトウェアを変更せざるを得ないかもしれません。

> **やってみる**
>
> 現在のコーディングのタスクをレビューしてください。それは適切な大きさですか。正しく分解されていますか。明確な「完了」の時点を定義してください。正確に進捗を管理するための方法を考えてください。

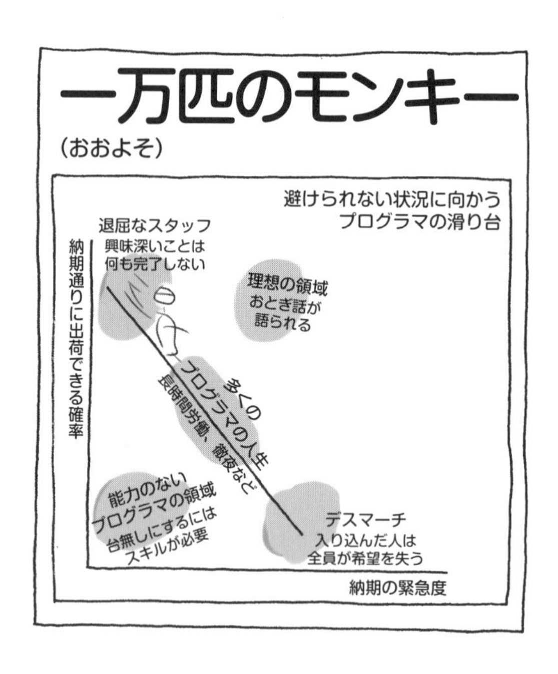

## 一万匹のモンキー
（おおよそ）

# 33章
# 今度こそ分かった……

悪い習慣を直すよりは、悪い習慣を防ぐ方が簡単である。
——ベンジャミン・フランクリン

「もう一分だけ。今度は何が問題なのか分かったし、修正するから」とジムは言いました。

彼がその問題を解決しようとほぼ丸一日を費やしているのを、ジュリーは愉快に思いながら見ていました。

ジムは、前かがみの姿勢でぶっ続けで何時間もキーボードを叩いています。ほとんど目を上げることがありません。気の毒に思ったジュリーが午前中に持ってきたコーヒー以外、おそらく食事もしていません。

普段の彼とは違っていて、使命を持った人のようでした。

運用しているシステムで発見された「重要度高」のバグによって、軽いパニックではないにせよ、切迫した状況でした。そのバグがQAプロセスをどのようにしてすり抜けたのかは、誰にも分かりませんでした。

そのバグの原因は、ジムのコードの問題だと思われたので、ジムは素早く行動しました。彼のプライドが助けを求めることを邪魔していましたが、彼には純粋なところがありました。彼は10分ほど調査すれば、動作しているシステムを修正して、英雄のように見られると思ったのです。

今のところ、彼の計画はうまく行っていません。

刻々と時間が経っていき、プレッシャーが大きくなりました。その問題に関する顧客からの報告が入ってきています。朝は一つ二つの報告でしたが、その後着実に増えていました。やがて、洪水のように押し寄せて、チーム全体がその問題に投入されました。実際、問題が早急に修正されなければ、会社は損害を被ります。

誰もそうなって欲しくはありません。

もしくは、自分の経歴に傷を付けたくはありません。

ジムは修正しなければなりませんでした。それも素早くです。プレッシャーが増大していました。

チームはこの時点までに、以前の安定したリリースへコードをロールバックして、調査と修正に時間をかけるべきでした。しかし、聞かれるごとにジムは「もうすぐだから」とジュリーに断言していたのです。ジムはそう信じていました。しかし、彼が問題の原因に近づくたびに、彼が追い詰めたと思うたびに、問題はシステムの暗い部分へ逃げ込んでいるようでした。

問題は、ジムのコードだけではないことは明らかでした。すべての単体テストが、期待通りにモジュールが機能していることを示していました。これは難しいインテグレーション問題でした。多くのソフトウェアモジュールの境界で何か奇妙なことが起きていました。そして、不規則に発生していました。問題は、システム内のイベントの微妙なタイミングか順序に関連していました。

ジムの獲物は気の弱い鹿のように彼の視界から逃げてしまい、彼は見つけることができませんでした。

「バグの場所は分かっている。イベントディスパッチャの中じゃない。イベントディスパッチャ、データベース、バックエンドの処理の間の通信に何か問題があると思う」とジムは言いました。「それらの三つのコンポーネントまで絞り込んだ。まだ修正できていないが、次の修正はうまくいくはずだ」と自信があるかのように答えました。

「本当なの？　確信あるの？」とジュリーは聞きました。その口調は、ばかにするような感じでした。ジムはその言葉を聞き逃しませんでした。普段、ジムは調子を合わせますが、今日はそのような雰囲気ではありませんでした。ジムは彼女をにらみ返してから、スクリーン上の開いているソースコードのウィンドウに目を戻しました。

「もう少し……」

「待って」とジュリーは割り込みました。「待って。手を止めて、何を行っているのかを考えてみて。」彼女の落ち着いた声でジムは我に返り、顔を上げました。彼は疲れた様子でした。そして、ストレスを抱えていました。「一緒に、コーヒーメーカーまで歩きましょう。何が問題だと考えているかを話して。」

ジムは考え続けていました。一日中です。しかし、彼にはコーヒーが必要だったので、しぶしぶ同意しました。彼はプライドが高かったので助けを求めることができませんでした。時間が経つにつれてますます助けを求めることができなくなっていました。しかし、聴く耳を持って、新鮮な視点が必要なことに気付いたのです。アイデアは底をついて、経験に基づく推量と精神力でなんとかやっている状態でした。

全体像を見ずに（あるいは理解せずに）頭に最初に浮かんだものをすべて試していました。問題に先入観を持って調査を始めており、ばんそうこうを貼る前に障害を見つけることに集中しなかったのです。個々のばんそうこうは、解決策であるべき「小さな修正」でしたが、問題を隠蔽したり、問題を移動させただけでした。壁紙の裏にできた気泡のようなものでした。

ジムは、そうやって丸一日を費やしていました。彼は解決策に近づいているとは感じていませんでした。そして、修正に躍起になっている彼を、チームの残りのメンバーが後ろからじっと見ていると感じていました。

「心配しないで」とジュリーは言いました。彼女も同じ状況を多く見てきましたし、過去に彼女自身も何度も経験していました。そして、彼女自身も同じことを再び行ってしまうことを彼女は分かっていました。「今まで分かったことを話して」と彼女が尋ねて、ジムは状況を説明し始めました。

一杯のコーヒーと軽い会話で、ジムは気分が一新し、新たに集中できました。問題全体の説明を聞きながらジュリーは一言も話をしませんでしたが、パズルの大きなピースを見落としていることにジムは気付きました。ジムは、次に行うことを説明しながら、本当の問題をなぜ見落としていたのかに気付いたのです。

「完璧につじつまが合うわ」とジュリーは元気づけるように言いました。「私にペアを組んで欲しいかしら。」

「今度は分かったと思うよ」とジムは返事をしました。「できれば、10分後に来てくれないか。そして、僕が再び脇道にそれていないか見て欲しい。」 それから、思案顔で「修正したら、それをレビューしてくれないかい」と彼は付け加えました。

「もちろんよ」とジュリーは笑顔で返事をしました。

ジムは、多くの点で彼女と似ていました。彼女は、彼が間違いから学ぶことを分かっていました。その日の終わりに、何が起きたのか個人的に振り返るように、ジュリーはジムに求めました。彼が急ぐことで同じ間違いを再び行わないでほしかったのです。

ジムは問題を修正し、二人は修正をレビューし、その日のうちに修正を配置しました（そして、夜遅くまでキーボードの前で過ごさずに済んだことに祝杯をあげました）。

## 無人島開発

開発者は、孤島ではありません。狭い範囲に集中して、問題の一部だけを見ることで、問題全体を見ていなかったり、効果的に取り組むことができなくなる危険性に注意してください。

**自分自身をよく見てください**。コーディングの袋小路を奥へと進んでいないかを確認し、そのことに気付いたら戻ってください。どうしたら気付いて戻れますか。何らかの実践的な仕組みを考えてください。短い時間制限と締め切りを設定して、作業を進めながら進捗をレビューしてください。作業を進めながら誰か他の人とペアで作業したり、レビューしてもらったり、あるいは非公式に進捗を報告したりすることで状況を説明してみてください。

> **要点▶** 他のプログラマに対して説明責任を持ってください。定期的に彼らと進捗をレビューしてください。

助けを求めないといったプライドは捨ててください。ここまでで見てきたように、問題の修正方法を自分自身に説明することで、たいてい答えは明らかになります。行ったことがない人は、こうにすることで問題の答えが明らかになるのに驚くでしょう。他のプログラマに話をする必要さえありません。相手はゴムのアヒル[†1]でもよいのです。

## 山の麓に立っていた

ソフトウェアの設計問題、コーディング上の決定、バグ修正などは、登らなければならない巨大な山のように感じられます。山の麓へと真っ先に向かってから登り始めるのは、誤った取り組み方です。

多くの場合、チームで山に取り組むのがよいです（その方が時間やお金を有効に使えます）。チームは互いに助け合うことができます。誰かが困難な状況で登っていることを誰かが指摘できます。チームは個人ではできない方法で一緒に働くことができます。

登り始める前には一歩離れて、ルートを計画することが常によい結果をもたらします。山の尾根へ回る方が、登るための容易なルートかもしれません。実際、すでに通り道があるかもしれません。道標（みちしるべ）があるかもしれません。そして、明かりがあるかもしれませんし、エスカレータがあるかもしれません。問題に対する最初のルートが最善とは限らないのです。

**要点▶** 問題に直面したときには、解決方法を二つ以上検討してください。それから、問題に取り組み始めてください。

この章の話は、多くのソフトウェア開発が技術的な問題というよりは人間的な問題であることが多いという一例です。私達は、二つの方法を学ばなければなりません。一つは、自分達が問題を最も効果的に解決できるようにする方法です。もう一つは、素早いけれど効果的ではない解決をしてしまうという私達の本能を克服する方法です。

### 質問

1. チームの他のメンバーと、どの程度効果的に働いていますか。
2. 助けを求めたり、問題を話し合ったりできていますか。
3. あなたはどのくらいの頻度で行き詰まりますか。最後に行き詰まったのはいつですか。行き詰まっていることに気付くのにどのくらい時間がかかりましたか。
4. あなたは、他の人達への説明責任を持っていますか。ないとしたら、誰に対して持っているのでしょうか。
5. あなたの進捗を共有したり問題を話し合ったりすることは、チームの他のメンバーにあなたが弱

---

†1 Andrew Hunt、David Thomas、*The Pragmatic Programmer*。日本語訳は、『達人プログラマー』（オーム社）。

いプログラマだと思わせると考えますか。

## 参照

- **31章 一生懸命ではなく、賢く**：この章では、賢く働くことがいかに重要かを説明しています。
- **17章 頭を使いなさい**：誤った道を進んでゴールを目指すような狭い考えにとらわれないでください。立ち止まって、**頭を使って**ください。
- **35章 原因は思考**：説明責任と、あなたが取り組んでいることに関する日々の（頻繁な）会話は、何も考えていないことによる間違いを避けるのに役立ちます。

> **やってみる**
>
> 次回、コーディングの作業に取りかかる前に、コードをどのように解決、診断、設計、取り組むかについての「取り組み計画」を立ててください。考慮不足で突き進むのを防ぐために、計画を役立ててください。

# 一万匹のモンキー（おおよそ）

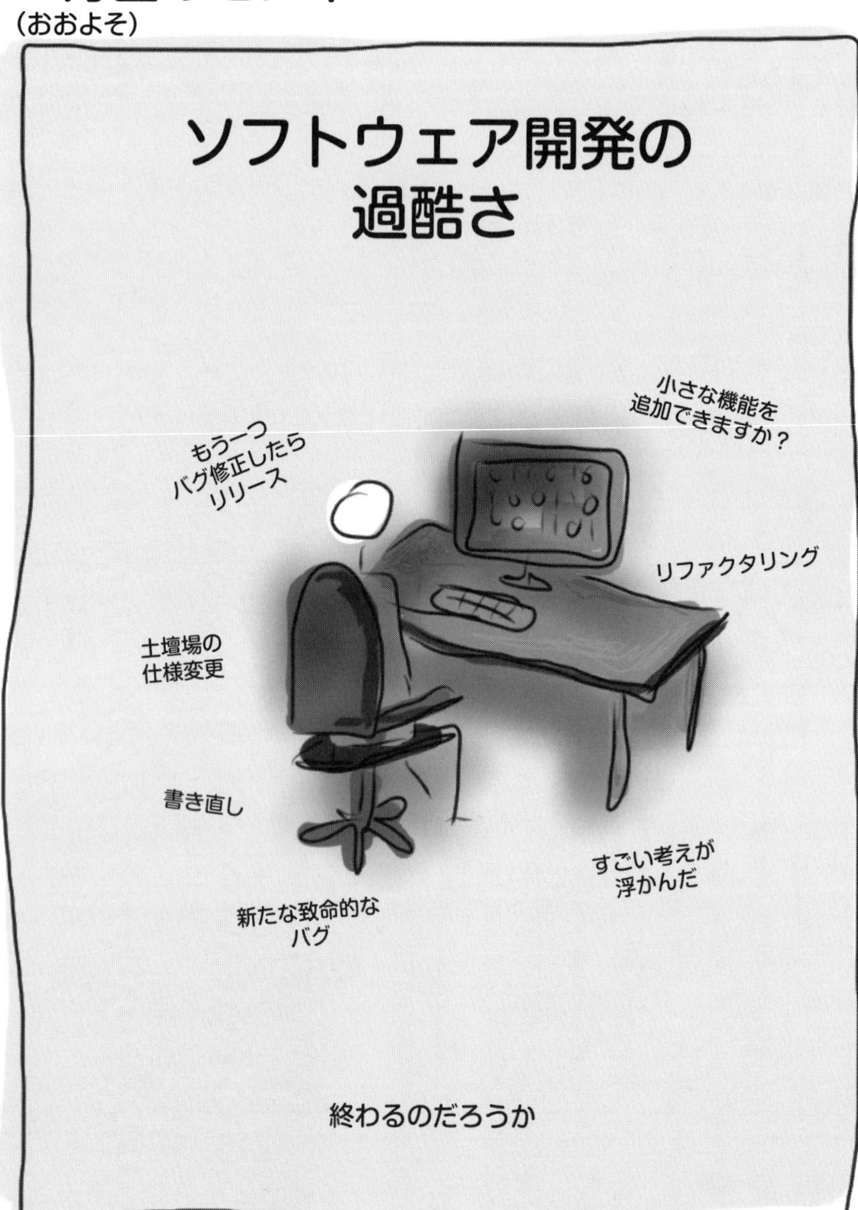

# 第V部
# 人々の営み

ソフトウェア開発が孤独な活動であることはありません。つまり、社会的なスポーツであり、人々の営みです。優れたプログラマは、ソフトウェア組織の他の人達とうまくやっていくことができます。優れたプログラマになるためには、他の人達と効果的に働く方法と彼らから学ぶ方法を学ばなければなりません。

# 34章 人々の力

二つのことが無限です。宇宙と人間の愚かさです。
そして、私は宇宙については分かりません。
——アルベルト・アインシュタイン

プログラミングは、人々の営みです。

最初のプログラムが構築されて以来、私達は、プログラミングが単なる技術的な挑戦ではないことに気付いてきました。社会的な挑戦でもあるのです。ソフトウェア開発は、他の人達と**一緒に**、その人達が理解するコードを書くという楽しみです。つまり、他の人達のコードに取り組み、ソフトウェアチームへ参加したり離れたり、上司の監督の下で働き、（猫の群れのような）開発者を管理するなどです。

不朽のプログラミング本の多くが人々の問題を取り扱っています。たとえば、『人月の神話』[†1]や『ピープルウェア』[†2]です。

コードに取り組んでいる人々が、必然的にコードを形作るのと同じように、あなたと一緒に働く人達が、必然的にあなたを形作ります。

**要点▶** 意図を持って、優れたプログラマと一緒に働いてください。

すなわち、あなたがひときわ優れたプログラマになりたいのであれば、意識的にひときわ優れたプログラマの中で日々働かなければなりません。これは単純ですが、あなたのスキルと態度を向上させる確かな方法なのです。

結局のところ、私達は環境の産物です。植物が健全に成長するには、よい土、肥料、そして適切な

†1 Frederick P. Brooks Jr., *The Mythical Man Month* (Boston: Addison Wesley, 1995)。日本語訳は、『人月の神話』（丸善出版）。

†2 Tom Demarco, Timothy Lister, *Peopleware* (New York: Dorset House Publishing, 1999)。日本語版は、『ピープルウェア』（日経BP社）。

大気が必要であるのと同じように、私達にもよい環境が必要なのです。

意気消沈している人達と長時間過ごすと、あなたも落ち込みます。疲れ切った人達と長時間過ごすと、あなたも疲れたように感じて無気力になります。だらしない同僚と長い時間過ごすと、あなたもだらしのない働き方をするようになります。きちんとした人がいなければ、誰も気にしないでしょう。逆に、優れたコードに対して情熱的で、優れたソフトウェアを作り出す努力をしている人達と働くことで、あなたも同じ行動を取るようになります。

優秀なプログラマ達がいる環境で働くことで、次のことに触れられます。

- 熱意(伝わりやすい)
- モチベーション(気持ちを高めてくれる)
- 責任感(伝わりやすい)

このような人達を見つけて、彼らの会社で働いてください。優れたコードとそれをうまく書くことを気にかけている人々を意識して探し求めてください。そのような環境では、あなたは必ず成長して元気づけられます。

技術的知識そのものは価値がありますが、高いレベルの開発者達と働くことで、それ以上のものを得られます。優れたプログラミングの習慣と態度を、よい意味で強制されます。成長して、不得意な領域の改善に挑戦することが求められます。これは、心地よかったり楽であったりはしませんが、価値があることなのです。

したがって、優秀なプログラマを見つけて一緒に働くことを心がけてください。彼らと一緒にコードを設計してください。彼らとペアプログラミングをしてください。そして、彼らと社交的な関係を築いてください。

## 何をすべきか

このような関係を、**メンター制度**(*mentorship*)でもって公式に構築することもできます。実際、多くの優れた職場ではメンター制度を公式に導入しようとしています。一緒に働く時間を作り出してください。

あるいは、非公式にメンターを求める方法もあるでしょう。優秀なプログラマと同じプロジェクトを担当するように自分で動いてください。優れたプログラマと一緒に働くために仕事を変えてください。優秀なプログラマと出会うためにカンファレンス、講演、あるいはユーザグループへ参加してください。もしくは、他の優秀なプログラマと一緒に過ごすように努めてください。

このようなことを行いながら、彼らから学んでください。そして、次のことに注意してください。

- 彼らが、難問をどのように理解して解いているのか
- 問題解決への道筋をどのように立てているのか

- 物事が困難になったときに、どのような態度を取るのか
- どのようにして問題に取り組み続けるのか。いつ休憩を取るのか。いつ別の方法を試すのか
- あなたがまだ理解していない、彼らのコーディングのスキルや技法

## 専門家を知る

優秀なプログラマはどのように見えるのかを、注意深く考えてください。

神から与えられたすべての時間を使ってコードに取り組むような、働きすぎの人々と付き合いたくはありません。そのような人々は、間違いなく優れたプログラマではありません。マネージャは、目が覚めているすべての時間をプロジェクトに費やすプログラマを、プログラミングの英雄だと考えます。しかし、多くの場合、それはプログラマの能力の欠如を示しています。最初から正しく物事を行うことができないので、コードを機能させるために必要以上に時間を費やさなければならないのです。

専門家は、あたかも容易に行っているかのように思わせますし、時間通りに完了させます。

## 振り返ると

私の経歴を振り返ってみると、意欲がある優れた開発者達と一緒に働いたときが、最も楽しくて個人的に生産的だった時期でした。そのことから、私は今もそのような人々と一緒に働くように努めています。

彼らのおかげで私はソフトウェア開発をうまく行えるようになり、開発しながらも楽しむことを学んだのです。

優れたプログラマと一緒に働くことによる興味深い有益な副作用は、優れたコードを扱うことが多くなることです。

### 質問

1. 優秀なプログラマと思える人達と一緒に働いていますか。なぜ一緒に働くことができているのですか。あるいは、なぜそうではないのですか。
2. 優れたプログラマにはどうしたら近づくことができますか。新たなプロジェクトやチームへ移動できますか。別の会社で新たな仕事を探す時期ですか。
3. 誰が優秀なプログラマであり、誰がそうではないかを、どのようにして判断しますか。

### 参照

- **26章 チャレンジを楽しむ**：あなたを励まし、あなたと競う優れた同僚を求めてください。
- **35章 原因は思考**：優れた同僚に説明できるようになってください。

- **36章 遠慮なく話す**：うまく会話することを学んでください。学ぶためには、傾聴が重要です。
- **38章 コードへの叙情歌**：同僚全員が聖人ではありません。

> **やってみる**
>
> 学びを得たいと思う「コーディングの英雄」を何人か特定して、彼らと一緒に働くための方策を立ててください。メンタリングを彼らにお願いすることを検討してください。

# 一万匹のモンキー
（おおよそ）

# 35章
# 原因は思考

うまく考えるのは賢い。うまく計画するのはさらに賢い。うまく行うのは最も賢くて最善である。
——ペルシャのことわざ

私は毎週ランニングしています。だからウエストのサイズを細く保っているのです。後ろめたさもあって、ウエストを細く保つために何かを行わなければならないと感じています。

はっきりさせておくと、私は自虐的でもありません。私は運動が好きでは**ありません**。むしろほとんど興味がありません。やりたいことが夜にはたくさんあるのです。その多くは、ワイングラスを片手に座って行うことです。

しかし、ランニングを**すべき**ことは理解しています。それは私にとってよいことなのです。

私にとってよいという事実だけで、毎週欠かさず、ペースを落とすことなくランニングを続けられるでしょうか。

できません。

私は運動が嫌いですし、走らないために説得力のない言い訳をします。「弱ったな、ランニングシャツがほつれている。」「弱ったな、鼻水が出ている。」「弱ったな、少し疲れている。」「弱ったな、片足がいうことを聞かない。」(まあ、どれも説得力はありませんが)

ランニングに出かけられないときに後ろめたさを感じても、定期的に私にランニングを継続させている目に見えない力は何でしょうか。意志が弱い私を引っ張っている不思議な力は何でしょうか。

それは、説明責任を持つことです。

私は友人と走っています。その友人は私が乗り気ではないことが分かっていて、私が走る気がないときでさえ、家から出るように励ましてくれます。友人は、決まった時間に玄関のドアの前に現れ、私達は一緒に走ります。一緒に走ってくれる人がおらず誰も見ていないときには、走らなかったり、途中で走るのを止めたりしたことは数え切れません。

そして、副産物として、一緒に走ることとその経験を共有することで、私達はランニングを楽しんでいます。

時々、二人とも走りたくないと思うことがあります。互いにそのことを認めたときでさえ、走ることは止めません。私達は、その苦しみを乗り越えるように励まし合います。そして、たとえ走ることがよい考えに思えていないときでさえ、一旦走り始めたら、走ったことをいつもうれしく感じています。

## 比喩を広げる

比喩は、薄っぺらな文学的なものであったり、楽しませるために書かれていたり、物事を結び付けるために考えられたりします。直接的な表現を避ける歪曲や、わざと誤解を招くような比較だったりします。

しかし、私は、説明責任を持つことが、コードの品質に直接的に関連していると信じています。

私達は、ソフトウェア業界の専門家、講演者、著者、コードの先駆者達が、優れたきちんと作成されたコードを生み出すことに関して話すのを聞いてきました。彼らは、「クリーン」なコードの美徳を賞賛し、きちんとリファクタリングされたコードを必要とする理由を説明します。しかし、それを職場で実践できないとしたら、何も役立ちません。コード開発のプレッシャーが私達の開発倫理を奪ってしまい、無知のように見えるコードを書かざるを得ないとしたら、彼らの助言は何に役立つのでしょうか。

締め切りが迫ってくると、人は正しいと思うことを行いたいと思っても、思うようには行えないものです。私達は、コードベースの貧弱な状態について不平を言えますが、誰を非難するのでしょうか。

手っ取り早い方法や不格好で急いだ修正を行いたいという誘惑を避けるための開発手法を生み出す必要があります。よく考えていない設計、いい加減で安易な解決方法、中途半端な対処といった罠から抜け出すための何かを必要としています。それは努力して行う必要がありますが、後で振り返ってみてやっていてよかったと思う事柄です。

それはどうしたら達成できますか。

## 説明責任を持つことが重要

今日までの私のキャリアで、私の能力の最善を尽くすことを促してきた最も重要なことは、優秀なプログラマのチームに対して**説明責任を持つ**ことでした。

私をよいプログラマにしているのは、他のプログラマです。私を優れたプログラマにしてきたのは、このような他のプログラマなのです。

> **要点▶** あなたの成果物の品質に関して、他のプログラマに対して説明責任を持つことは、あなたのコーディングの品質を劇的に向上させます。

これは単純ですが強力な考えです。

## コード++

優れたコードを作り出すには、あらゆる段階であなたのコードを検査する人々を必要とします。あなたが最善の能力を発揮し、取り組んでいるプロジェクトの品質標準に合致しているかを確認する人々です[†1]。

これは、官僚的で監視されたプロセスである必要はなく、給与に直結する厳格な個人の開発計画である必要もありません。実際、どちらでもないほうがよいです。形式張らず、長いレビュー時間や形式的なレビューではない、説明責任を持って行う軽い方法が優れており、良い結果を生み出します。

最も重要なことは、説明責任の必要性を認識することです。コードの品質に関して、他の人達に答えることで、あなたが最善の成果をあげることを促します。説明責任という不安定な立場に自分自身を積極的に置くことは、弱さを示すのではなく、フィードバックを得てスキルを向上させるための価値ある方法であることを認識してください。

あなたが現在どれだけ説明責任を持っていると感じているかが、あなたが作り出すコードの品質なのです。高品質の成果物を生み出し、怠慢にならないように、あなたをその気にさせる人はいますか。

説明責任は、コードの品質だけではなく、私達の学び方や個人的な開発を計画する際にも行う価値があります。それは、個性と個人の人生においても役立ちます（しかし、この本の範疇ではありません）。

## 機能させる

コードの品質に対する説明責任を開発プロセスで行うための単純な方法があります。ある開発チームでのことでしたが、すべてのプログラマが単純な一つの規則に合意することが役立つことを知りました。それは、「ソースコントロールに入れる前にすべてのコードは二人のメンバーにレビューされていること」というものです。メンバーが合意した規則として、上からの指示ではなく、互いに説明責任を持つと自分達が決めたことでした。その規則がうまく機能するには、草の根の合意が重要でした。

この規則を守るために、ペアプログラミングと形式張らない一対一のコードレビューを採用し、規則がうまく運用できるように個々のチェックインの変更を小さく保ちました。他の人を知ることは、自分の成果をじっくりと見て、怠けたやり方を排除し、コードの一般的な品質を向上させるのに十分でした。

> **要点▶** 誰かがコードを読んで批評すると分かっていたら、あなたは優れたコードを書くでしょう。

このやり方は、チームの質も向上させました。私達全員が互いから学び、システムに関する知識を

---

†1　オープンソースのコードが企業の非公開のコードよりもたいてい品質が高いのは、このためです。つまり、多くのプログラマがあなたのコードを見ると分かっているからです。

共有しました。システムに対する強い責任感と理解を促進しました。

私達は親密な協業も行うようになり、互いに一緒に働くことを楽しみ、この方法の結果としてコードを書くことをさらに楽しみました。説明責任は、心地よく生産性の高いワークフローを生み出しました。

## 標準を設定する

日々の活動で、開発者としての説明責任を果たすには、きちんと時間をかけて目指すことに対するベンチマークを検討することが重要です。次の質問に答えてください。

あなたの成果の品質はどのように判断されますか。あなたの仕事ぶりを人々は現在どのように評価していますか。その品質を測るために人々が使っている基準は何ですか。あなたは、人々があなたの仕事ぶりをどのように評価すべきと考えますか。

次の中でどれが最も重要だと思いますか。

- ソフトウェアは動作しており、十分によい。
- ソフトウェアが素早く書かれて、スケジュール通りリリースされた(内部の品質は最高ではない)。
- きちんと書かれており、将来容易に保守できる。
- 上記を組み合わせたもの。

現在は、誰があなたの成果を判断していますか。あなたの成果の受け手は誰ですか。成果を見るのは、あなただけですか。同僚ですか。上司ですか。マネージャですか。顧客ですか。彼らは、あなたの成果の品質を判断するのに適任ですか。

あなたの成果の品質を決定するのは、誰である**べき**ですか。あなたがどれだけうまく成果をあげているかを理解しているのは誰ですか。彼らをどのようにして巻き込むことができますか。それは彼らにお願いしさえすればよいくらい簡単なものですか。彼らの意見は、あなたの成果の品質に対する会社からの評価に影響を与えますか。

あなたの成果のどの側面が、説明責任に基づくべきですか。

- あなたが作り出したコードですか。
- 設計ですか。
- コードを開発するために使った管理とプロセスですか。
- 他の人達との働き方ですか。
- コードを書いていたときに着ていた服ですか。

どの側面があなたにとって最も問題ですか。改善を続けるためには、どこに最も説明責任と奨励が必要ですか。

## 次のステップ

前述の事柄が重要だと考えるのであれば、次があなたの活動に加えるべきことです。

- 説明責任はよいことであることに同意してください。説明責任に本気で取り組んでください。
- 説明責任を持っている人を見つけてください。相互に説明責任を持つ関係になることを検討してください。開発チーム全体を巻き込んでください。
- 前述の規則（すべてのコードの変更、追加、削除は二人のレビューを合格しなければならない）のような、単純な仕組みを実現することを検討してください。
- 説明責任をうまく果たす方法について同意してください。小さな会議、週の終わりのレビュー、設計会議、ペアプログラミング、コードレビューなどです。
- 成果の品質に責任を持ち、その品質に挑戦する準備をしてください。受け身にならないでください。
- チーム全体あるいはプロジェクト全体を巻き込むのであれば、全員から賛同が得られるようにしてください。開発の品質に対して、チーム標準やグループの行動規範の草案を作成してください。

また、別の面から取り組むことを検討してください。つまり、あなたは、フィードバック、奨励、説明責任を持って誰かを助けられますか。他のプログラマの倫理的なソフトウェア羅針盤になれますか。この種の説明責任は、上司と部下の関係ではなく、同僚との関係でうまく機能します。

## 結論

プログラマ間の説明責任は、ある程度の勇気を必要としています。あなたは、批判を受け入れなければなりません。そして、批判をそつなく伝えるのがうまくなければなりません。しかし、その恩恵は、あなたが作成するコードの品質に際立って重要な影響を与えます。

### 質問

1. あなたの成果の品質に対して、どれだけの説明責任を持っていますか。
2. あなたは、何に対して説明責任を持つべきですか。
3. 今日のあなたの成果が、以前の成果と同程度によいものであることをどのようにして保証しますか。
4. 現在の仕事は、あなたにどのように知識をもたらし、あなたが向上するのにどのように役立っていますか。
5. 品質を向上させてきたことをうれしく思ったのはいつですか。
6. 説明責任を果たさなければならない関係を他の人達と持ったときだけ、説明責任は役立ちますか。あるいは、そのような関係がなくても、あなたは、説明責任を果たさなければならないですか。

## 参照

- **28章 倫理的なプログラマ**：コードの品質だけではなく、あなたの行為の質に対しても説明責任を持つべきです。
- **34章 人々の力**：優れたプログラマと一緒に働くと、あなたのスキルは必ず向上します。
- **33章 今度こそ分かった……**：説明責任は、ばつの悪い恥ずかしい間違いを避けるのに役立ちます。
- **15章 規則に従って競技する**：チームの「規則」を誰もが守るようにチームメンバー間で説明責任を持ってください。

> **やってみる**
>
> あなたが説明責任を持てる同僚を見つけてください。成果の品質に責任を持ってください。同僚にあなたのコードに目を光らせてくれるように依頼してください。相互に説明責任を持つ関係になることを検討してください。

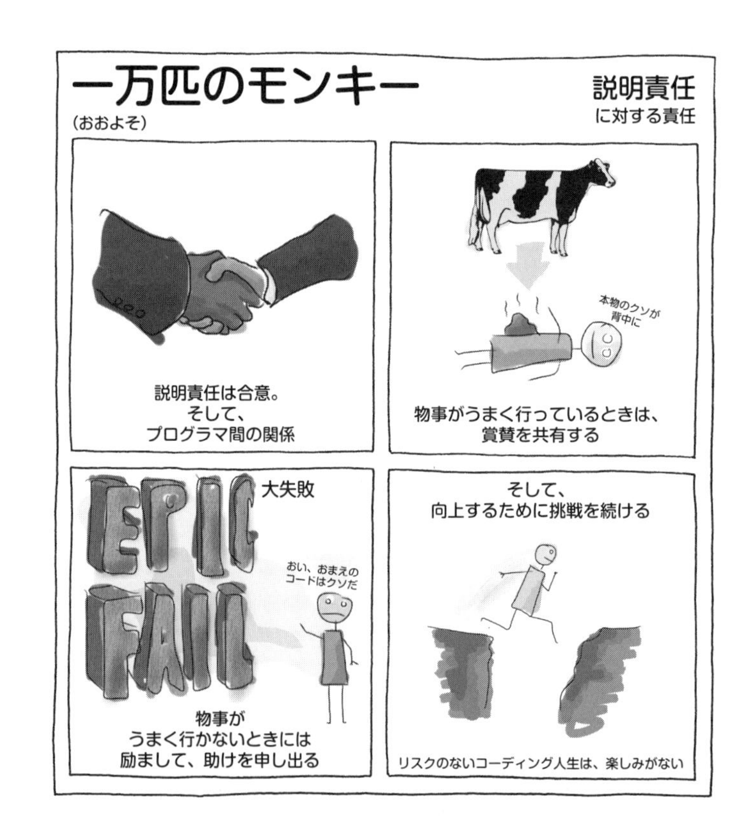

# 36章
# 遠慮なく話す

コミュニケーションにおける唯一最大の問題は、それが達成されたという幻想である。
——ジョージ・バーナード・ショー

典型的なプログラマ像は、風通しが悪い部屋で、暗明かりの下、ディスプレイの前で前かがみになりながらキーボードを激しく叩いている、孤立した愛想のないギークというものです。太陽の光を見ることがありませんし、「実生活」でも、他人と話すことはありません。

それは、全くの嘘です。

プログラマの仕事は、すべてがコミュニケーションです。コミュニケーションの質によって成功したり失敗したりするといっても過言ではありません。

ウォータークーラーの前で始める会話も重要ですし、カフェで昼食を食べながらの会話やパブでの会話も重要です。しかし、コミュニケーションはそれだけではありません。

私達のコミュニケーションは、もっと深いものであり、多方面にわたります。

## コードはコミュニケーション

コードを書くという行為の結果であるソフトウェアそのものは、コミュニケーションの一形式です。

ソフトウェアは、さまざまな方法でコミュニケーションとして機能しています。

### コンピュータとの会話

コードを書くときは、インタプリタを通してコンピュータと会話します。それは、文字通り、実行時に解釈するスクリプト言語に対する「インタプリタ」かもしれません。あるいは、トランスレータ、すなわちコンパイラやJITを通しての会話かもしれません。今日では、CPUの自然言語である機械語でコンピュータと会話するプログラマはほとんどいません。

私達のコードは、CPUへ命令列を与えるために存在しています。

時々、私の妻は、私が行うべき仕事の一覧を残していきます。「夕食を作る。リビングルームを掃除する。洗車する」などです。彼女の指示が判読できなかったり、不明瞭なときには、彼女が行って欲しいことを行いません。彼女が正しい結果を望むのであれば、彼女は正しい命令を残さなければなりません。

これは、コードでも同じです。

だらしないプログラマは明確ではなく、彼らのコードは不明瞭です。

**要点▶**　コードは、コンピュータとのコミュニケーションです。あなたが意図した通りにコードが実行されるには、コードは明白でなければなりません。

私達はCPUの言葉である機械語でプログラミングしませんので、機械語のどの部分が、私達のプログラミング言語で失われているかを知ることは常に重要です。私達が好むプログラミング言語を使うことの利便性には犠牲が伴います。

## 動物に話しかける

あなたの機械である友達、すなわちコンピュータとはコードで会話しますが、CPUと話すだけではありません。

コードを使って人間とも話します。つまり、あなたとコードを共有する他の人達であり、あなたが書いたコードを**読まなければならない**人達との会話です。あなたが協業している人達が読みます。あなたの成果をレビューする人達が読みます。後で、あなたのコードに取り組む保守プログラマが読みます。あなたの古いコード内のバグを修正するために、数か月後にコードに取り組んでいるあなた自身も読みます。

**要点▶**　あなたのコードは、他の人達とのコミュニケーションです。あなた自身も含まれます。他の人達がそのコードを保守するのであれば、コードは明白で曖昧さがないようになっていなければなりません。

これは、重要なことです。

優れたプログラマは、意図を明確に伝えるコードを書くように努めます。コードは透き通っているべきです。つまり、アルゴリズムを明確に示し、ロジックを不明瞭にしていないコードです。コードは、他の人達が容易に変更できるようになっているべきです。

コードが何を行っているかが明らかではない場合、コードを変更することは難しくなります。そして、実世界のコーディングでは、変更が絶えず行われます。理解できないコードは変更の妨げになりますし、開発を遅らせます。

簡潔だからといって読みやすく優れたコードであるとは限りませんが、優れたコードは長すぎたり、不自然ではありません。そして、絶対にコメントだらけではありません。コメントを増やしたからといって、コードがよくなることはなく、単にコードを長くするだけです。そして、コメントとコードの食い違いは容易に起きるので、そうなるとコードはもっとひどいものになります。

**要点▶** コメントを増やしたからといって、必ずしもコードがよくなるわけではありません。意図を明確に伝えているコードは、余分なコメントを必要としません。

優れたコードは、保守担当のプログラマが頭を抱えるような「先進的な」言語の機能を使って、巧妙に書かれることはありません。(もちろん、頭を抱える程度は、保守担当プログラマのレベルに依存します。この種の事柄は、常に状況に依存します。)

コード内の表現の質は、使うプログラミング言語とその使い方で決まります。モデリングしている概念を自然に表現できる言語を使っていますか。

さらに、同じ言語を話さなければなりません。そうでなければ、聖書にあるバベルの塔で起きたように会話ができない状況に陥ります。コードのある部分に取り組んでいるチームは同じ言語で書かなければなりません。Pythonのスクリプトに Basicの行を追加しても役立ちません。アプリケーション全体がC++で書かれているのであれば、他の言語でコードを追加する最初の人は、そうする必要があることを示す正当な理由が必要です。

しかし、同じプログラミング言語を使っている環境でさえ、異なる方言を使って、コミュニケーションの壁を築くのは可能です。異なるフォーマット規則や、異なるコーディングイデオムを使うかもしれません(たとえば、「最新の」C++に対して、「優れたCとしてのC++」)。

もちろん、複数のプログラミング言語を使うことは、悪いわけではありません。大きなプロジェクトでは、二つ以上の言語でコードが書かれていることもあるでしょう。これは、大きな分散されたシステムでは普通に行われており、バックエンドではある言語で書かれたサーバが動作し、クライアントはブラウザ上で動作する他の動的言語で実行されています。この種のアーキテクチャは、個々の処理に対して正しい種類の言語を使うことを可能にしています。さらに別の言語も使われていたりします。処理間で通信するために使われている言語です(おそらくは、JSONデータフォーマットを持つREST APIです)。

プログラミングする際のあなたにとっての「自然言語(母国語)」についても考えてみてください。ほとんどのチームは、同じ国で働いており、自然言語が問題にはなりません。しかし、私は、英語を母国語としていない多くの人々と一緒に複数の国にまたがるプロジェクトに従事しています。私達は、すべてのコードを英語で書くことを意識的に選択しています。すべての変数名、コメント、クラスや関数の名前といったすべてです。これはある程度の健全さをもたらしています。

すべてを英語で書くことを行わない、複数の場所にまたがっているプロジェクトに従事したことがあります。その時は、コードのコメントが重要であるかどうかを知るためにGoogle翻訳を通さなければならないのが大変な作業でした。初めは、変数名がハンガリアン記法なのか、ミススペルなのか、省略形なのか、あるいは使われている言語を私が理解できないだけなのかと考えさせられました。

**要点▶** コードがどれだけうまく伝えられるかは、使われているプログラミング言語やイデオム、使われている自然言語に依存します。これらのすべてが、読み手に理解されなければなりません。

コードは書かれるよりも、人によって読まれる方が多いことを忘れないでください。したがって、コードは書くことではなく、読むことに対して最適化されるべきです。あなたがタイプするのが簡単という理由ではなく、他の人達が容易に理解できる場合にだけ、簡潔な構文を使ってください。キーを押す回数が少ないという理由ではなく、意図を明瞭に表現するレイアウト慣習に従ってください。

### ツールとの会話

コードは、コードを扱う他のツールとも会話します。ここでの「ツール」は、同僚を婉曲的に述べたものではありません。

コードは、ドキュメント生成ツール、ソースコントロールシステム、バグ管理ソフトウェア、およびコード分析ツールに与えられます。私達が使うエディタでさえ影響を受けます（あなたのエディタではどの文字セットエンコーディングを使っていますか）。

これらのツールからの警告を抑制するためにコードにディレクティブを追加したり、（フォーマット、コメントスタイル、コーディングのイデオムを調整することで）これらのツールにコードを適応したりすることは、よく行われています。

これらは、コードの可読性にどのような影響を与えますか。

## 人と人とのコミュニケーション

電気通信は、心から勇気と真実をくれる人との直接の会話の代替えにはならない。
——チャールズ・ディケンズ

私達は、コードをタイプすることだけでコミュニケーションするわけではありません。プログラマは他のプログラマとチームで働きます。そして、大きな組織で働きます。

チームや組織では、多くのコミュニケーションが行われます。質の高いプログラマは、質の高いコミュニケーションをいつも行えなければなりません。身振りを交え、紙とペンを使って話をすることもあります。

## 会話の方法

会話のために使う多くのコミュニケーションチャネルがあります。最も顕著なのは、次の通りです。

- 対面での会話
- 電話による一対一の会話
- 電話による「カンファレンスコール」での会話
- VoIPチャネルによる会話（必ずしも電話と違うわけではありませんが、ハンズフリーで会話でき、同じコミュニケーションチャネルを通してファイルを送ることができます）
- 電子メール
- インスタントメッセージング（たとえば、Skype、IRCチャネル、チャットルーム、SMSなどでのタイピング）
- ビデオ会議
- 物理的な郵便システムを通して手書きの手紙を送る（この古い方法を覚えていますか）
- ファックス（多くはスキャナで置き換えられています。しかし、法的拘束力を持つ文書を送るために有効と見なされているので、通信ではまだ使われています）

これらの方法は、地理的な広がり、コミュニケーションに関わっている人の数、利用可能な設備、やり取りの深さ（声の調子が聞こえるとか、体の仕草が読み取れるとか）、適切な会話の長さ、議論の緊急性、会話の始め方（会議を行うために出席依頼をする必要があるのか、断りなくさえぎって発言することが許されるかなど）において、それぞれ異なっています。

それぞれが異なるエチケットと慣習を持っており、効果的に使うために異なるスキルを必要とします。行う必要がある会話に対して正しいコミュニケーションチャネルを選択することが重要です。それは急いで答えが必要なのか、何人の人が関わるのかでも変わってくるでしょう。

急いで答えを必要とするときに、電子メールを送らないでください。電子メールは数日間無視されることがあります。彼らのところに歩いて行ったり、電話をかけたり、Skypeで連絡を取ったりしてください。逆に、緊急の要件ではないのに電話をかけないでください。彼らの時間は貴重であり、あなたの割り込みは彼らの作業の流れを乱し、現在取り組んでいる仕事を中断させます。

次回、誰かに質問する必要があるときには、正しいコミュニケーションチャネルを使っているかを確認してください。

**要点▶** さまざまなコミュニケーションのやり方を習得してください。会話ごとに適切な方法を使ってください。

## 言葉に注意する

プロジェクトが発展していくと、独自の方言を生み出します。つまり、プロジェクトとドメインに特有の用語、およびソフトウェアの設計を検討するために広く使われるイデオムの集まりです。協業するために用いられるプロセスの用語も次第に決まっていきます（たとえば、ユーザストーリー、エピック、スプリントなどが使われ始めるでしょう）。

**要点▶**　適切な人達と正しい用語を使うように注意してください。

顧客に新たな技術用語を学ばせる必要がありますか。CEOはソフトウェア開発の用語を知る必要がありますか。

## 身振り

誰かがあなたの横に座って、会話し始めたけれど、ずっと反対方向を見ていたとしたら、あなたは怒るでしょう。（あるいは、彼はできの悪いスパイ映画の登場人物のふりをしているのだと思うかもしれません。「グーズベリーは今年はうまくやっている。そして、マンゴーもそうだ。」[†1]）

話をするたびに、嫌な顔をされたとしたら、あなたは気分を害します。あなたとの会話中に、相手がルービックキューブで遊びながら話を聞いているとしたら、あなたは軽んじられていると感じるでしょう。

電子的に会話するときにも、同じことが簡単に行えてしまいます。つまり、話している相手に敬意を払わないということです。音声だけの会話では、集中力を失ったり、電子メールを読んだり、ネットサーフィンをしたりして、意識を会話の相手に集中しないことが容易にできてしまいます。

今日の常時接続されたブロードバンドの時代では、私はビデオ通信チャネルを普通は選択します。たいていは、VoIPビデオチャット機能の付いた電話かインスタントメッセージで会話を始めます。コミュニケーションチャネルでビデオを使えないとしても、私の顔がはっきりと見えるように画像を送るようにします。

そうすることで、私が何も隠していないことが示され、開かれた会話を促進します。

ビデオチャットは、あなたを会話に集中させます。相手も強く引きつけますし、集中を維持できます。

## 並列な会話

コンピュータは、一度に多くの会話を行っています。オペレーティングシステム、他のプログラム、デバイスドライバ、および他のコンピュータと会話しています。そのため、コンピュータと私達のコード間のコミュニケーションを明瞭にし、コンピュータが他のコードと会話している最中に物事を混乱さ

---

†1　*Monty Python's Flying Circus*の寸劇「Secret Service Dentists」を見てください。

せないようにしなければなりません。

これは個人間のコミュニケーションとも似ています。多くのコミュニケーションチャネルが同時に利用可能なので、オフィスでの冗談、遠隔で働いている人へのインスタントメッセージ、そして伴侶とのSMSメッセージ交換のすべてを、複数の電子メールのスレッドに参加しながら行えます。

そのとき電話が鳴ります。そしてあなたのコミュニケーション全体が崩壊します。

どのようにすれば、それぞれの会話が明瞭に行われ、並行して行っている他の会話を混乱させないようにできますか。

私は、間違った返事を間違ったSkypeのウィンドウに書いてしまい、相手を混乱させたことを数え切れないぐらい行ってきました。幸い、会社の機密情報を漏らしたことはありません。今のところはですが。

**要点▶** 効果的なコミュニケーションには集中が必要です。

## チームの会話

コミュニケーションは、チームの潤滑油です。他の人達と会話せずに一緒に働くことはできません。

ここでもコンウェイの法則が成り立ちます。つまり、あなたのコード自身が、あなたのチームのコミュニケーション構造を反映しています。チームの境界とチーム内のやり取りの有効性が、チームのコミュニケーションのやり方を形成し、そしてチームのコミュニケーションのやり方も、チームの境界とチーム内のやり取りの有効性を形成します。

**要点▶** 優れたコミュニケーションは、優れたコードを促進します。コミュニケーションの形態がコードの構造に反映されます。

健全なコミュニケーションは、仲間意識を生み出し、職場を快適な場所にします。不健全なコミュニケーションは、信頼関係を急速に壊し、チームワークを妨げます。これを避けるためには、尊敬、信頼、友情、気遣いを持って、隠れた動機や敵意なしに人々と会話しなければなりません。

**要点▶** 効果的なチームワークを生み出すために、他の人達と健全な態度で誠実に話してください。

チーム内のコミュニケーションは、自由に頻繁に行わなければなりません。情報を共有することが当たり前でなければなりませんし、誰の意見でも傾聴されなければなりません。

チームが頻繁な会話を行っていなかったり、計画や設計を共有していなかったりすると、必然的にコードが重複したり、重複した作業が行われたりします。コードベース内で矛盾する設計が存在したりもします。その結果、すべてが統合されたときに、初めて失敗が露見します。

多くの開発プロセスが、定期的かつ計画されたコミュニケーションを勧めています。頻度が多くなればなるほど、よい結果となります。チームによっては、週単位の進捗報告会を開催していますが、それだけでは十分ではありません。短い**毎日**のミーティングの方が優れています（スクラムミーティングもしくはスタンドアップ・ミーティングです）。これらのミーティングは、進捗を共有し、課題を提起し、責めを負うことなく障害物を特定するのに役立ちます。全員がプロジェクトの現在の状態を明確に理解できます。

これらのミーティングの秘訣は、短くて、要点が明確であることです。注意しないと、ミーティングは退屈で長ったらしい関係のない課題の議論に変わってしまいます。ミーティングを時間通りに終わらせることも重要です。そうでなければ、作業の流れを中断させます。

## 顧客との会話

優れたソフトウェアを開発するために会話すべき人々が他にも多くいます。最も重要な会話の一つが、顧客との会話です。

顧客が何を欲しがっているかを理解しなければなりません。そうでなければ、それを作り出すことはできません。したがって、顧客に質問し、要件を決めるために顧客が分かる言葉で会話しなければなりません。

顧客に欲しいものを質問した後でも、それが今でも欲しいものであり、あなたの想定が顧客の期待と合致していることを確認するために、顧客との会話を継続することが重要です。

これを行うための唯一の方法は、彼らが理解できる多くの例（たとえば、作成中のシステムのデモ）を使って、（あなたの言葉ではなく）顧客の言葉で話すことです。

## 他のコミュニケーション

プログラマのコミュニケーションは、ここで述べたすべてのコミュニケーションよりも奥深く広いものです。私達は、コードを書くだけではありませんし、会話するだけでもありません。プログラマは他の方法でもコミュニケーションを行います。たとえば、文書や仕様書を書いたり、ブログ記事を公開したり、技術ジャーナルを書いたりすることでです。

プログラマとしてのあなたは、いくつのコミュニケーション手段を使っていますか。

## 結論

自分が話すことの意味を最初に考えなさい、それから話しなさい。
——エピクテトス

優れたコミュニケーションスキルは、優れたプログラマの特徴です。効果的なコミュニケーションは、次の通りです。

- 明瞭
- 頻繁
- 敬意を示す
- 適切なレベルで話す
- 適切な媒体を使う

このことを心に留めて、コミュニケーションを練習しなければなりません。書くことで、口頭で、コードで、コミュニケーションを向上する努力を絶えず行わなければなりません。

### 質問

1. 性格がコミュニケーションスキルにどのように影響しますか。内気なプログラマは、どのようにすれば効果的に会話できますか。
2. 私達の会話は、どの程度フォーマルであったりカジュアルであったりすべきですか。その度合いは、コミュニケーションの媒体に依存しますか。
3. 同僚があなたへ絶えず問い合わせる必要がないように、どのようにしてあなたの成果を同僚に理解してもらうようにしていますか。
4. マネージャとのコミュニケーションは、同僚のプログラマとのコミュニケーションとどのように違いますか。
5. 開発プロジェクトが成功するには、どのような種類のコミュニケーションが重要ですか。
6. コード設計を伝える最善の方法は何ですか。一枚の絵は、一千語に値するといわれます。それは、本当ですか。
7. 地理的に分散しているチームは、同じ場所にいるチームよりも、やり取りや会話を頻繁に行う必要がありますか。
8. 効果的なコミュニケーションに対して、障害となるのは何ですか。

### 参照

- **2章 見かけのよい状態を維持する**：コードはコミュニケーションです。コードで効果的にコミュニケーションする方法を述べています。

- **31章 一生懸命ではなく、賢く**：チーム、マネージャ、顧客と常に会話することで、間違ったことへの取り組みを防いでくれます。会話するのはよいことです。

> **やってみる**
>
> 来週一週間は、人と会話するときの自分を観察してみてください。自らのコミュニケーションの質を向上させるために行う実践的なことを二つ決めてください。

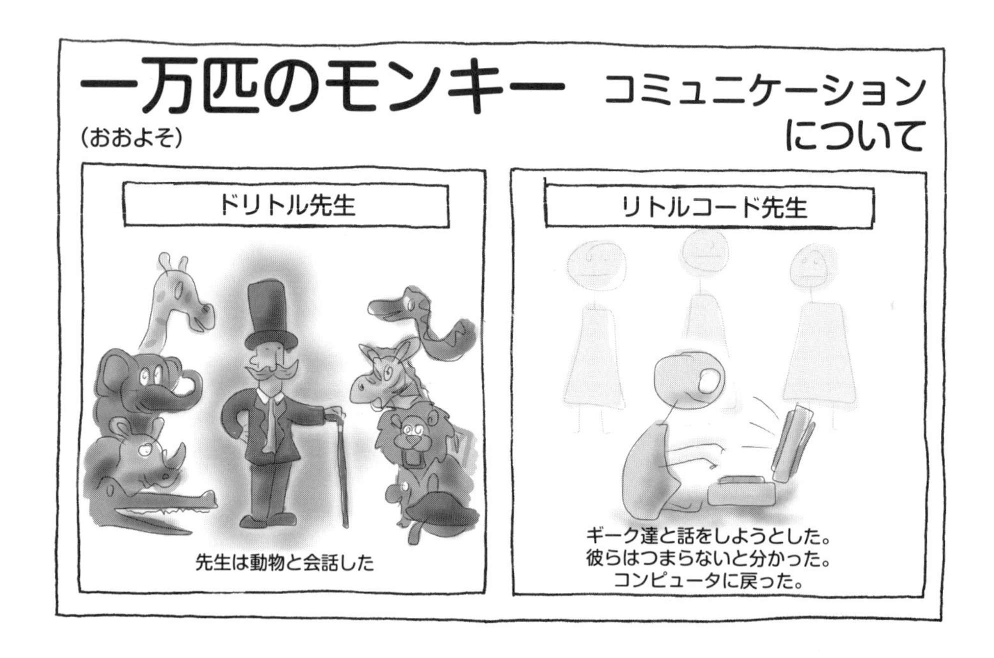

# 一万匹のモンキー
（おおよそ）



## 止められない
## 電子メール増加の法則

電子メールの配布先に人が追加されるほど、
その勢いは止まらなくなる。

「重要な」人達が追加されるほど
（決定には経営からのインプットが必要なので）、
人々は自分の考えを主張したくなる。

最後には雪崩になる。
誰もがそれから逃れようとするが、
立ち向かう人はいない。

もやはコミュニケーションではない。

# 37章
# 多くのマニフェスト

ゴールの混乱と手段の完璧さが、今の時代を特徴付けているように思える。
——アルベルト・アインシュタイン

マニフェストは、流行っています。どこにでも生まれています。マニフェストが有り余るほどあります。マニフェストに署名せずに、コードを書いたり、プロジェクトを開始したり、ソフトウェア開発について考えたりさえできないかのようです。

マニフェストは**あらゆる場所**にあるのです。

ソフトウェア開発に対するさまざまなマニフェストによって、私達の職業が、ソフトウェア開発における芸術、制作、科学、取引というよりは、政治的なものになる危険があります。

もちろん、専門的なソフトウェア開発は、大部分が人の**問題**です。したがって、ある程度の政治が関わらざるを得ません。しかし、私達は、基本的なコーディング原則にさえも政治的な闘争を持ち込んでいます。

開発者マニフェストは、ものによっては曖昧です。まるで星占いのようです。しかし、あるマニフェストが広まると、そのマニフェストの回りに派閥が発生して、そのマニフェストが本当は何を意味しているかについての論争が起きます。多くの場合、マニフェストの特定の項目の解釈に関して議論されます。

ソフトウェアにおいても、宗派が健在なのです。

マニフェストは、あらゆる目的に対して生まれているように思えます。しかし、私には解決策があります。流れを止めることと、独自のマニフェストを書きたい将来のソフトウェア活動家が楽になるように、包括的なジェネリックソフトウェア開発マニフェストを次に示します。それを、Manifesto<PET_SUBJECT>と呼んでもいいでしょう。

## ソフトウェア開発のためのジェネリックマニフェスト

マニフェストへの署名者である私達は、ソフトウェア開発に関する意見を持っています。私達は、私達の職業の将来に関心を持っており、経験により次の結論が導かれます[†1]。

- 特定の状況に個別に合わせる**よりも**、固定された不変な考えがあることを**信じます**。
- 大きな問題**よりも**、私達の興味を引くことだけに集中して議論をすることを**信じます**。
- 他人の意見や経験**よりも**、自分の意見を**信じます**。
- 複雑な課題や扱いの難しい解決策を持つ実世界のシナリオ**よりも**、単純明快で恣意的な要求を**信じます**。
- 私達の取り組みを真似することが難しいときに**だけ**、その取り組みが重要であると**信じます**。
- 物事が単純ではないと認識する**よりも**、守らせる規則を作ることが重要だと**信じます**。
- 役立つ何か**よりも**、私達の視点を推奨する運動の確立が重要だと**信じます**。
- 私達に同意しない人達**よりも**、私達の方が優れたプログラマであることを**信じます**。

これだけです。私達は自分達が正しいことを行っていると信じています。そして、信じられないのであれば、あなたが間違っています。私達が行うことを行わないのであれば、あなたは間違ったことを行っています。

## ごめんなさい

ごめんなさい。謝ります。口が滑りすぎました。

## マニフェスト

おそらく最も有名な開発者マニフェストは、2001年に作られたアジャイルマニフェスト（*The Agile Manifesto*）（`http://agilemanifesto.org/`）です。その前の数十年の間、ソフトウェア配布を阻害していた効果の上がらない重量級のプロセスに反対する集まりとして作られました。最近のクラフトマンシップマニフェスト（*Craftsmanship Manifesto*）（`http://manifesto.softwarecraftsmanship.org/`）は、残念ながら、技術実践の重要性およびアジャイルにおける優れたコードへの責任が低下していることに対するマニフェストです。

他のソフトウェア運動に対する多くのマニフェストがあり、重要なものとして、GNUマニフェスト（`https://www.gnu.org/gnu/manifesto.html`）、リファクタリングマニフェスト（`http://refactoring`

†1 訳注：ここの結論は、ジョークです。

manifesto.org/)、ハッカーマニフェスト（https://en.wikipedia.org/wiki/Hacker_Manifesto）があります。そして、他にも多くあります。

主要なマニフェストを知ってください。それぞれを理解して、あなた自身の意見を持ってください。

**要点▶** 開発の方法論、動向、マニフェスト、流行について学んでください。

## しかし、本当なの？

優れたプログラマは、自分の成果に情熱を持っています。彼らは、行っていることに投資し、継続的に向上を求めています。

これは、よいことです。

うまくいく実践方法、理想形、標準を見つけたときには、それらを取り入れて、専門性を向上させるために他の人達と共有するのが普通です。今日では、これを**マニフェスト**として言葉で表現するのが広まっています。今まで見てきたように、多くのマニフェストがあります。

コーディング標準がコードのためであるように、マニフェストは私達の制作物に対するものです。つまり、努力すべきガイドラインや理想であり、最善の制作活動に対する指針です。

そして、コーディング標準と同様に、マニフェストに関して不毛な聖戦が起こり得ます。人によっては、マニフェストを変わらないものと見なします。つまり、神聖な予言者によって貴重な石のタブレットに刻まれた消えない指示です。彼らは、この「一つの正しい道」に従わない人々を嫌います。

それは、有益な態度からはほど遠いものです。

**要点▶** 実用的だと思われる開発マニフェストに署名してください。マニフェストに盲目的に従ったり、マニフェストを教条的に扱ったりしないでください。

マニフェストは、原則の大まかな概要にすぎず、「一つの正しい道」ではありません。たとえば、アジャイルのエバンジェリスト達は、彼らのマニフェストの目的を実現する方法が複数あると明確に述べています。マニフェストは、ベストプラクティスを成文化する試みにすぎません。

あなたが優れたプログラマになることを気にかけているのであれば、マニフェストに対して実用的な取り組みを行ってください。マニフェストから学び、マニフェストが支持している開発に対する視点を理解してください。あなたにとって役立つものを使ってください。あなた自身を最新に保ってください。つまり、新たな流行と方法論について学んでください。それらのよい点を評価してください。しかし、盲目的に従わないでください。偏ることなく評価してください。

## 落ち

では、マニフェストは無意味なのでしょうか。そんなことはありません。役立つのでしょうか。大部分は役立ちます。マニフェストがよい情報を含んでいて、教義としてではなく、会話の火付けとして使われるときには役立ちます。誤用されないでしょうか。容易に誤用されます。しかし、ソフトウェア開発の世界では他のものすべてが誤用されています。

ソフトウェア開発向けのあなたのマニフェストには何が書かれていますか。次が私のマニフェストです。しかし、これを「優れたプログラマのマニフェスト」として石に刻まないでください。少なくとも、私がこれに基づく大きな運動を起こすまでは。

- コードを気にかける。
- チームの自立を促す。
- 単純に保つ。
- 頭を使う。
- 変わらないものはない。
- 継続的に学ぶ。
- 継続的に向上を求める（あなた自身、チーム、コード）。
- 長期的視点に立って、いつも価値を提供する。

### 質問

1. あなたが大切にしている開発「原則」は何ですか。
2. 「アジャイル」、「クラフトマンシップ」といった開発の動きに署名したり、あなた自身を適応させたりしていますか。それらのマニフェストの個々の項目にどれほど同意していますか。
3. それらのマニフェストは、開発コミュニティに何を提供していると考えますか。
4. マニフェストに害があるならば、どのような害ですか。
5. あるいは、害を無視しますか。あなたの個人的な開発向上を維持するために、これらのソフトウェアの流行を追うべきですか。

### 参照

- **24章 学びを愛して生きる**：ソフトウェア業界の新たな流行について学ぶための時間を取ってください。
- **15章 規則に従って競技する**：あなた自身のマニフェストを書いてください。

**やってみる**

この章で言及したマニフェストを読んでください。それらについてどう思うか考えてください。ソフトウェア開発に対するあなたの個人的なマニフェストに何が入るかを考えてください。

# 一万匹のモンキー
（おおよそ）

# 38章
# コードへの叙情歌

ひどい詩のすべては、誠実な感情から生まれる。
——オスカー・ワイルド

ジェラルドは、小さなチームで働くコーダーだった。
実は、他のコーダーはひどいコードを書いていた。
そのひどさは、害があり、気を散らし、不愉快であった。
つまり、邪悪な仕事中毒による非人間的な所業であった。

しかし、ジェラルドは、良心を持っていた。彼は放置したりしない。
夜遅くまで、正すための方法を考えた。
ひどい内部構造、紛らわしい変数名。
そして、絶えず正気とは思えない不自然な制御の流れ。

最初の頃は、「ボーイスカウトルール」が彼の行動指針であった。
バグと複雑なソフトウェアは、彼の足元にあった。
取り組めば、すぐに視野から消えると、彼は思った。

しかし、かわいそうなジェラルドは、重要なことを一つ見落としていた。
前進するには、すべてのプログラマが協定を結ばなければならないことを。
いいかげんなコーディングを行う彼の同僚は規則を無視するだけであった。
ジェラルドが片付けている一方で、同僚らはゴミを生み出し続けていた。

一歩前進し、二歩後退。ジェラルドは、これを繰り返していた。
この状況は、彼が攻撃的な態度を取る必要性を学ぶまで続いた。

アジャイルチームは優れており、クリーンなコードが最善である。
これを達成するには、コードではなく、チームを何とかしなければばならなかった。

コンウェイの法則は、ソフトウェアがどのようにチームに従うかを述べている。
最適なソフトウェアは、円滑に機能している機械から生まれる。
歯車が動かなくなったり砕けたりしたら、行うべきことを行えなくなる。
そして、一つの選択肢が残った。取り除くことだと、ジェラルドは考えた。

したがって、チームのリファクタリングが「上位からのパラメータ化」パターンで始まった。
サイクルの始まりであるマネージャは、不意打ちを食らった。
マネージャが、マンホールに落ちた。それは、殺人と呼ぶのかもしれない。
ジェラルドは、「チーム衛生」と名付けた。一つの問題が解決した。

彼のチームメイトは次々と異常な運命に遭遇していった。
品質を管理しないQAチームには、皿が飛んできて当たった。
(この事件の教訓は、チームミーティングを開かないこと。
ひどい家具と幽霊がいるところで、夕食を食べないこと。)

ジェラルドの怒りを招いたプログラマは、血なまぐさい終わりを迎えた。
一人は、「プリンターにネクタイが挟まった」。彼の顔は治ることはない。
もう一人は、休憩で外に出るときに階段から足を踏み外した。
彼の後には、膨大なUnixマニュアルが飛び散った。

ジェラルドの人生は、よくなった。チームは小さくなった。
一人のコーダーとシステム管理者、そしてドアマンに。
しかし、この組織の問題に、ジェラルドはすぐに気付いた。
コードが悪くなることはない。素晴らしい。しかし、コーダーがいないので修正されない。

英雄的なジェラルドが頑張っても、進捗はゆっくりで困難であった。
締め切りは、「ヒュー」と音を立てて迫ってきた。
悲しいほど機能が足りず、プロジェクトは無駄に終わった。
それから、ある日、一人の警官が来て、ジェラルドは捕まった。

この話の教訓は、注意深く対応するということである。

心ない同僚のコードがあなたを絶望させるとき、
唯一の賢明な方法は、報復することである。
英国人なら、抑えられた怒りと憎しみを健全なレベルで維持しなければならない。

## コーディングは、人の問題

この本の倫理に関する章はすでに読んでいるでしょうから、ソフトウェアチームの生産性の低いメンバーを除外することが得策ではないことに同意すると思います。しかし、適切に開発していない、あるいは、コードを故意に悪くしていると思えるチームメンバーと一緒に働く場合、あなたはどのように対応すべきでしょうか。

ソフトウェアチームのリーダーが問題に気付かなかったり、問題を理解しなかったりしたらどうしますか。そんなことはないと願いますが、リーダーが問題自身の一部であればどうしますか。

残念ながら、コードの最前線では、これは異常というわけではありません。素晴らしいコード職人ばかりのチームもありますが、多くのチームではそうではありません。ソフトウェア開発におけるキャリアが幸運ではない限り、何も解決策がないような不愉快な状況に置かれている自分にいつか気付きます。

> **要点▶** 多くの場合、ソフトウェア開発の扱いにくい部分は、コードの技術的な側面にあるのではありません。それは人の問題です。

プログラマ達が物事を悪くしていることを把握していないのであれば、あなたは対処しなければなりません。

コードに対する責任を持つように（非難せずに）促し、最も効果的な働き方ができる方法の導入を検討してください。ペアプログラミング、メンター、設計レビュー会議といったものを導入してください。

優れた基準を自分で設定してください。誰もがそうだからといって、情熱を失い、手抜きするのは簡単ですが、そのような悪い罠に落ちないようにしてください。そのような人達に対抗できないのであれば、彼らに加わらないでください。

> **要点▶** コードを気にかけないコーダーに囲まれている場合でも、あなた自身は健全な態度を維持してください。少しずつ悪いやり方を受け入れてしまわないように注意してください。

コーディングの文化を変えて、健全な方法へ開発を押し戻すのは容易ではなく、急にはできません。

しかし、成し遂げられないことではありません。

## 質問

1. あなたの現在の開発チームはどの程度健全ですか。
2. 開発者が勤勉に働いていない場合、どのようにしてそのことに素早く気付けますか。
3. 人々が故意にだらしなく働いているのか、うまく働く方法を知らないのでだらしないのか、どちらが多いですか。
4. どうしたら、あなた自身がだらしなく働かないようにできますか。どうしたら、ひどい働き方に陥らないようにできますか。

## 参照

- **1章 コードを気にかける**：あなたはコードを気にかけなければなりません。しかし、多くを気にかけられますか。
- **28章 倫理的なプログラマ**：凶悪事件を起こさないために、この章を読み直してください。
- **7章 汚物の中で転げ回る**：分別がない同僚が残したゴミにどのようにして対処するのかを説明しています。

> **やってみる**
>
> 最近、悪い癖を身に付けていないかを振り返ってください。どうしたら、それを直すことができますか。

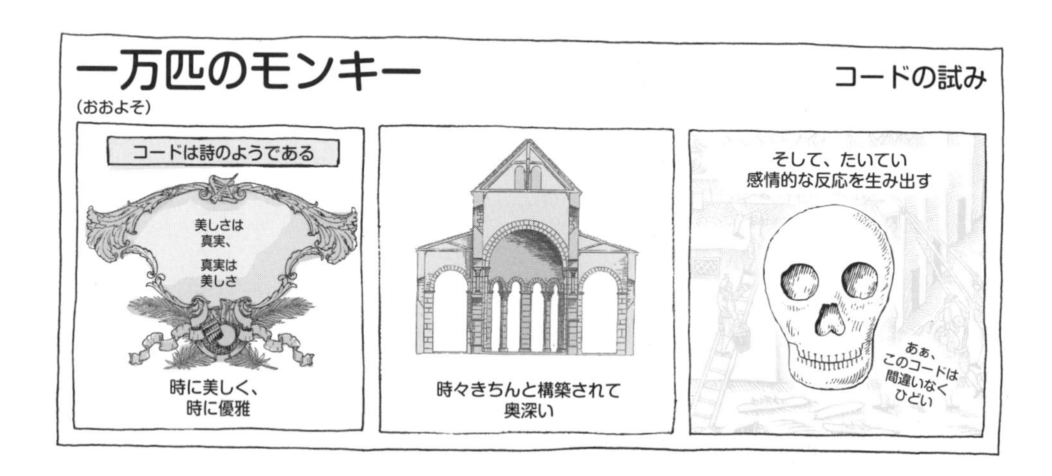

# 結び

すべての終わりがゴールではない。旋律の終わりは、そのゴールではないし、
旋律がその終わりにまだ達していないのであれば、それはゴールに達していない。
——フリードリヒ・ニーチェ

**銀河系の西側の渦の端にある、星図にはない僻地のはるか先に、注目されていない小さな黄色の太陽があります。その太陽から3億3千万キロメートルの位置を周回している、ちっぽけな緑の惑星があり、その惑星の猿の子孫の生命体は驚くほど原始的であり、今でもコンピュータプログラムが素晴らしいアイデアだと考えています。**

**この惑星は問題を抱えていましたし、今も抱えています。その問題とは、その惑星上のほとんどのプログラマが、優れた仕事を期待されて報酬を受けているにもかかわらず、常に貧弱なコードを書いていたということです。この問題に対する多くの解決策が提案されました。それらのほとんどは、プログラマの教育に関することでした。しかし、全体的にプログラマは教育を受けたがっていなかったので、それは奇妙なことでした。**

**そして、問題は残っていました。生み出された多くのコードはゴミで、ほとんどのユーザが不幸であり、優れたコンピュータプログラムを書ける人々も不幸でした**[†1]。

あなたは、よくやりました。ここまでに多くの章を読んで、最後まで来たのです。

ここまでの数百ページで、技術的に優れたコードを書いたり、美しい設計を生み出したり、実用的で保守可能なシステムを構築したりするための技法を学んできました。レガシーコードを扱うための取り組み方を学び、他の人達と効果的に働く方法を見てきました。

しかし、あなたが正しい態度で行動しない限り、頭の中の知識や特定のスキルの理解のすべては、役立たないでしょう。正しい態度とは、うまく活動するための願望と情熱です。

---

†1　亡き偉大なダグラス・アダムスに謝罪します。

あなたは、それらを持っていますか。

## 態度

**ひどい**プログラマと**優れた**プログラマを区別しているものは、態度です。それが、単なる**適当な**プログラマと**並外れた**プログラマを区別するものです。

態度は、技術スキルに勝ります。プログラミング言語の複雑な知識は、保守可能なコードを保証しません。プログラミングのモデルを多く理解したからといって、必ずしも優れた設計を生み出すとは限りません。あなたのコードが優れているかどうかと、あなたと一緒に働くのが楽しいのかどうかを決めるのは、あなたの態度なのです。

**態度**（*attitude*）の辞書の定義は次の通りです。

> **Attitude**: (n) *at-ti-tude*
>
> 1. 心あるいは感情の状態。気持ち。
> 2. 基準に対する航空機の姿勢。

最初の定義は驚くことではありませんが、二つ目の定義は最初の定義よりも啓発的です。

航空機を貫いている三つの仮想線があります。翼から翼の軸、先頭から後尾までの軸、そして、その二つが交わっている箇所で垂直に走っている軸です。これらの軸は、航空機の進入角度を定義しており、パイロットは、これらの軸の回りで航空機の姿勢を調整します。航空機が間違った姿勢のときに、エンジンを弱めると目標地点を大きく外してしまいます。パイロットは常に航空機の姿勢を監視しなければならず、とりわけ離陸と着陸という重大なときにはそうです。

これは、私達のソフトウェア開発経験と類似しています。航空機の姿勢は、進入の角度を決めます。そして、私達の態度はコーディングに対する取り組み方を決めます。あなたがどれだけ技術的に有能なプログラマであるかは問題ではありません。あなたの能力が健全な態度によって抑制されていないとしたら、その成果は問題を抱えたものになるでしょう。

間違った態度では、間違った方向に向かう可能性があります。間違った態度は、ソフトウェアプロジェクトの運命を左右する可能性があります。したがって、プログラミングに対する正しい進入角度を維持することが重要です。あなたの態度は、あなたの個人的な成長を阻害することも、成長を促すこともあります。優れたプログラマになるためには、正しい態度を持つ必要があります。

**要点▶** あなたの態度は、プログラマとしての向上に対して影響を与えます。優れたプログラマになるために、優れた態度を目指してください。

## 前進、そしてコードを書く

優れたコードを気にかけて、優れた方法で作り出すことを追い求めてください。常に学んでください。設計すること、コードを書くこと、協力することを学んでください。あなたが向上するために、あなたの能力を試したり、あなたを励ます優秀なエンジニアと常に一緒に働くことを追い求めてください。勤勉で、誠実で、プロであってください。

プログラミングを楽しんでください。そして、何にもまして、優れたプログラマになることを楽しんでください。

### やってみる

数か月後にこの本を読み直してください。テーマを再考すると、何があなたに訴えかけてきますか。改めて質問に答えてみてください。そして、あなたの視点、経験、理解がどのように変化したかを認識してください。あなたが勤勉で、よく考えて実践することに集中したなら、自分の成長に驚くことでしょう。

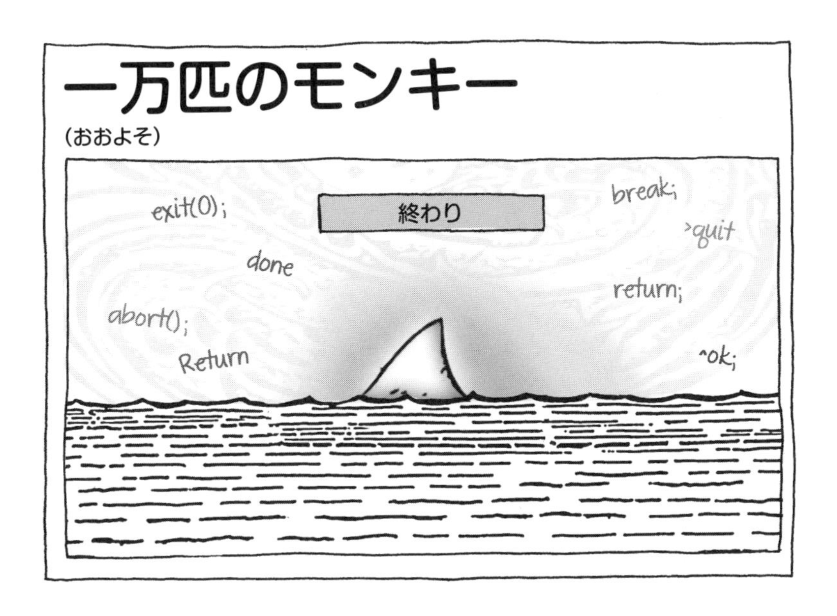

# 訳者あとがき

私が30代であった1990年代まで、ソフトウェアエンジニアとしてどのような心がけが重要であるかに関する書籍は少なかったです。その後、『達人プログラマー（*The Pragmatic Programmer*）』や『ソフトウェア職人気質（*Software Craftsmanship*）』が出版されて、私自身も大きく影響を受けました。私自身の経験に基づいたソフトウェアエンジニアの心得に関する拙著『プログラマー現役続行』を出版したのが2007年でした。その後も、『情熱プログラマー（*The Passionate Programmer*）』や私が翻訳した『アプレンティスシップ・パターン（*Apprenticeship Patterns*）』などが出版されています。

私が1978年4月に九州工業大学情報工学科に入学した頃と比べると、今日のソフトウェア開発は複雑なものとなっています。本書では、その複雑なソフトウェア開発をさまざまな側面に沿って議論し、各側面において優れたプログラマを目指してどのように活動するのがよいかが述べられています。

読者のみなさんは、本書に述べられていることを実践できるようになるだけではなく、指導できるようになってください。日本のソフトウェア業界では、本書で述べられていることをきちんと実践したり、指導したりする人達が少ないのが現状だと思います。

この日本語版が、若手を含む日本のソフトウェアエンジニアにとって、優れたプログラマを目指す上でガイドとなれば幸いです。そして、私自身もさらに歩み続けて向上していきたいと思っています。

なお、翻訳に際しては、話の流れを中断させることなく読めるようにするために、英語の原著に含まれるジョークを削除したり、修正したりしています。

## 謝辞

技術書の執筆が一人で行えないのと同様に、翻訳作業も私一人だけで行えたわけではありません。本書でも、長年、私の翻訳をレビューしていただいている木南英夫さん、堂阪真司さん、松村亮治さんにレビューしていただき、新たに谷口碧さんにもレビューに加わっていただきました。よりよい日本語にするために、多くの助言をくださった各氏に深く感謝します。

（株）オライリー・ジャパンの高恵子さんには、翻訳の機会を与えていただいたことに感謝します。
最後に、翻訳作業を支えてくれて、校正を手伝ってくれた私の妻恵美子に感謝します。

柴田　芳樹

2017年12月

# 索引

## A・B・C・D



## E・F・G・J



## K・L・M・N



## Q・R・S・T



## V・W・X・Y

### あ



### い



### え



### か



### き



### く



### け



### こ

## ●著者紹介

### Pete Goodliffe（ピート・グッドリフ）

プログラマ、ソフトウェア開発に関するコラムニスト、音楽家、執筆者。ソフトウェアの同じ技術領域に留まったことはなく、従事しているプロジェクトは、OSの実装からオーディオのコーデックやマルチメディアアプリケーション、組み込みファームからiOS開発やデスクトップアプリケーションと広範囲である。カレー料理に目がなく、靴を履かない。評価が高い開発に関する本『*Code Craft*』は、プログラミング全体に対する実用的でかつ楽しい探求であり、約600ページにわたる。多くの言語に翻訳されている（日本語版は、『Code Craft—エクセレントなコードを書くための実践的技法』毎日コミュニケーションズ）。雑誌で「*Becoming a Better Programmer*」と題するコラムを書いており、ソフトウェア開発に関する数冊の書籍に寄稿している。そして、ソフトウェア開発に関して定期的に講演している。

## ●訳者紹介

### 柴田 芳樹（しばた よしき）

1959年生まれ。九州工業大学情報工学科で情報工学を学び、1984年同大学大学院で情報工学修士課程を修了。パロアルト研究所を含む米国ゼロックス社での5年間のソフトウェア開発も含め、Unix（Solaris/Linux）、C、Mesa、C++、Java、Goなどを用いたさまざまなソフトウェア開発に従事してきた。現在は、ソフトウェア設計コンサルタントとして、ソフトウェア開発、教育、コンサルテーションなどに従事している。2000年以降、私的な時間に技術書の翻訳や講演なども多く行っている。

# ベタープログラマ
## ——優れたプログラマになるための38の考え方とテクニック


2017年12月14日　初版第1刷発行
2018年 2月16日　初版第3刷発行

著　　者　Pete Goodliffe（ピート・グッドリフ）
訳　　者　柴田 芳樹（しばた よしき）
発 行 人　ティム・オライリー
制　　作　株式会社トップスタジオ
印刷・製本　株式会社平河工業社
発 行 所　株式会社オライリー・ジャパン
〒160-0002　東京都新宿区四谷坂町12番22号
Tel　(03)3356-5227
Fax　(03)3356-5263
電子メール　japan@oreilly.co.jp
発 売 元　株式会社オーム社
〒101-8460　東京都千代田区神田錦町3-1
Tel　(03)3233-0641（代表）
Fax　(03)3233-3440

Printed in Japan（ISBN978-4-87311-820-8）
乱本、落丁の際はお取り替えいたします。